建筑设备类专业系列教材

安装工程计量与计价

主　编　高喜玲　王晓玲
副主编　高　将

江苏大学出版社
JIANGSU UNIVERSITY PRESS
镇　江

图书在版编目(CIP)数据

安装工程计量与计价 / 高喜玲，王晓玲主编. —镇江：江苏大学出版社，2021.1(2025.7 重印)
ISBN 978-7-5684-1495-1

Ⅰ.①安… Ⅱ.①高… ②王… Ⅲ.①建筑安装工程—工程造价 Ⅳ.①TU723.3

中国版本图书馆 CIP 数据核字(2020)第 259483 号

安装工程计量与计价
Anzhuang Gongcheng Jiliang Yu Jijia

主　　编/高喜玲　王晓玲
责任编辑/仲　蕙
出版发行/江苏大学出版社
地　　址/江苏省镇江市京口区学府路 301 号(邮编：212013)
电　　话/0511-84446464(传真)
网　　址/http://press.ujs.edu.cn
排　　版/镇江文苑制版印刷有限责任公司
印　　刷/镇江文苑制版印刷有限责任公司
开　　本/787 mm×1 092 mm　1/16
印　　张/22.5
字　　数/563 千字
版　　次/2021 年 1 月第 1 版
印　　次/2025 年 7 月第 4 次印刷
书　　号/ISBN 978-7-5684-1495-1
定　　价/62.00 元

前言

Preface

“安装工程计量与计价”是建筑设备类专业的一门核心课程，也是工程造价专业的专项能力课程，是根据安装工程造价员的岗位能力需求设置的理论与实践紧密结合的一体化课程，具有较强的专业性、实践性、地域性、政策性及实效性等特点。

本书以安装工程计量与计价能力训练为目标，以职业需求为导向，以工作任务为载体，重构了教材体系。全书采用项目化教学模式，按照建筑安装工程识图、工程量计算、工程量清单编制、工程计价的思路进行设计，并辅之以典型工程计价案例，使教学与工作过程高度融合、知识与技能并重，学做合一。通过完整的建筑给排水、采暖、消防、通风空调、建筑电气工程计价案例的学习，学生可以举一反三，触类旁通，掌握该专业工程的计价程序和方法。

全书共有10章：工程造价概论，工程造价构成，安装工程计价定额，安装工程工程量清单计价，给排水、采暖、燃气工程计量与计价，消防工程计量与计价，通风空调工程计量与计价，建筑电气工程计量与计价，刷油、防腐蚀、绝热工程计量与计价，措施项目清单。本书以《建设工程工程量清单计价规范》（GB 50500—2013）、《通用安装工程工程量计算规范》（GB 50856—2013）、《江苏省建设工程费用定额》（2014年）、《江苏省安装工程计价定额》（2014版）、《财政部 国家税务总局关于全面推开营业税改征增值税试点的通知》（财税〔2016〕36号）、江苏省相关计价文件等为编写依据。

本书由江苏建筑职业技术学院高喜玲、王晓玲担任主编，高将担任副主编。第1、2、3、7章由高喜玲编写，第5、6章由王晓玲编写，第4、8章由高将编写，第9、10章由张艳宇编写，通风空调工程计价案例由申欢迎编写。

为了适应当前信息化技术的高速发展，进一步发挥数字化资源对人才培养的积极作用，丰富教学资源，本书依托中国大学慕课平台进行了在线课程建设（https://www.icourse163.org/course/JSJZY-1206694858），同时通过在教材中嵌入二维码的形式，提供部分相关内容的视频和案例等资源，实现以纸质化教材为载体，以信息化技术为支撑，两者相辅相成，使得多渠道、多选择、碎片化、自主性、终身性学习成为可能。

本书既可以作为建筑设备类专业、工程造价专业（安装方向）课程的教材，也可以作为相关专业从业人员学习和进修、参加二级造价工程师考试的参考资料。

本书在编写过程中，虽经反复推敲核验，但由于编者水平有限，加之新体例教材尚处于摸索之中，因而书中难免有不妥和疏漏之处，恳请广大读者批评指正。

目录

Contents

第1章 工程造价概论

知识目标

1. 理解建设项目、固定资产、单项工程、单位工程等相关概念；
2. 掌握建设项目的构成，了解工程项目的建设程序；
3. 理解工程造价的两种含义、工程造价计价特征；
4. 熟悉工程造价咨询企业管理制度，了解造价工程师职业资格管理制度。

能力目标

1. 能对实际工程进行建设项目层次划分，并对应专业说出分部分项工程；
2. 能正确区分设计概算、施工图预算、竣工结算、竣工决算。

素质目标

1. 结合工程造价的概念，培养学生的成本意识，减少材料消耗，节约能源；
2. 树立造价工程师的职业道德规范，遵纪守法、诚实守信、公平竞争。

1.1 建设项目的构成

1.1.1 建设工程的概念

建设项目的构成

建设工程是指为人类生活、生产提供物质技术基础的各类建筑物和工程设施的统称。建设工程是人类有组织、有目的、大规模的经济活动，是固定资产再生产过程中形成综合生产能力或发挥工程效益的工程项目。

建设工程是指建造新的或改造原有的固定资产，是固定资产再生产过程中形成综合生产能力或发挥工程效益的工程项目。建设工程的特定含义是通过“建设”来形成新的固定资产。单纯的固定资产购置，如购进商品房屋、施工机械、车辆、船舶等，虽然新增了固定资产，但一般不视为建设工程。

固定资产是指在社会再生产过程中，可供较长时间使用，并在使用过程中基本不改变原有实物形态的劳动资料和其他物质资料。它是人们从事生产和物质消费的基础，是企业的劳动手段，也是企业赖以生产经营的主要资产。我国《中华人民共和国企业所得税法实施条例》规定，固定资产是企业为生产产品、提供劳务、出租或者经营管理而特有的、使用时间超过 12 个月的非货币性资产，包括房屋、建筑物、机器、机械、运输工具及其他与生产经营活动有关的设备、器具等。不属于生产经营主要设备的物品，单位价值在 2000 元以上，且使用年限超过 2 年的，也应当作为固定资产。

固定资产在使用过程中总是不断被消耗，又通过建设不断地得到补偿。固定资产在生产或被使用过程中逐渐被损耗，但还没有到达完全报废而仍有使用价值的阶段，需要进行定期的大修理，以使原有的固定资产保持原有的性能并继续发挥作用，如更换已损坏的设备零部件、对房屋进行翻修等。这种对固定资产损耗部分的补偿，并不替换原有的固定资产，也不增加新的固定资产。经常进行的生产大修理，不属于建设工程投资。

1.1.2 建设项目的概念

建设项目是指在一个总体设计或初步设计范围内，由一个或几个单项工程所组成，经济上实行统一核算、行政上实行统一管理的工程项目。

在我国，通常以建设一个企业单位或一个独立工程为一个建设项目。凡属于一个总体设计中分期分批进行建设的主体工程和附属配套工程、综合利用工程、供水供电工程都可作为一个建设项目。不能把不属于一个总体设计、按各种方式结算的工程作为一个建设项目，也不能把同一个总体设计内的工程按地区或施工单位分为几个建设项目。

建设项目的实施单位一般称为建设单位。国有单位的经营性基本建设大中型建设项目，在建设阶段实行建设项目法人责任制，由项目法人单位实行统一管理。

1.1.3 建设工程项目分类

为了适应科学管理的需要，可以从以下不同的角度对工程项目进行分类。

1.1.3.1 按建设性质划分

(1) 新建项目

新建项目是指新建投资建设的工程项目，或对原有项目重新进行总体设计，扩大建设规模后，其新增固定资产价值超过原有固定资产价值 3 倍以上的建设项目。

(2) 扩建项目

扩建项目是指在原有的基础上投资扩大建设的工程项目，如在企业原有场地范围内或其他地点，为了扩大原有主要产品的生产能力或效益，或增加新产品生产能力而建设新的主要车间或其他工程的项目。

(3) 改建项目

改建项目是指原有企业为了提高生产效益，改进产品质量或调整产品结构，对原有设备或工程进行改造的项目。有的企业为了平衡生产能力，需增建的一些附属、辅助车间或非生产性工程也可列为改建项目。

（4）重建项目

重建项目是指企业、事业单位受自然灾害、战争或人为灾害等特殊原因，使原有固定资产全部或部分报废后又投资重新建设的项目。

（5）迁建项目

迁建项目是指原有企业、事业单位鉴于某种因素报经上级批准进行搬迁建设的项目，不论其是维持原有规模还是扩大建设。

1.1.3.2 按项目规模划分

按照上级批准的建设项目的总规模和投资，建设工程项目可分为大型、中型和小型三类。

① 建设项目的大、中、小类型，应根据项目的建设总规模（设计生产能力或效益）或计划总投资，或按照《关于基本建设项目和大中型划分标准的规定》进行划分。建设总规模或计划总投资，原则上应以上级批准的设计任务书或初步设计确定的总规模或总投资为准，没有正式批准设计任务书或初步设计的，可按国家或省、市、自治区的建设中所列的总规模或总投资划分。

② 工业项目按设计生产能力规模或总投资，确定大、中、小型项目。非工业项目可分为大中型和小型两种，均按项目的经济效益和投资总额划分。

③ 凡生产单一产品的项目，应按产品的设计生产能力划分。生产多种产品的项目，一般按其主要产品的设计生产能力划分；产品种类繁多，难以按其主要产品的设计能力划分的，则按其投资总额划分。

④ 一个建设项目只能属于大、中、小型中的一种类型。新建项目按项目的全部建设规模或全部投资划分，改建、扩建项目按改建、扩建所增加的设计能力或投资划分。

1.1.3.3 按投资作用划分

按照投资作用，工程项目可以分为生产性建设项目和非生产性建设项目。

（1）生产性建设项目

生产性建设项目是指直接用于物质资料生产或直接为物质资料生产服务的工程项目，主要包括工业建设项目、农业建设项目、基础设施建设项目、商业建设项目等。

（2）非生产性建设项目

非生产性建设项目是指用于满足人们物质和文化、福利需要的建设和非物质资料生产部门的建设项目，主要包括办公建筑、居住建筑、公共建筑及其他非生产性项目。

1.1.3.4 按投资效益和市场需求划分

按照投资效益和市场需求，工程项目可划分为竞争性项目、基础性项目和公益性项目。

（1）竞争性项目

竞争性项目是指投资回报率比较高、竞争性较强的工程项目，如商务办公楼、酒店、度假村、高档公寓等工程项目。竞争性项目的投资主体一般为企业，由企业自主决策、自担投资风险。

（2）基础性项目

基础性项目是指具有自然垄断性、建设周期长、投资额大而收益低的基础设施和需要政府重点扶持的一部分基础工业项目，以及直接增强综合国力的符合经济规模的支柱产业项目，如交通、能源、水利、城市公用设施等。政府应集中必要的财力、物力，通过经济实体投资建设这些工程项目，同时还应广泛吸收企业参与投资，有时还可吸收外商直接投资。

(3) 公益性项目

公益性项目是指为社会发展服务、难以产生直接经济回报的工程项目，包括科技、文教、卫生、体育和环保等设施，公、检、法等政权机关及政府机关、社会团体办公设施，国防建设等。公益性项目的投资主要由政府用财政资金安排。

1.1.3.5 按投资来源划分

工程项目按投资来源可划分为政府投资项目和非政府投资项目。

(1) 政府投资项目

政府投资项目在国外也称为公共工程，是指为适应和推动国民经济或区域经济发展，满足社会文化、生活需要，以及出于政治、国防等方面考虑，由政府通过财政投资、发行国债或地方财政债券、利用外国政府赠款及国家财政担保的国内外金融组织的贷款等方式独资或合资兴建的工程项目。

按照其营利性不同，政府投资项目又可分为经营性政府投资项目和非经营性政府投资项目。经营性政府投资项目是指具有营利性质的政府投资项目，如政府投资的水利、电力、铁路等项目基本都属于经营性项目。经营性政府投资项目应实行项目法人责任制，由项目法人对项目的策划、资金筹措、建设实施、生产经营、债务偿还和资金的保值增值实行全过程负责，使项目的建设与建成后的运营实现一条龙管理。

非经营性政府投资项目一般是指非营利性的、主要追求社会效益最大化的公益性项目。学校、医院及各行政、司法机关的办公楼等项目都属于非经营性政府投资项目。非经营性政府投资项目可实施“代建制”，由代建单位行使建设单位职责，待工程竣工验收后再移交给使用单位，从而使项目的“投资、建设、监管、使用”实现四分离。

(2) 非政府投资项目

非政府投资项目是指企业、集体单位、外商和私人投资兴建的工程项目。这类项目一般均实行项目法人责任制，使项目的建设与建成后的运营实现一条龙管理。

1.1.4 建设项目的构成

1.1.4.1 单项工程

单项工程是建设项目的组成部分，是指具有独立的设计文件、在竣工后可以独立发挥效益或生产能力的产品车间（联合企业的分厂）生产线或独立工程等。

一个建设项目可以包括若干个单项工程。例如，一个新建工厂的建设项目，其中的各个生产车间、辅助车间、仓库等工程都是单项工程；非工业建设中能发挥设计规定的主要效益的各个独立工程，如一所学校中的图书馆、教学楼、住宅等都是单项工程；有些比较简单的建设项目本身就是一个单项工程，如只有一个车间的小型工厂、一条森林铁路等。一个建设项目在全部建成投入使用以前，往往陆续建成若干个单项工程，所以单项工程是考核投产计划完成情况和计算新增生产能力的基础。

1.1.4.2 单位工程

单项工程由若干个单位工程组成。单位工程指不能独立发挥生产能力，但具有独立设计的施工图纸和组织施工的工程。例如，工业厂房工程中的土建工程、安装工程、工业管道工程等均是单项工程中所包含的不同性质的单位工程。

建筑安装工程一般是以单位工程为对象来编制设计概算、施工图预算和进行工程成本核算。每一个单位工程的造价仍然无法直接确定，所以还需要进一步分解。

1.1.4.3　分部工程

分部工程是单项或单位工程的组成部分，即按结构部位、路段长度及施工特点或施工任务可将单项或单位工程划分为若干个分部工程。土建工程的分部工程是按建筑工程的主要部位划分的，如基础工程、主体工程、地面工程等；安装工程的分部工程是按工程的种类划分的，如管道工程、电气工程、通风工程及设备安装工程等。

1.1.4.4　分项工程

分项工程是分部工程的组成部分，即按不同的施工方法、材料、工序及路段长度等可将分部工程划分为若干个分项工程。分项工程是能通过较简单的施工过程生产出来的、可以用适当的计量单位计算并便于测定其消耗的工程基本构造要素。土建工程的分项工程按建筑工程的主要工种划分，如土方工程、钢筋工程等；安装工程的分项工程按用途或输送介质、物料及设备组别划分，如给水工程中的铸铁管、钢管、阀门等。

分项工程是建筑安装工程的一种基本构成因素，是为了确定建筑安装工程造价和计算人工、材料、机械等消耗量而划分出来的一种“假定”产品。

在建筑工程质量验收方面，随着经济发展和施工技术的进步，大量建筑规模较大的工程项目和具有综合使用功能的建筑物，甚至占地面积几万平方米以上的建筑物已不鲜见。这些建筑物的施工周期长，受各种因素的影响大，如后期建设资金不足，部分停建、缓建，则对已建成并具备使用条件的部分，拟需要投入使用。同时，建筑物内部设施越来越多样，按建筑物的重要部分和安装专业划分的分部工程已不适应要求。为此，从有利于正确评价工程质量和验收的角度，《建筑工程施工质量验收统一标准》(GB 50300—2001) 规定，工程建设项目划分为单位工程（子单位工程）、分部工程（子分部工程）、分项工程。其概念与前面对建设项目的划分在内容上有较大不同。

建设项目分解详见图 1-1。

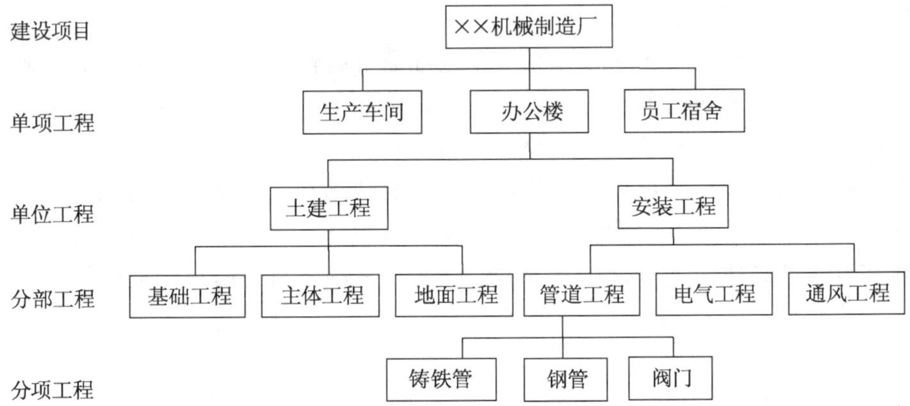

图 1-1　建设项目分解

1.1.5 工程项目建设程序

1.1.5.1 工程项目建设程序的概念

工程项目建设程序是指在工程项目从策划、评估、决策、设计、施工到竣工验收、投入生产或交付使用的整个建设过程中，各项工作必须遵循的先后工作次序。工程项目建设程序是工程建设过程客观规律的反映，是建设工程科学决策和顺利进行的重要保证。

世界各国和国际组织在建设程序上可能存在某些差异，但是按照工程项目发展的内在规律，投资建设一个工程项目都要经过投资决策和建设实施两个发展时期。这两个发展时期又可分为若干个阶段，各阶段之间存在着严格的先后次序，可以进行合理的交叉，但不能任意颠倒次序。

1.1.5.2 政府投资工程项目建设程序

我国现行政府投资工程项目有以下八个基本程序：

(1) 编报项目建议书

项目建议书是指投资决策前，通过对拟建项目建设的必要性条件的可行性、利益的可能性的宏观性初步分析与轮廓设想，向决策部门推荐一个具体项目。项目建议书是国家为实现中长期计划来选择建议项目的依据。

项目建议书经批准后，即纳入了长期基本建设计划，即人们通常所说的“立项”，但编报项目建议书阶段的“立项”，并不表明项目可以马上建设，还需要开展详细的可行性研究。

(2) 编制可行性研究报告

可行性研究是指运用科学手段对拟建项目有关的自然、社会、经济、技术等进行调研、分析、比较，以及预测建设后的社会效益和经济效益。在此基础上，需综合论证项目建设的必要性、财务的盈利性、经济的合理性、技术的先进性及建设条件的可能性和可行性，从而为投资决策提供科学依据。可行性研究工作完成后，需要编写反映其全部工作成果的“可行性研究报告”。

(3) 初步设计

初步设计是设计的第一个阶段。它根据批准的可行性研究报告和必要而准确的设计基础资料，对设计对象进行通盘研究，阐明在指定地点、时间和投资控制数额内，拟建工程在技术上的可行性和经济上的合理性，通过对设计对象做出的基本技术规定，编制项目的总概算。初步设计是申请建设项目投资年度计划和跨年度计划的依据。初步设计文件包括设计说明书、各专业设计图纸、主要设备和材料表、工程概算书。为了进一步论证项目在技术和经济上的可行性与合理性，有些大的项目有时还会进行扩大初步设计和再扩大初步设计。

(4) 施工图设计

施工图设计是在初步设计的基础上，把满足工程施工的各项具体要求反映在图纸中，做到整套图纸齐全统一、明确无误，施工图设计完成后编制施工图预算。国家规定，施工图设计文件应当经建设行政主管部门认定的施工图审查机关按照有关法律、法规，对施工图涉及公共利益、公众安全和工程建设强制性标准的内容进行审查。

(5) 开工准备

开工准备的主要工作内容包括以下几点：

① 征地、拆迁和场地平整；

② 完成施工用水、电、路、通信等工程；

③ 设备、材料通过公开招标投标订货；

④ 图纸交底；

⑤ 通过公开招标投标，择优选定施工单位和工程监理单位；

⑥ 取得施工许可证或批准的开工报告。

(6) 工程施工

承包工程建设项目的施工企业必须持有资质证书，并在资质许可的业务范围内承揽工程。施工企业必须严格按照批准的设计文件、施工合同和国家现行的施工及验收规范进行工程建设项目施工。施工中若需变更设计，应按有关规定和程序进行，不得擅自变更。

(7) 竣工验收

竣工验收是全面考核建设工作，检查是否符合设计要求和工程质量的重要环节，对促进建设项目及时投产、发挥投资效益、总结建设经验有重要作用。凡新建、扩建、改建的基本建设项目和技术改造项目，按批准的设计文件所规定的内容建成，符合验收标准的，必须及时组织验收，办理竣工验收备案，编制好竣工决算和固定资产移交手续。

(8) 项目后评价

为了总结项目建设成功和失败的经验教训，供以后项目决策借鉴，近年来，国家开始规定对一些重大建设项目在竣工验收后要进行后评价工作，并将其正式列为基本建设的程序之一。政府投资项目后评价是指项目竣工验收之后采用科学的经济技术分析方法对项目前期准备、实施过程、运营情况及其影响效果进行全面分析评价，提出项目后评价报告的过程。

1.2 工程造价的概念

1.2.1 工程造价的含义

工程造价通常是指工程项目在建设期（预计或实际）支出的建设费用。由于所处的角度不同，工程造价有不同的含义。

含义一：从投资者（业主）的角度分析，工程造价是指建设一项工程预期开支或实际开支的全部固定资产投资费用。投资者为了获得投资项目的预期收益，需要对项目进行策划决策、建设实施（设计、施工）直至竣工验收等一系列活动，这一系列活动中所花费的全部费用即工程造价。从这个意义上讲，工程造价就是建设工程固定资产总投资。

含义二：从市场交易的角度分析，工程造价是指在工程发承包交易活动中形成的建筑安装工程费用或建设工程总费用。显然，从这一角度分析的工程造价是指以建设工程这种特定的商品形式作为交易对象，通过招标投标或其他交易方式，在多次预估的基础上，最终由市场形成的价格。这里的工程既可以是整个建设工程项目，也可以是其中一个或几个单项工程或单位工程，还可以是其中一个或几个分部工程，如建筑安装工程、装饰装修工程等。随着经济发展、技术进步、分工细化和市场的不断完善，工程建设中的中间产品越来越多，商品交换更加频繁，工程价格的种类和形式也会更为丰富。

工程承发包价格是一种较为典型的工程造价形式，是在建筑市场通过发承包交易（多数为招标投标），由需求主体（投资者或建设单位）和供给主体（承包商）共同认可的价格。

工程造价的两种含义实质上就是从不同的角度把握同一事物的本质。对投资者而言，工程造价就是项目投资，是“购买”工程项目需支付的费用；同时，工程造价也是投资者作为市场供给主体“出售”工程项目时确定价格和衡量投资效益的尺度。

1.2.2 工程造价计价的特征

工程建设活动是一项环节多、影响因素多、涉及面广的复杂活动，因此，工程造价会随项目进行的深度不同而发生变化，即工程造价的确定与控制是一个动态过程。工程造价计价的特征是由建设产品本身的固有特点及生产过程的特点决定的。

1.2.2.1 计价的单件性

每个建设工程产品都有特定的用途、功能、规模，每项工程的结构、空间分割、设备配置和内外装饰都有不同的要求，建设工程还必须在结构、造型等方面适应工程所在地的气候、地质、水文等自然条件，这就使工程项目的实物形态千差万别。因此，工程项目只能通过特殊的程序（编制估算、概算、预算、合同价、结算价、决算价等），就每个项目在建设过程中不同阶段的工程造价进行单件性计价。

1.2.2.2 计价的多次性

工程项目建设周期长、规模大、造价高，因此要按照建设程序分阶段进行。工程项目建设程序是建设活动过程中必须遵循的先后次序关系，相应的工程项目也要在不同阶段进行多次性计价，以保证工程造价计价与控制的科学性。多次性计价是一个逐步深化、逐步细化和逐步接近实际造价的过程，如图1-2所示。

计价的多次性

图1-2 工程造价多次性计价示意图

(1) 投资估算

投资估算是指在项目建议书和可行性研究阶段，通过编制估算文件预先测算的工程造价。投资估算是决策、筹集资金和合理控制造价的主要依据。

(2) 设计概算

设计概算是指在初步设计阶段，根据设计意图，通过编制工程概算文件，预先测算的工程造价。与投资估算相比，设计概算的准确性有所提高，但受投资估算的控制。

(3) 修正概算

修正概算是指在采用三阶段设计的技术设计阶段，根据技术设计要求，通过编制修正概算文件预先测算的工程造价。修正概算是对初步设计概算的修正和调整，比设计概算准确，但受设计概算控制。

(4) 施工图预算

施工图预算是指在施工图设计阶段，根据施工图纸，通过编制预算文件，预先测算的工程造价。施工图预算比工程概算或修正概算更为详尽和准确，但同样受前一阶段工程造价的控制。

(5) 招标控制价

招标控制价是指招标人根据国家或省级、行业建设主管部门颁发的有关计价依据和办法，以及拟定的招标文件和招标工程量清单，结合工程具体情况编制的招标工程的最高投标限价。

(6) 投标报价

投标报价是指投标人投标时响应招标文件要求，所报出的对已标价工程量清单汇总后标明的总价。在工程招投标阶段，投标单位根据招标文件及有关计价依据，并考虑投标策略，计算和确定建筑安装工程费用，投标价决定着投标单位的成败和将来实施工程的盈亏。

(7) 合同价

合同价是指发承包双方在工程合同中约定的工程造价。根据《中华人民共和国合同法》《建设工程施工合同管理办法》的规定，发承包双方根据招标文件、投标文件，在双方签订施工合同时共同协商确定工程价格。合同价属于市场价格，是发承包双方根据市场行情共同议定和认可的成交价格，但它并不是实际工程造价。

(8) 竣工结算

竣工结算是指发承包双方依据国家有关法律、法规和标准规定，按照合同约定确定的，包括在履行合同过程中按合同约定进行的合同价款调整，在工程结算时按合同调价范围和调价方法，对实际发生的工程量增减、设备和材料价差等进行调整后计算和确定的价格，反映的是项目实际造价。工程结算文件一般由承包单位编制，由发包单位审查，也可以委托具有相应资质的工程造价咨询机构进行审查。

(9) 竣工决算

竣工决算是指在工程竣工决算阶段，以实物数量和货币指标为计量单位，综合反映竣工项目自筹建开始到项目竣工交付使用为止的全部建设费用。工程决算文件一般由建设单位编制，上报相关主管部门审核。

1.2.2.3 计价的组合性

工程造价的计算与建设项目的组合性有关。一个建设项目是一个工程综合体，可按单项工程、单位工程、分部工程、分项工程等不同层次分解为许多有内在联系的组成部分。建设项目的组合性决定了工程计价的逐步组合过程。工程造价的组合过程是，先计算分部分项工程造价，再根据分部分项工程造价计算单位工程造价，然后计算单项工程造价，最后逐级汇总成建设项目总造价。

1.2.2.4 计价方法的多样性

工程项目的多次性计价有其各不相同的计价依据，每次计价的精确度要求也各不相同，由此决定了计价方法的多样性。例如，投资估算方法有设备系数法、生产能力指数法等；概预算方法有单价法和实物法等。不同方法有不同的适应条件，计价时应根据具体情况加以选择。

1.2.2.5 计价依据的复杂性

工程造价繁多的影响因素，决定了工程造价计价依据的复杂性。计价依据主要可分为以下七类：

① 设备和工程量计算依据，包括项目建议书、可行性研究报告、设计文件等；

② 人工、材料、机械等实物消耗量的依据，包括投资估算指标、概算定额、预算定额等；

③ 工程单价计算依据，包括人工单价、材料价格、材料运杂费、机械台班费等；

④ 设备单价计算依据，包括设备原价、设备运杂费、进口设备关税等；

⑤ 措施费、间接费和工程建设其他费用计算依据，主要是相关的费用定额和指标；

⑥ 政府规定的税、费；

⑦ 物价指数和工程造价指数。

1.2.3 工程造价的控制

所谓工程造价的控制，就是在优化建设方案的基础上，在建设程序的各个阶段，采用一定的方法和措施把工程造价控制在合理的范围和核定的限额以内。具体说，要用投资估算造价控制设计方案的选择和初步设计概算造价；用概算造价控制技术设计和修正概算造价；用概算造价或修正概算造价控制施工图设计和预算造价，用最高投标限价控制投标报价等，以求合理使用人力、物力和财力，取得较好的投资效益。

有效控制工程造价，应遵循以下原则：

（1）以设计阶段为重点进行全过程工程造价控制

建设工程全寿命期费用包括工程造价和工程交付使用后的日常开支（含经营费用、日常维护修理费用、使用期内大修理和局部更新费用），以及该工程使用期满后的报废拆除费用等。据分析，设计费一般只相当于建设工程全寿命期费用的1%以下，但这少于1%的费用对工程造价的影响很大。根据有关资料统计，在初步设计阶段，其影响项目造价的可能性为75%～95%；在技术设计阶段，影响项目造价的可能性为35%～75%；在施工图设计阶段，影响项目造价的可能性为5%～35%。很显然，造价控制的关键在于施工以前的投资决策和设计阶段，而在项目作出投资决策后，控制造价的关键就在于设计。

长期以来，我国往往将控制工程造价的主要精力放在施工阶段——审核施工图预算、结算建筑安装工程价款，对工程项目策划决策和设计阶段的造价控制重视不够。为有效地控制工程造价，应将工程造价管理的重点转到工程项目策划决策和设计阶段，尤其是要抓住设计这个关键阶段，以取得事半功倍的效果。

(2) 主动控制与被动控制相结合

长期以来，人们一直把造价控制理解为目标值与实际值的比较，以及当实际值偏离目标值时，分析其产生偏差的原因，并确定下一步对策。但这种立足于调查—分析—决策基础上的偏离—纠偏—再偏离—再纠偏的控制，只能发现偏离，不能使已产生的偏离消失，不能预防可能发生的偏离，因而只能说是被动控制。为尽量减少，甚至避免目标值与实际值的偏离，还必须立足于事先主动采取控制措施，实施主动控制。也就是说，工程造价控制，不仅要反映投资决策、反映设计、发包和施工，被动地控制造价，更要能主动地影响投资决策，影响设计、发包和施工，主动地控制工程造价。

(3) 技术与经济相结合

若要有效地控制工程造价，应从组织、技术、经济、合同与信息管理等多方面采取措施。从组织上采取的措施，包括明确项目组织结构，明确造价控制者及其任务，明确管理职能分工；从技术上采取措施，包括重视多方案选择，严格审查初步设计、技术设计、施工图设计、施工组织设计，深入研究节约投资的可能性；从经济上采取措施，包括动态地比较造价的计划值和实际值，严格审核各项费用支出，采取对节约投资有利的奖励措施等。

技术与经济相结合是控制工程造价最有效的手段。应通过技术比较、经济分析和效果评价，正确处理技术先进与经济合理之间的对立统一关系，力求在技术先进条件下的经济合理、在经济合理基础上的技术先进，将控制工程造价观念渗透到各项设计和施工技术措施中。

1.2.4 工程造价控制的内容

为了做好建设工程造价的有效控制，要把握好工程建设各阶段的工作重点，充分认识各阶段的控制重点和关键环节。

(1) 项目决策阶段

按照有关规定编制和审核投资估算，经有关部门批准，即可作为拟建工程项目的控制造价；基于不同的投资方案进行经济评价，作为工程项目决策的重要依据。

(2) 工程设计阶段

在限额设计、优化设计方案的基础上编制和审核工程概算、施工图预算。对于政府而言，经有关部门批准的工程概算，将作为拟建工程项目造价的最高限额。

(3) 工程发承包阶段

进行招标策划，编制和审核工程量清单、招标控制价或标底，确定投标报价及其策略，直至确定承包合同价。

（4）工程施工阶段

以工程合同等为控制依据，通过控制工程变更、风险管理等方法，按照承包人实际应予计量的工程量，并考虑物价上涨、工程变更等因素，合理确定进度款和结算款，控制工程费用的支出。

（5）竣工验收阶段

全面汇总工程建设中的全部实际费用，编制竣工结算与决算，如实体现建设项目的工程造价，并且总结经验，积累技术经济数据和资料，不断提高工程造价管理水平。

1.3 工程造价管理制度

当前，与我国工程造价咨询直接相关的管理制度是工程造价咨询企业资质管理制度和造价工程师职业资格管理制度。

1.3.1 工程造价咨询企业资质管理制度

根据《工程造价咨询企业管理办法》，工程造价咨询企业是指依法接受委托，对建设项目投资、工程造价的确定与控制提供专业咨询服务的企业。工程造价咨询企业从事工程造价咨询活动，应当遵循独立、客观、公正、诚实信用的原则，不得损害社会公共利益和他人的合法权益。同时，任何单位和个人不得非法干预依法进行的工程造价咨询活动。

1.3.1.1 工程造价咨询企业业务范围

工程造价咨询企业应当依法取得工程造价咨询企业资质，并在其资质等级许可的范围内从事工程造价咨询活动，不受行政区域限制。甲级工程造价咨询企业可以从事各类建设项目的工程造价咨询业务；乙级工程造价咨询企业可以从事工程造价2亿元人民币以下各类建设项目的工程造价咨询业务。

工程造价咨询业务范围包括：

① 建设项目建议书及可行性研究投资估算、项目经济评价报告的编制和审核；

② 建设项目概预算的编制与审核，并配合设计方案比选、优化设计、限额设计等工作进行工程造价分析与控制；

③ 建设项目合同价款的确定（包括招标工程工程量清单和标底、投标报价的编制和审核），合同价款的签订与调整（包括工程变更、工程洽商和索赔费用的计算）及工程款支付，工程结算及竣工结（决）算报告的编制与审核等；

④ 工程造价经济纠纷的鉴定和仲裁的咨询；

⑤ 提供工程造价信息服务等。

工程造价咨询企业可以对建设项目的组织实施进行全过程或者若干阶段的管理和服务。

工程造价咨询企业跨省、自治区、直辖市承接工程造价咨询业务的，应当自承接业务之日起30日内到建设工程所在地省、自治区、直辖市人民政府住房和城乡建设主管部门备案。

1.3.1.2 工程造价咨询企业资质等级标准

根据《工程造价咨询企业管理办法》的规定，工程造价咨询企业分为甲级、乙级。

(1) 甲级工程造价咨询企业资质标准

① 已取得乙级工程造价咨询企业资质证书满3年。

② 技术负责人已取得一级造价工程师注册证书，并具有工程或工程经济类高级专业技术职称，且从事工程造价专业工作15年以上。

③ 专职从事工程造价专业工作的人员（以下简称专职专业人员）不少于12人，其中，具有工程（或工程经济类）中级以上专业技术职称或者取得二级造价工程师注册证书的人员合计不少于10人；取得一级造价工程师注册证书的人员不少于6人，其他人员具有从事工程造价专业工作的经历。

④ 企业与专职专业人员签订劳动合同，且专职专业人员符合国家规定的职业年龄（出资人除外）。

⑤ 企业近3年工程造价咨询营业收入累计不低于人民币500万元。

⑥ 企业为本单位专职专业人员办理的社会基本养老保险手续齐全。

⑦ 在申请核定资质等级之日前3年内无违规行为。

(2) 乙级工程造价咨询企业资质标准

① 技术负责人已取得一级造价工程师注册证书，并具有工程或工程经济类高级专业技术职称，且从事工程造价专业工作10年以上。

② 专职专业人员不少于6人，其中，具有工程（或工程经济类）中级以上专业技术职称或者取得二级造价工程师注册证书的人员合计不少于4人；取得一级造价工程师注册证书的人员不少于3人，其他人员具有从事工程造价专业工作的经历。

③ 企业与专职专业人员签订劳动合同，且专职专业人员符合国家规定的职业年龄（出资人除外）。

④ 企业为本单位专职专业人员办理的社会基本养老保险手续齐全。

⑤ 暂定期内工程造价咨询营业收入累计不低于人民币50万元。

⑥ 申请核定资质等级之日前无违规行为。

1.3.1.3 工程造价咨询企业资质证书

新申请工程造价咨询企业资质的，其资质等级核定为乙级，设暂定期一年；暂定期届满需继续从事工程造价咨询活动的，应当在暂定期届满30日前，向资质许可机关申请换发资质证书；符合乙级资质条件的，由资质许可机关换发资质证书。

工程造价咨询企业资质有效期为3年。资质有效期届满，需要继续从事工程造价咨询活动的，应当在资质有效期届满30日前向资质许可机关提出资质延续申请。资质许可机关应当根据申请作出是否准予延续的决定，准予延续的，资质有效期延续3年。

工程造价咨询企业的名称、住所、组织形式、法定代表人、技术负责人、注册资本等事项发生变更的，应当自变更确立之日起30日内，到资质许可机关办理资质证书变更手续。

工程造价咨询企业合并的，合并后存续或者新设立的工程造价咨询企业可以承继合并前各方中较高的资质等级，但应当符合相应的资质等级条件。工程造价咨询企业分立的，只能由分立后的一方承继原工程造价咨询企业资质，但应当符合原工程造价咨询企业资质等级条件。

1.3.1.4 工程造价咨询企业资质的撤销和注销

有下列情形之一的，资质许可机关或者其上级机关，根据利害关系人的请求或者依据职权，可以撤销工程造价咨询企业资质：

① 资质许可机关工作人员滥用职权、玩忽职守作出准予工程造价咨询企业资质许可的；

② 超越法定职权作出准予工程造价咨询企业资质许可的；

③ 违反法定程序作出准予工程造价咨询企业资质许可的；

④ 对不具备行政许可条件的申请人作出准予工程造价咨询企业资质许可的；

⑤ 依法可以撤销工程造价咨询企业资质的其他情形。

工程造价咨询企业以欺骗、贿赂等不正当手段取得工程造价咨询企业资质的，应当予以撤销。

工程造价咨询企业取得工程造价咨询企业资质后，不再符合相应资质条件的，资质许可机关根据利害关系人的请求或者依据职权，可以责令其限期改正；逾期不改的，可以撤回其资质。

有下列情形之一的，资质许可机关应当依法注销工程造价咨询企业资质：

① 工程造价咨询企业资质有效期满，未申请延续的；

② 工程造价咨询企业资质被撤销、撤回的；

③ 工程造价咨询企业依法终止的；

④ 法律、法规规定的应当注销工程造价咨询企业资质的其他情形。

1.3.1.5 工程造价咨询企业法律责任

(1) 资质申请或取得违规责任

申请人隐瞒有关情况或者提供虚假材料申请工程造价咨询企业资质的，不予受理或者不予资质许可，并给予警告，申请人在1年内不得再次申请工程造价咨询企业资质。

以欺骗、贿赂等不正当手段取得工程造价咨询企业资质的，由县级以上地方人民政府住房和城乡建设主管部门或者有关专业部门给予警告，并处以1万元以上3万元以下的罚款，申请人3年内不得再次申请工程造价咨询企业资质。

(2) 经营违规责任

未取得工程造价咨询企业资质从事工程造价咨询活动或者超越资质等级承接工程造价咨询业务的，出具的工程造价成果文件无效，由县级以上地方人民政府住房和城乡建设主管部门或者有关专业部门给予警告，责令限期改正，并处以1万元以上3万元以下的罚款。

违反《工程造价咨询企业管理办法》第十七条规定，工程造价咨询企业不及时办理资质证书变更手续的，由资质许可机关责令限期办理；逾期不办理的，可处以1万元以下的罚款。

跨省、自治区、直辖市承接业务不备案的，由县级以上地方人民政府住房和城乡建设主管部门或者有关专业部门给予警告，责令限期改正；逾期未改正的，可处以5000元以上2万元以下的罚款。

（3）其他违规责任

工程造价咨询企业有下列行为之一的，由县级以上地方人民政府住房和城乡建设主管部门或者有关专业部门给予警告，责令限期改正，并处以1万元以上3万元以下的罚款。

① 涂改、倒卖、出租、出借资质证书，或者以其他形式非法转让资质证书；

② 超越资质等级业务范围承接工程造价咨询业务；

③ 同时接受招标人和投标人或两个以上投标人对同一工程项目的工程造价咨询业务；

④ 以给予回扣、恶意压低收费等方式进行不正当竞争；

⑤ 转包承接的工程造价咨询业务；

⑥ 法律、法规禁止的其他行为。

1.3.1.6 对资质许可机关及其工作人员违规的处罚

资质许可机关有下列情形之一的，由其上级行政主管部门或者监察机关责令改正，对直接负责的主管人员和其他直接责任人员依法给予处分；构成犯罪的，依法追究刑事责任：

① 对不符合法定条件的申请人准予工程造价咨询企业资质许可或者超越职权作出准予工程造价咨询企业资质许可决定的；

② 对符合法定条件的申请人不予工程造价咨询企业资质许可或者不在法定期限内作出准予工程造价咨询企业资质许可决定的；

③ 利用职务上的便利，收受他人财物或者谋取其他利益的；

④ 不履行监督管理职责，或者发现违法行为不予查处的。

1.3.2 造价工程师职业资格管理制度

造价工程师
职业道德

根据《造价工程师职业资格制度规定》，国家设置造价工程师准入类职业资格，纳入国家职业资格目录。工程造价咨询企业应配备造价工程师，工程建设活动中有关工程造价管理岗位按需要配备造价工程师。造价工程师分为一级造价工程师（Class1 Cost Engineer）和二级造价工程师（Class2 Cost Engineer）。

根据《国家职业资格目录》，为统一和规范造价工程师职业资格设置和管理，提高工程造价专业人员素质，提升建设工程造价管理水平，中华人民共和国住房和城乡建设部、人力资源和社会保障部于2018年7月颁布了《造价工程师职业资格制度规定》《造价工程师职业资格考试实施办法》的通知（建人〔2018〕67号），2020年2月中华人民共和国住房和城乡建设部颁布了经过修正的《注册造价工程师管理办法》（2020修正）（住建部令第50号修正）。

1.3.2.1 职业资格考试

造价工程师，是指通过职业资格考试取得中华人民共和国造价工程师职业资格证书，并经注册后从事建设工程造价工作的专业技术人员。

一级造价工程师职业资格考试全国统一大纲、统一命题、统一组织。二级造价工程师职业资格考试全国统一大纲，各省、自治区、直辖市自主命题并组织实施。

（1）一级造价工程师的报考条件

凡遵守《中华人民共和国宪法》、法律、法规，具有良好的业务素质和道德品行，具备下列条件之一者，可以申请参加一级造价工程师职业资格考试：

① 具有工程造价专业大学专科（或高等职业教育）学历，从事工程造价业务工作满5年；具有土木建筑、水利、装备制造、交通运输、电子信息、财经商贸大类大学专科（或高等职业教育）学历，从事工程造价业务工作满6年。

② 具有通过工程教育专业评估（认证）的工程管理、工程造价专业大学本科学历或学位，从事工程造价业务工作满4年；具有工学、管理学、经济学门类大学本科学历或学位，从事工程造价业务工作满5年。

③ 具有工学、管理学、经济学门类硕士学位或者第二学士学位，从事工程造价业务工作满3年。

④ 具有工学、管理学、经济学门类博士学位，从事工程造价业务工作满1年。

⑤ 具有其他专业相应学历或者学位的人员，从事工程造价业务工作年限相应增加1年。

（2）二级造价工程师的报考条件

凡遵守《中华人民共和国宪法》、法律、法规，具有良好的业务素质和道德品行，具备下列条件之一者，可以申请参加二级造价工程师职业资格考试：

① 具有工程造价专业大学专科（或高等职业教育）学历，从事工程造价业务工作满2年；具有土木建筑、水利、装备制造、交通运输、电子信息、财经商贸大类大学专科（或高等职业教育）学历，从事工程造价业务工作满3年。

② 具有工程管理、工程造价专业大学本科及以上学历或学位，从事工程造价业务工作满1年；具有工学、管理学、经济学门类大学本科及以上学历或学位，从事工程造价业务工作满2年。

③ 具有其他专业相应学历或学位的人员，从事工程造价业务工作年限相应增加1年。

（3）考试科目

一级造价工程师职业资格考试设“建设工程造价管理”“建设工程计价”“建设工程技术与计量”“建设工程造价案例分析”4个科目。其中，“建设工程造价管理”和“建设工程计价”为基础科目，“建设工程技术与计量”和“建设工程造价案例分析”为专业科目。

二级造价工程师职业资格考试设“建设工程造价管理基础知识”“建设工程计量与计价实务”2个科目。其中，“建设工程造价管理基础知识”为基础科目，“建设工程计量与计价实务”为专业科目。

造价工程师职业资格考试专业科目分为土木建筑工程、交通运输工程、水利工程和安装工程4个专业类别，考生在报名时可根据实际工作需要选择其一。

(4) 职业资格证书

一级造价工程师职业资格考试合格者，由各省、自治区、直辖市人力资源社会保障行政主管部门颁发中华人民共和国一级造价工程师职业资格证书。该证书由人力资源社会保障部统一印制，住房和城乡建设部、交通运输部、水利部按专业类别分别与人力资源社会保障部用印，在全国范围内有效。

二级造价工程师职业资格考试合格者，由各省、自治区、直辖市人力资源社会保障行政主管部门颁发中华人民共和国二级造价工程师职业资格证书。该证书由人力资源社会保障部统一印制，住房和城乡建设部、交通运输部、水利部按专业类别分别与人力资源社会保障部用印，原则上在所在行政区域内有效。

1.3.2.2 注册

(1) 注册管理制度

国家对造价工程师职业资格实行执业注册管理制度。取得造价工程师职业资格证书且从事工程造价相关工作的人员，经注册方可以造价工程师名义执业。

住房和城乡建设部、交通运输部、水利部分别负责一级造价工程师注册及相关工作。各省、自治区、直辖市住房和城乡建设、交通运输、水利行政主管部门按专业类别分别负责二级造价工程师注册及相关工作。

经批准注册的申请人，由住房和城乡建设部、交通运输部、水利部核发“中华人民共和国一级造价工程师注册证”（或电子证书）；或由各省、自治区、直辖市住房和城乡建设、交通运输、水利行政主管部门核发“中华人民共和国二级造价工程师注册证”（或电子证书）。

造价工程师执业时应持注册证书和执业印章。注册证书、执业印章样式及注册证书编号规则由住房和城乡建设部会同交通运输部、水利部统一制定。执业印章由注册造价工程师按照统一规定自行制作。

(2) 注册条件

注册造价工程师的注册条件如下：

① 取得职业资格；

② 受聘于一个工程造价咨询企业或者工程建设领域的建设、勘察设计、施工、招标代理、工程监理、工程造价管理等单位；

③ 无不予注册的情形。

(3) 初始注册

取得职业资格证书的人员，可自职业资格证书签发之日起1年内申请初始注册。逾期未申请者，须符合继续教育的要求后方可申请初始注册。初始注册的有效期为4年。

申请初始注册的，应当提交下列材料：

① 初始注册申请表；

② 职业资格证书和身份证件；

③ 与聘用单位签订的劳动合同；

④ 取得职业资格证书的人员，自职业资格证书签发之日起 1 年后申请初始注册的，应当提供当年的继续教育合格证明；

⑤ 外国人应当提供外国人就业许可证书。

申请初始注册时，造价工程师本人和单位应当对下列事项进行承诺，并由注册机关调查核实：

① 受聘于工程造价岗位；

② 聘用单位为其缴纳社会基本养老保险或者已办理退休。

(4) 延续注册

注册造价工程师注册有效期满需继续执业的，应当在注册有效期满 30 日前，按照规定的程序申请延续注册。延续注册的有效期为 4 年。

申请延续注册的，应当提交下列材料：

① 延续注册申请表；

② 注册证书；

③ 与聘用单位签订的劳动合同；

④ 继续教育合格证明。

申请延续注册时，造价工程师本人和单位应对其前一个注册的工作业绩进行承诺，并由注册机关调查核实。

(5) 变更注册

在注册有效期内，注册造价工程师变更执业单位的，应当与原聘用单位解除劳动合同，并按照规定的程序，到新聘用单位工商注册所在地的省、自治区、直辖市人民政府住房和城乡建设主管部门或者国务院有关专业部门办理变更注册手续。变更注册后延续原注册有效期。

申请变更注册的，应当提交下列材料：

① 变更注册申请表；

② 注册证书；

③ 与新聘用单位签订的劳动合同。

申请变更注册时，造价工程师本人和单位应当对下列事项进行承诺，并由注册机关调查核实：

① 与原聘用单位解除劳动合同；

② 聘用单位为其缴纳社会基本养老保险或者已办理退休。

(6) 不予注册

有下列情形之一的，不予注册：

① 不具有完全民事行为能力的；

② 申请在两个或者两个以上单位注册的；

③ 未达到造价工程师继续教育合格标准的；

④ 前一个注册期内工作业绩达不到规定标准或未办理暂停执业手续而脱离工程造价业务岗位的；

⑤ 受刑事处罚，刑事处罚尚未执行完毕的；

⑥ 因工程造价业务活动受刑事处罚，自刑事处罚执行完毕之日起至申请注册之日止不满5年的；

⑦ 因前项规定以外原因受刑事处罚，自处罚决定之日起至申请注册之日止不满3年的；

⑧ 被吊销注册证书，自被处罚决定之日起至申请注册之日止不满3年的；

⑨ 以欺骗、贿赂等不正当手段获准注册被撤销，自被撤销注册之日起至申请注册之日止不满3年的；

⑩ 法律、法规规定不予注册的其他情形。

1.3.2.3 执业

造价工程师在工作中，必须遵纪守法，恪守职业道德和从业规范，诚信执业，主动接受有关主管部门的监督检查，加强行业自律。造价工程师不得同时受聘于两个或两个以上单位执业，不得允许他人以本人名义执业，严禁“证书挂靠”。出租、出借注册证书的，依据相关法律法规进行处罚；构成犯罪的，依法追究刑事责任。

（1）一级造价工程师的执业范围

一级造价工程师的执业范围包括建设项目全过程的工程造价管理与咨询等，具体工作内容如下：

① 项目建议书、可行性研究投资估算与审核，项目评价造价分析；

② 建设工程设计概算、施工预算编制和审核；

③ 建设工程招标投标文件工程量和造价的编制与审核；

④ 建设工程合同价款、结算价款、竣工决算价款的编制与管理；

⑤ 建设工程审计、仲裁、诉讼、保险中的造价鉴定，工程造价纠纷调解；

⑥ 建设工程计价依据、造价指标的编制与管理；

⑦ 与工程造价管理有关的其他事项。

（2）二级造价工程师的执业范围

二级造价工程师主要协助一级造价工程师开展相关工作，可独立开展以下具体工作：

① 建设工程工料分析、计划、组织与成本管理，施工图预算、设计概算编制；

② 建设工程量清单、最高投标限价、投标报价编制；

③ 建设工程合同价款、结算价款和竣工决算价款的编制。

（3）执业印章

造价工程师应在本人工程造价咨询成果文件上签章，并承担相应责任。工程造价咨询成果文件应由一级造价工程师审核并加盖执业印章。

对出具虚假工程造价咨询成果文件或者有重大工作过失的造价工程师，不再予以注册，造成损失的依法追究其责任。

在注册有效期内，注册造价工程师因特殊原因需要暂停执业的，应当到注册机关办理暂停执业手续，并交回注册证书和执业印章。

（4）注册造价工程师的权利

① 使用注册造价工程师名称；

② 依法从事工程造价业务；

③ 在本人执业活动中形成的工程造价成果文件上签字并加盖执业印章；

④ 发起设立工程造价咨询企业；

⑤ 保管和使用本人的注册证书和执业印章；

⑥ 参加继续教育。

（5）注册造价工程师的义务

① 遵守法律、法规、有关管理规定，恪守职业道德；

② 保证执业活动成果的质量；

③ 接受继续教育，提高执业水平；

④ 执行工程造价计价标准和计价方法；

⑤ 与当事人有利害关系的，应当主动回避；

⑥ 保守在执业中知悉的国家秘密和他人的商业、技术秘密。

（6）继续教育

注册造价工程师应当适应岗位需要和职业发展的要求，按照国家专业技术人员继续教育的有关规定接受继续教育，更新专业知识，提高专业水平。

1.3.2.4 监督管理

（1）注册证书失效

注册造价工程师有下列情形之一的，其注册证书失效：

① 已与聘用单位解除劳动合同且未被其他单位聘用的；

② 注册有效期满且未延续注册的；

③ 死亡或者不具有完全民事行为能力的；

④ 其他导致注册失效的情形。

（2）注册证书撤销

有下列情形之一的，注册机关或者其上级行政机关依据职权或者根据利害关系人的请求，可以撤销注册造价工程师的注册：

① 行政机关工作人员滥用职权、玩忽职守作出准予注册许可的；

② 超越法定职权作出准予注册许可的；

③ 违反法定程序作出准予注册许可的；

④ 对不具备注册条件的申请人作出准予注册许可的；

⑤ 依法可以撤销注册的其他情形。

申请人以欺骗、贿赂等不正当手段获准注册的，应当予以撤销。

（3）注册证书作废

有下列情形之一的，由注册机关办理注销注册手续，收回注册证书和执业印章或者公告其注册证书和执业印章作废：

① 注册证书失效的；

② 依法被撤销注册的；

③ 依法被吊销注册证书的；

④ 受到刑事处罚的；

⑤ 法律、法规规定应当注销注册的其他情形。

注册造价工程师有前款所列情形之一的，注册造价工程师本人和聘用单位应当及时向注册机关提出注销注册申请；有关单位和个人有权向注册机关举报；县级以上地方人民政府住房和城乡建设主管部门或者其他有关部门应当及时告知注册机关。

1.3.2.5 法律责任

(1) 注册违规的处罚

隐瞒有关情况或者提供虚假材料申请造价工程师注册的，不予受理或者不予注册，并给予警告，申请人在1年内不得再次申请造价工程师注册。

聘用单位为申请人提供虚假注册材料的，由县级以上地方人民政府住房和城乡建设主管部门或者其他有关部门给予警告，并可处以1万元以上3万元以下的罚款。

以欺骗、贿赂等不正当手段取得造价工程师注册的，由注册机关撤销其注册，3年内不得再次申请注册，并由县级以上地方人民政府住房和城乡建设主管部门处以罚款。其中，没有违法所得的，处以1万元以下罚款；有违法所得的，处以违法所得3倍以下且不超过3万元的罚款。

未经注册而以注册造价工程师的名义从事工程造价活动的，所签署的工程造价成果文件无效，由县级以上地方人民政府住房和城乡建设主管部门或者其他有关部门给予警告，责令停止违法活动，并可处以1万元以上3万元以下的罚款。

未办理变更注册而继续执业的，由县级以上人民政府住房和城乡建设主管部门或者其他有关部门责令限期改正；逾期不改的，可处以5000元以下的罚款。

(2) 执业活动违规的处罚

注册造价工程师有下列行为之一的，由县级以上地方人民政府住房和城乡建设主管部门或者其他有关部门给予警告，责令改正，没有违法所得的，处以1万元以下罚款，有违法所得的，处以违法所得3倍以下且不超过3万元的罚款：

① 不履行注册造价工程师义务；

② 在执业过程中，索贿、受贿或者谋取合同约定费用外的其他利益；

③ 在执业过程中实施商业贿赂；

④ 签署有虚假记载、误导性陈述的工程造价成果文件；

⑤ 以个人名义承接工程造价业务；

⑥ 允许他人以自己的名义从事工程造价业务；

⑦ 同时在两个或者两个以上单位执业；

⑧ 涂改、倒卖、出租、出借或者以其他形式非法转让注册证书或者执业印章；

⑨ 超出执业范围、注册专业范围执业；

⑩ 法律、法规、规章禁止的其他行为。

(3) 未提供信用档案的处罚

注册造价工程师或者其聘用单位未按照要求提供造价工程师信用档案信息的，由县级以上地方人民政府住房和城乡建设主管部门或者其他有关部门责令限期改正；逾期未改正的，可处以1000元以上1万元以下的罚款。

（4）注册机关违规的处罚

县级以上人民政府住房和城乡建设主管部门和其他有关部门工作人员，在注册造价工程师管理工作中，有下列情形之一的，依法给予处分；构成犯罪的，依法追究刑事责任：

① 对不符合注册条件的申请人准予注册许可或者超越法定职权作出注册许可决定的；

② 对符合注册条件的申请人不予注册许可或者不在法定期限内作出注册许可决定的；

③ 对符合法定条件的申请不予受理的；

④ 利用职务之便，收取他人财物或者其他好处的；

⑤ 不依法履行监督管理职责，或者发现违法行为不予查处的。

第2章 工程造价构成

知识目标

1. 理解静态投资、动态投资的概念；
2. 熟悉建设项目总投资的费用构成；
3. 掌握建筑安装工程造价费用构成。

能力目标

1. 能正确区分静态投资和动态投资；
2. 能进行建设项目总投资、固定资产投资、静态投资、动态投资的计算；
3. 能正确进行建筑安装工程费的计算。

素质目标

1. 培养学生严谨细致的工作态度，即在造价费用构成的计算过程中，认真思考，做到不多算、不漏算；

2. 树立成本意识和节约意识，根据各项费用的含义积极主动思考哪些费用是可以节约的，甚至可以通过合理措施避免发生的，从而降低人工、材料、机械台班消耗，提高工程利润。

2.1 建设项目总投资

2.1.1 建设项目总投资的概念

(1) 建设项日总投资

建设项目总投资是指为完成项目建设并达到使用要求或生产条件，在建设期内预计或实际投入的全部费用总和。生产性建设项目总投资包括工程造价（或固定资产投资）和流动资金（或流动资产投资）；非生产性建设项目总投资一般仅指工程造价。

（2）静态投资

静态投资是指建设项目在不考虑物价上涨、建设期贷款利息等动态因素情况下估算的建设投资。静态投资是以某一基准年、月的建设要素的价格为依据所计算出的建设项目投资的瞬时值，具体包括建筑安装工程费、设备和工器具购置费、工程建设其他费用、基本预备费等。静态投资是具有一定时间性的，应统一按某一确定的时间来计算，特别是遇到估算时间距开工时间较远的项目，应以开工前一年为基准年，按照近年的价格指数将编制的静态投资进行适当调整，否则就会失去基准作用，影响投资估算的准确性。

（3）动态投资

动态投资是指建设项目在考虑物价上涨、建设期贷款利息等动态因素情况下估算的建设投资，包括静态投资、固定资产投资动态部分的价差预备费和建设期贷款利息。动态投资适应了市场价格运行机制的要求，使投资的计划、估算、控制更加符合实际。

静态投资与动态投资密切相关，动态投资包含静态投资，静态投资是动态投资最主要的组成部分，也是动态投资的计算基础。

2.1.2 建设项目总投资的构成

建设项目总投资的构成内容如图 2-1 所示。

建设项目总投资的构成

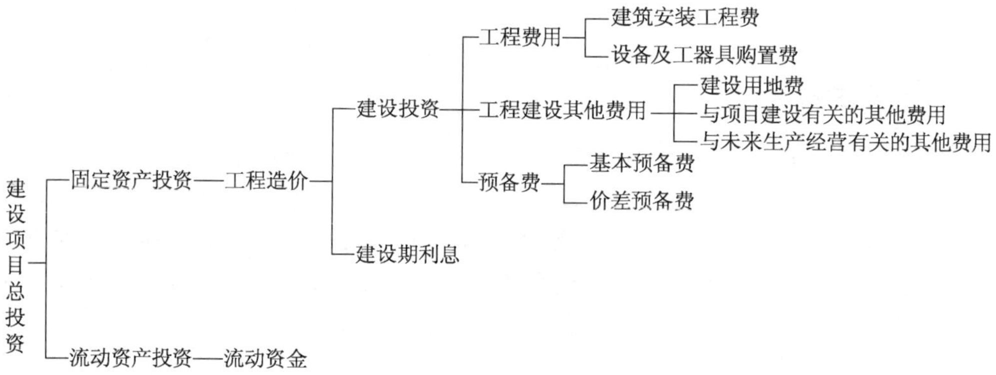

图 2-1 建设项目总投资的构成

工程造价（固定资产投资）包括建设投资和建设期利息。固定资产投资与建设项目的工程造价在量上相等。

（1）建设投资

建设投资是工程造价中的主要构成部分，是为完成工程项目建设，在建设期内投入且形成现金流出的全部费用。建设投资包括工程费用、工程建设其他费用和预备费三部分。

（2）工程费用

工程费用是指建设期内直接用于工程建造、设备购置及其安装的建设投资，可以分为建筑安装工程费、设备及工器具购置费，其中建筑安装工程费又可分为建筑工程费和安装工程费。

(3) 工程建设其他费用

工程建设其他费用是指建设期内发生的与土地使用权取得、整个工程项目建设及未来生产经营有关的构成建设投资，但不包括在工程费用中的费用。

(4) 预备费

预备费是在建设期内为各种不可预见因素的变化而预留的可能增加的费用，包括基本预备费和价差预备费。

(5) 建设期利息

建设期利息是指建设项目使用投资贷款，在建设期内应归还的贷款利息。

(6) 流动资金

流动资金是指为进行正常生产运营，用于购买原材料、燃料，支付工资及其他经营费用等所需的周转资金，在可行性研究阶段可根据需要计为全部流动资金，在初步设计及以后阶段可根据需要计为铺底流动资金。铺底流动资金是指生产经营性项目为保证投产后正常的生产运营所需，并在项目资本金中筹措的自有流动资金。非生产经营性项目不列入铺底流动资金。铺底流动资金一般占流动资金的30%，其余70%的流动资金可申请短期贷款。

2.2 建筑安装工程费

为了规范建设工程计价行为，合理确定和有效控制工程造价，江苏省住房和城乡建设厅根据《建设工程工程量清单计价规范》(GB 50500—2013) 及其9本计算规范、《建筑安装工程费用项目组成》(建标〔2013〕44号) 等有关规定，结合本省实际情况，组织编制了《江苏省建设工程费用定额》(2014年)，并于2014年6月18日颁布，自2014年7月1日起在全省范围内施行。

建筑安装工程费的构成

该《江苏省建设工程费用定额》(苏建价〔2014〕299号) 规定，江苏省建筑安装工程费的构成包括分部分项工程费、措施项目费、其他项目费、规费和税金，如图2-2所示。

2.2.1 分部分项工程费

分部分项工程费是指各专业工程应予列支的各项费用，由人工费、材料费、施工机具使用费、企业管理费和利润构成。

$$分部分项工程费 = \sum(分部分项工程量 \times 综合单价) \tag{2-1}$$

式中，综合单价包括人工费、材料费、施工机具使用费、企业管理费和利润。

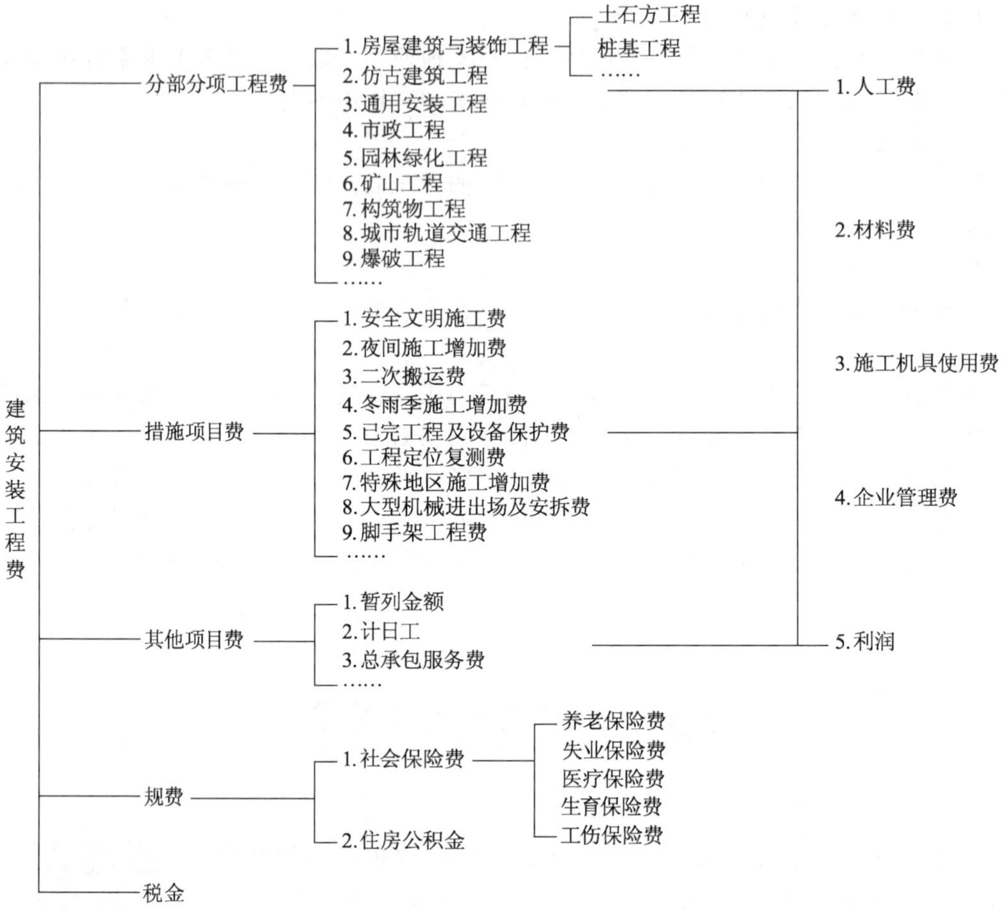

图 2-2　建筑安装工程费的构成

2.2.1.1　人工费

人工费是指按工资总额构成规定，支付给从事建筑安装工程施工的生产工人和附属生产单位工人的各项费用。计算人工费的基本要素有两个，即人工工日消耗量和人工日工资单价。

$$人工费=\sum(工日消耗量\times 日工资单价) \tag{2-2}$$

（1）人工工日消耗量

人工工日消耗量是指在正常施工生产条件下，生产建筑安装产品（分部分项工程或结构构件）必须消耗的某种技术等级的人工工日数量。

（2）人工日工资单价

人工日工资单价是指施工企业平均技术熟练程度的生产工人在每个工作日（国家法定工作时间内）按规定从事施工作业应得的日工资总额。人工日工资单价包括：

① 计时工资或计件工资：指按计时工资标准和工作时间或对已做工作按计件单价支付给个人的劳动报酬。

② 奖金：指对超额劳动和增收节支支付给个人的劳动报酬，如节约奖、劳动竞赛奖等。

③ 津贴补贴：指企业为了补偿职工特殊或额外的劳动消耗和因其他特殊原因支付给个人的津贴，以及为了保证职工工资水平不受物价影响支付给个人的物价补贴，如流动施工津贴、特殊地区施工津贴、高温（高寒）作业临时津贴、高空津贴等。

④ 加班加点工资：指按规定支付的在法定节假日工作的加班工资和在法定日工作时间外延长工作的加点工资。

⑤ 特殊情况下支付的工资：指根据国家法律、法规和政策规定，因病、工伤、产假、计划生育假、婚丧假、事假、探亲假、定期休假、停工学习、执行国家或社会义务等按计时工资标准或计时工资标准的一定比例支付的工资。

2.2.1.2 材料费

材料费是指在施工过程中耗费的原材料、辅助材料、构配件、零件、半成品或成品、工程设备的费用，以及周转材料等的摊销、租赁费用。材料费的计算公式为

$$材料费=\sum(材料消耗量\times材料单价)$$

（1）材料消耗量

材料消耗量是指在正常施工生产条件下，完成规定计量单位的建筑安装产品所消耗的各类材料的净用量和不可避免的损耗量。

（2）材料单价

材料单价是指建筑材料从其来源地运到施工工地仓库直至出库形成的综合平均单价，当采用一般计税方法时，材料单价中的材料原价、运杂费等应扣除增值税进项税额。材料单价包括：

① 材料原价：指材料、工程设备的出厂价格或商家供应价格。

② 运杂费：指材料、工程设备自来源地运至工地仓库或指定堆放地点所发生的全部费用。

③ 运输损耗费：指材料在运输装卸过程中不可避免的损耗。

④ 采购及保管费：指为组织采购、供应和保管材料、工程设备的过程中所需要的各项费用，包括采购费、仓储费、工地保管费、仓储损耗。

$$材料单价=材料原价+运杂费+运输损耗费+采购及保管费用 \tag{2-3}$$

$$材料原价=\{(材料原价+运杂费)\times[1+运输损耗率(\%)]\}\times[1+采购及保管费率(\%)] \tag{2-4}$$

（3）工程设备

工程设备是指房屋建筑及其配套的构成或计划构成永久工程一部分的机电设备、金属结构设备、仪器装置等建筑设备，包括附属工程中电气、采暖、通风空调、给排水、通信及建筑智能等为房屋功能服务的设备，不包括工艺设备。

明确由建设单位提供的建筑设备，其设备费用不作为计取税金的基数。

2.2.1.3 施工机具使用费

施工机具使用费是指施工作业所发生的施工机械、仪器仪表使用费或租赁费。当采用一般计税方法时，施工机械台班单价和仪器仪表台班单价中的相关子项均需扣除增值税进项税额。

（1）施工机械使用费

施工机械使用费是指施工机械作业发生的使用费或租赁费。构成施工机械使用费的基本要素是施工机械台班消耗量和机械台班单价，计算公式为

$$施工机械使用费 = \sum(施工机械台班消耗量 \times 机械台班单价) \quad (2\text{-}5)$$

施工机械台班单价由下列7项费用组成：

① 折旧费：指施工机械在规定的使用期限内，陆续收回其原值及购置资金的时间价值。

② 大修理费：指施工机械按规定的大修理间隔台班进行必要的大修理，以恢复其正常功能所需的费用。

③ 经常修理费：指施工机械除大修理以外的各级保养和临时故障排除所需的费用，包括为保障机械正常运转所需替换设备与随机配备工具用具的摊销和维护费用，机械运转及日常保养所需润滑与擦拭的材料费用及机械停滞期间的维护和保养费用等。

④ 安拆费及场外运费：安拆费是指施工机械（大型施工机械除外）在现场进行安装与拆卸所需的人工、材料、机械和试运转费用，以及机械辅助设施的折旧、搭设、拆除等费用。场外运费是指施工机械整体或分体自停放地点运至施工现场或由一施工地点运至另一施工地点的运输、装卸、辅助材料及架线等费用。

⑤ 人工费：指机上司机（司炉）和其他操作人员的人工费。

⑥ 燃料动力费：指施工机械在运转作业中所耗用的固体燃料（煤、木柴）、液体燃料（汽油、柴油）及水、电等费用。

⑦ 税费：指施工机械按照国家规定应缴纳的车船使用税、保险费及年检费等。

因此，施工机械台班单价的计算公式为

$$施工机械台班单价 = 折旧费 + 大修理费 + 经常修理费 + 安拆费及场外运费 + 人工费 + 燃料动力费 + 车船税费 \quad (2\text{-}6)$$

（2）仪器仪表使用费

仪器仪表使用费是指工程施工所需使用的仪器仪表的摊销及维修费用。施工仪器仪表台班单价由折旧费、维护费、校验费、动力费等组成，台班单价中的费用组成不包括检测软件的相关费用。计算公式如下：

$$仪器仪表使用费 = \sum(仪器仪表台班消耗量 \times 仪器仪表台班单价) \quad (2\text{-}7)$$

2.2.1.4 企业管理费

企业管理费是指施工企业组织施工生产和经营管理所需的费用。

（1）企业管理费的组成

① 管理人员工资：指按规定支付给管理人员的计时工资、奖金、津贴补贴、加班加点工资及特殊情况下支付的工资。

② 办公费：指企业管理办公用文具、纸张、账表、印刷、邮电、书报、办公软件、监控、会议、水电、燃气、采暖降温（包括现场临时宿舍取暖降温）等费用。当采用一般计税方法时，办公费中增值税进项税额的扣除原则如下：以购进货物适用的税率扣减，其中购进自来水、暖气、冷气、图书、报纸、杂志等适用的税率为10%，接受邮政和基础电信服务等适用的税率为10%，接受增值电信服务等适用的税率为6%，其他

税率一般为16%。

③ 差旅交通费：指企业职工因公出差、调动工作的差旅费、住勤补助费、市内交通费和误餐补助费，职工探亲路费，劳动力招募费，职工退职、退休一次性路费，工伤人员就医路费，工地转移费及管理部门使用的交通工具油料、燃料等费用。

④ 固定资产使用费：指管理和试验部门及附属单位使用的属于固定资产的房屋、设备、仪器等的折旧、大修、维修或租赁费。当采用一般计税方法时，固定资产使用费中增值税进项税额的扣除原则如下：购入的不动产适用的税率为10%，购入的其他固定资产适用的税率为16%。设备、仪器的折旧、大修、维修或租赁费以购进货物、接受修理修配劳务或租赁有形动产服务适用的税率扣除均为16%。

⑤ 工具用具使用费：指企业施工生产和管理使用不属于固定资产的工具、器具、家具、交通工具和检验、试验、测绘、消防等的购置、维修和摊销费，以及支付给工人自备工具的补贴费。当采用一般计税方法时，工具用具使用费中增值税进项税额的扣除原则如下：以购进货物或接受修理修配劳务使用的税率扣减，均为16%。

⑥ 劳动保险费和职工福利费：指由企业支付的职工退职金、按规定支付给离退休干部的经费，集体福利费，夏季防暑降温、冬季取暖补贴及上下班交通补贴等。

⑦ 劳动保护费：指企业按规定发放的劳动保护用品的支出。如工作服、手套、防暑降温饮料、高危险工作工种施工作业防护补贴，以及在有碍身体健康的环境中施工的保健费用等。

⑧ 工会经费：指企业按《中华人民共和国工会法》规定的全部职工工资总额比例计提的工会经费。

⑨ 职工教育经费：按职工工资总额的规定比例计提，企业为职工进行专业技术和职业技能培训、专业技术人员继续教育、职工职业技能鉴定、职业资格认定，以及根据需要对职工进行各类文化教育所发生的费用。

⑩ 财产保险费：指企业管理用财产、车辆等的保险费用。

⑪ 财务费：指企业为施工生产筹集资金或提供预付款担保、履约担保、职工工资支付担保等所发生的各项费用。

⑫ 税金：指企业按规定缴纳的房产税、非生产性车船使用税、土地使用税、印花税、城市维护建设税、教育费附加、地方教育附加等各项税费。

⑬ 意外伤害保险费：企业为从事危险作业的建筑安装施工人员支付的意外伤害保险费。

⑭ 工程定位复测费：指工程施工过程中进行全部施工测量放线和复测工作的费用。建筑物沉降观测由建设单位直接委托有资质的检测机构完成，费用由建设单位承担，不包含在工程定位复测费中。

⑮ 检验试验费：指施工企业按照有关标准规定，对建筑及材料、构件和建筑安装物进行一般鉴定、检查所发生的费用，包括自设试验室进行试验所耗用的材料费等，不包括新结构、新材料的试验费。对构件做破坏性试验及其他特殊要求检验试验的费用和建设单位委托检测机构进行检测的费用，由建设单位在工程建设其他费用中列支。但对施工企业提供的具有合格证明的材料进行检测，并认定不合格的，该检测费用由施工企

业支付。当采用一般计税方法时，检验试验费中增值税进项税额以现代服务业适用的税率6%扣减。

⑯ 非建设单位所为4小时以内的临时停水停电费用。

⑰ 企业技术研发费：建筑企业为转型升级、提高管理水平所进行的技术转让、科技研发、信息化建设等费用。

⑱ 其他：业务招待费、远地施工增加费、劳务培训费、绿化费、广告费、公证费、法律顾问费、审计费、咨询费、投标费、保险费、联防费、施工现场生活用水电费等。

（2）企业管理费的计算

企业管理费一般采用取费基数乘以费率的方法计算。企业管理费费率的计算方法如下：

① 以人工费和机械费合计为计算基础：

$$企业管理费费率(\%)=\frac{生产工人年平均管理费}{年有效施工天数\times(人工单价+每一工时机械使用费)}\times 100\% \tag{2-8}$$

② 以人工费为计算基础：

$$企业管理费费率(\%)=\frac{生产工人年平均管理费}{年有效施工天数\times 人工单价}\times 100\% \tag{2-9}$$

上述公式适用于施工企业投标报价时自主确定管理费。《江苏省建设工程费用定额》（2014年）将企业管理费取费标准按不同的专业工程（或单位工程）划分为一类工程、二类工程、三类工程，规定了不同的取费费率，对应的取费基数是“人工费”或“人工费＋施工机具使用费”。

2.2.1.5 利润

利润是指施工单位从事建筑安装工程施工所获得的盈利，施工企业根据自身需求并结合建筑市场自主确定，列入报价中。工程造价管理机构在确定计价定额中的利润时，根据不同的专业工程（或单位工程），以“人工费”或“人工费＋施工机具使用费”作为计算基数，通过费用定额规定了不同的利润率。利润应列入分部分项工程费和措施项目费中。

2.2.2 措施项目费

措施项目费是指为完成工程项目施工，发生于该工程施工前和施工过程中的技术、生活、安全、环境保护等方面的费用。

根据现行工程量清单计价规范，措施项目费可以分为单价措施项目与总价措施项目。

2.2.2.1 单价措施项目

单价措施项目是指在现行工程量清单计算规范中有对应工程量计算规则，按人工费、材料费、施工机具使用费、管理费和利润形式组成综合单价的措施项目。

$$单价措施项目费=\sum(措施项目工程量\times 综合单价)$$

单价措施项目根据不同专业，包括如下项目：

① 建筑与装饰工程：脚手架工程；混凝土模板及支架（撑）；垂直运输；超高施工

增加；大型机械设备进出场及安拆；施工排水、降水。

② 安装工程：吊装加固；金属抱杆安装、拆除、移位；平台铺设、拆除；顶升、提升装置安装、拆除；大型设备专用机具安装、拆除；焊接工艺评定；胎（模）具制作、安装、拆除；防护棚制作、安装、拆除；特殊地区施工增加；安装与施工生产同时进行施工增加；在有害身体健康环境中施工增加；工程系统检测、检验；设备、管道施工的安全、防冻和焊接保护；焦炉烘炉、热态工程；管道安拆后的充气保护；隧道内施工的通风、供水、供气、供电、照明及通信设施；脚手架搭拆；高层施工增加；其他措施（工业炉烘炉、设备负荷试运转、联合试运转、生产准备试运转及安装工程设备场外运输）；大型机械设备进出场及安拆。

单价措施项目中各措施项目的工程量清单项目设置、项目特征、计量单位、工程量计算规则及工作内容均按现行工程量清单计算规范执行。

2.2.2.2 总价措施项目

总价措施项目是指在现行工程量清单计算规范中无工程量计算规则，以总价（或计算基础乘费率）计算的措施项目，分为通用总价措施项目和专业总价措施项目。

（1）通用总价措施项目

① 安全文明施工费：为满足施工安全、文明、绿色施工及环境保护、职工健康生活所需要的各项费用。本项为不可竞争费，主要用于：施工现场降低噪音、控制扬尘、垃圾清运和排污等环境保护费用；施工现场围挡、临时设施美化、改善施工人员的工作、生活条件等文明施工费用；施工现场安全防护、设施保护、工人安全防护等安全施工费用；建筑垃圾分类收集、回收利用、节水节电、有毒有害物质和气体的防护等绿色施工费用。

② 夜间施工增加费：指因夜间施工所发生的夜班补助费、夜间施工降效、夜间施工照明设施的安拆、摊销、照明用电，以及夜间施工现场交通标志、安全标牌、警示灯安拆等费用。

③ 二次搬运费：指因施工场地限制而发生的材料、成品、半成品等一次运输不能到达堆放地点，必须进行的二次或多次搬运费用。

④ 冬雨季施工增加费：在冬雨季施工期间所增加的费用，包括冬季作业、临时取暖、建筑物门窗洞口封闭及防雨措施、排水、工效降低、防冻等费用，不包括设计要求混凝土内添加防冻剂的费用。

⑤ 地上、地下设施和建筑物的临时保护设施费：工程施工过程中，对已经建成的地上、地下设施和建筑物进行的遮盖、封闭、隔离等必要保护措施所发生的费用。

⑥ 已完工程及设备保护费：是指竣工验收前，对已完工程及设备采取的覆盖、包裹、封闭、隔离等必要保护措施所发生的费用。

⑦ 临时设施费：施工企业为进行工程施工所必须搭设的生活和生产用的临时建筑物、构筑物和其他临时设施等费用。临时设施包括临时宿舍、文化福利及公用事业房屋与构筑物、仓库、办公室、加工厂等。建筑、装饰、安装、修缮、古建园林工程规定范围内（建筑物沿边起 50 m 以内，多幢建筑两幢间隔 50 m 内）围墙、临时道路、水电、管线和塔吊基座（轨道）垫层（不包括混凝土固定式基础）等。建设单位同意在施工就

近地点临时修建混凝土构件预制场所发生的费用，应向建设单位结算。

⑧ 赶工措施费：施工合同约定工期比江苏省现行工期定额提前，施工企业为缩短工期所发生的费用。如施工过程中，发包人要求实际工期比合同工期提前时，由发承包双方另行约定。

⑨ 工程按质论价费：施工合同约定工程质量标准超过国家规定，施工企业完成工程质量达到经有权部门鉴定或评定为优质工程所必须增加的施工成本费。

⑩ 特殊条件下施工增加费：地下不明障碍物、铁路、航空、航运等交通干扰而发生的施工降效费用。

(2) 专业总价措施项目

建筑与装饰工程包括：

① 非夜间施工照明：为保证工程施工正常进行，在如地下室、地宫等特殊施工部位施工时所采用的照明设备的安拆、维护、摊销及照明用电等费用。

② 住宅工程分户验收：按《住宅工程质量分户验收规程》(DGJ 32/TJ103—2010)的要求对住宅工程进行专门验收（包括蓄水、门窗淋水等）发生的费用。室内空气污染测试不包含在住宅工程分户验收费用中，由建设单位直接委托检测机构完成，由建设单位承担费用。

安装工程包括：

① 非夜间施工照明：为保证工程施工正常进行，在如地下（暗）室、设备及大口径管道内等特殊施工部位施工时所采用的照明设备的安拆、维护及照明用电、通风等；在地下（暗）室等施工引起的人工工效降低，以及由于人工工效降低引起的机械降效。

② 住宅工程分户验收：按《住宅工程质量分户验收规程》(DGJ 32/TJ103—2010)的要求对住宅工程安装项目进行专门验收发生的费用。

2.2.3 其他项目费

其他项目费包括暂列金额、暂估价、计日工、总承包服务费等。

(1) 暂列金额

暂列金额是指建设单位在工程量清单中暂定并包括在合同价款中的款项，用于施工合同签订时尚未明确或不可预见的所需材料、设备和服务的采购，施工中可能发生的工程变更、合同约定调整因素出现时的工程价款调整及发生的索赔、现场签证确认等费用，由建设单位根据工程特点，按有关计价规定估算；施工过程中由建设单位掌握使用，扣除合同价款调整后如有余额，归建设单位。

(2) 暂估价

暂估价是指建设单位在工程量清单中提供的用于支付必然发生但暂时不能确定价格的材料的单价及专业工程的金额，包括材料暂估价和专业工程暂估价。材料暂估价在清单综合单价中考虑，不计入暂估价汇总。

(3) 计日工

计日工是指在施工过程中，完成发包人提出的施工图纸以外的零星项目或工作所需的费用。计日工由发包人和承包人按施工过程中的签证计价。

(4) 总承包服务费

总承包服务费是指总承包人为配合协调发包人进行的工程分包、自行采购的设备、材料等进行管理、服务，以及施工现场管理、竣工资料汇总整理等服务所需的费用。总承包服务费由建设单位在招标文件中明示，并且发承包双方在施工合同中约定。

暂列金额、暂估价按发包人给定的标准计取；计日工计取标准由发承包双方在合同中约定；总承包服务费应根据招标文件列出的服务内容和对总承包人的要求，以分包的专业工程估算造价为基础，参照费用定额给定的标准计算。

2.2.4 规费

规费是指按国家法律、法规规定，由省级政府和省级有关权力部门规定施工单位必须缴纳，应计入建筑安装工程造价的费用，不得作为竞争性费用。主要包括：

(1) 社会保险费

① 养老保险费：指企业按照规定标准为职工缴纳的基本养老保险费。

② 失业保险费：指企业按照规定标准为职工缴纳的失业保险费。

③ 医疗保险费：指企业按照规定标准为职工缴纳的基本医疗保险费。

④ 生育保险费：指企业按照规定标准为职工缴纳的生育保险费。

⑤ 工伤保险费：指企业按照规定标准为职工缴纳的工伤保险费。

(2) 住房公积金

住房公积金是指企业按照规定标准为职工缴纳的住房公积金。

(3) 环境保护税

依据《中华人民共和国环境保护税法实施条例》的规定，自2018年1月1日起，不再征收“工程排污费”，改征“环境保护税”，征收方法和征收标准由各设区市建设行政主管部门依据本行政区域内环保和税务部门的规定执行。

2.2.5 税金

根据财政部、国家税务总局《关于全面推开营业税改征增值税试点的通知》（财税〔2016〕36号）要求，江苏省建筑业自2016年5月1日起纳入营业税改征增值税（简称“营改增”）试点范围。按照《关于全面推开营业税改征增值税试点的通知》（财税〔2016〕36号），营改增后，建设工程计价分为一般计税方法和简易计税方法。除清包工工程、甲供工程、合同开工日期在2016年4月30日前的建设工程可采用简易计税方法外，其他一般纳税人提供建筑服务的建设工程，采用一般计税方法。

(1) 采用一般计税方法时增值税的计算

当采用一般计税方法时，建筑业增值税的计算公式为

$$增值税=税前造价\times增值税税率 \tag{2-10}$$

税前造价为人工费、材料费、施工机具使用费、企业管理费、利润和规费之和，各费用项目均以不包含增值税可抵扣进项税额的价格（简称“除税价格”）计算。

(2) 采用简易计税方法时增值税的计算

简易计税主要适用于以下几种情况：

① 小规模纳税人发生应税行为适用简易计税方法计税。小规模纳税人通常是指纳税人提供建筑服务的年应征增值税销售额未超过500万元，并且会计核算不健全，不能按规定报送有关税务资料的增值税纳税人。年应税销售额超过500万元但不经常发生应税行为的单位，也可选择按照小规模纳税人计税。

② 一般纳税人以清包工方式提供的建筑服务，可以选择适用简易计税方法计税。以清包工方式提供建筑服务，是指施工方不采购建筑工程所需的材料或只采购辅助材料，并收取人工费、管理费或者其他费用的建筑服务。

③ 一般纳税人为甲供工程提供的建筑服务，可以选择适用简易计税方法计税。甲供工程是指全部或部分设备、材料、动力由工程发包方自行采购的建筑工程。

④ 一般纳税人为建筑工程老项目提供的建筑服务，可以选择适用简易计税方法计税。建筑工程老项目是指《建筑工程施工许可证》注明的合同开工日期在2016年4月30日前的建筑工程项目；未取得《建筑工程施工许可证》的，建筑工程承包合同注明的开工日期在2016年4月30日前的建筑工程项目。

2.2.6 建筑安装工程类别划分

根据《江苏省建设工程费用定额》(2014年)，可将建筑安装工程进行划分，见表2-1。

表2-1 建筑安装工程类别划分

一类工程
(1) 10 kV以上变配电装置； (2) 10 kV及10 kV以上电缆敷设工程或实物量在5 km以上的单独6 kV(含6 kV)电缆敷设分项工程； (3) 锅炉单炉蒸发量在10 t/h(含10 t/h)以上的锅炉安装及其相配套的设备、管道、电气工程； (4) 建筑物使用空调面积在15000 m^2以上的单独中央空调分项安装工程； (5) 运行速度在1.75 m/s以上的单独自动电梯分项安装工程； (6) 建筑面积在15000 m^2以上的建筑智能化系统设备安装工程和消防工程； (7) 24层以上的水电安装工程
二类工程
(1) 除一类范围以外的变配电装置和10 kV以下架空线路工程； (2) 除一类范围以外且在400 V以上的电缆敷设工程； (3) 除一类范围以外的各类工业设备安装、车间工艺设备安装及其相配套的管道、电气工程； (4) 锅炉单炉蒸发量在10 t/h以下的锅炉安装及其相配套的设备、管道、电气工程； (5) 建筑物使用空调面积在15000 m^2以下、5000 m^2以上的单独中央空调分项安装工程； (6) 建筑物使用通风面积在15000 m^2以内、5000 m^2以上的通风工程； (7) 除一类范围以外的单独自动扶梯、自动或半自动电梯分项安装工程； (8) 除一类范围以外的建筑智能化系统设备安装工程和消防工程； (9) 8层以上或建筑面积在10000 m^2以上建筑的水电安装工程
三类工程
除一、二类范围以外的其他各类安装工程

安装工程类别划分说明：

① 安装工程以分项工程确定工程类别；

② 一个单位工程由几种不同类别组成，应分别确定工程类别；

③ 改建、装修工程中的安装工程可参照相应标准确定工程类别；

④ 多栋建筑物下有连通的地下室或单独地下室工程，地下室部分水电安装按二类标准取费，如地下室建筑面积≥10000 m^2，则地下室部分水电安装按一类标准取费；

⑤ 楼宇亮化、室外泛光照明工程按照安装工程三类取费；

⑥ 表 2-1 中未包括的特殊工程，如影剧院、体育馆等，由当地工程造价管理机构根据工程实际情况予以核定，并报上级造价管理机构备案。

2.3 设备及工器具购置费

设备及工器具购置费用由设备购置费和工具、器具及生产家具购置费组成，是固定资产投资中的积极部分。在生产性工程建设中，设备及工器具购置费用占工程造价比重的增大，意味着生产技术的进步和资本有机构成的提高。

设备及工器具购置费

2.3.1 设备购置费

设备购置费是指购置或自制的达到固定资产标准的设备所需的费用。它由设备原价和设备运杂费构成。

$$设备购置费=设备原价+设备运杂费 \tag{2-11}$$

式中，设备原价指国产设备或进口设备的原价，设备运杂费指除设备原价之外的关于设备采购、运输、途中包装及仓库保管等方面支出费用的总和。

2.3.1.1 国产设备原价的构成及计算

国产设备原价一般指的是设备制造厂的交货价（出厂价），它一般根据生产厂或供应商的询价、报价、合同价确定，或采用一定的方法计算确定。国产设备原价分为国产标准设备原价和国产非标准设备原价。

（1）国产标准设备原价

国产标准设备是指按照主管部门颁布的标准图纸和技术要求，由我国设备生产厂批量生产的符合国家质量检测标准的设备。国产标准设备原价有两种，即带有备件的原价和不带有备件的原价。在计算时，一般采用带有备件的原价。国产标准设备一般有完善的设备交易市场，因此可通过查询相关交易市场价格或向设备生产厂家询价得到国产标准设备原价。

（2）国产非标准设备原价

国产非标准设备是指国家尚无定型标准，各设备生产厂不可能在工艺过程中采用批量生产，只能按订货要求并根据具体的设计图纸制造的设备。非标准设备由于单件生产、无定型标准，所以无法获取市场交易价格，只能按其成本构成或相关技术参数估算其价格。国产非标准设备原价有多种不同的计算方法，如成本计算估价法、系列设备插入估价法、分部组合估价法、定额估价法等，但无论采用哪种方法都应该使非标准设备计价接近实际出厂价，并且计算方法要简便。

2.3.1.2 进口设备原价的构成及计算

进口设备的原价是指进口设备的抵岸价，即抵达买方边境、港口或车站，缴纳完各种手续费、税费后形成的价格。抵岸价通常是由进口设备到岸价（CIF）和进口从属费构成。进口设备的到岸价，即抵达买方边境港口或边境车站的价格。在国际贸易中，交易双方所使用的交货类别不同，则交易价格的构成内容有所差异。进口从属费包括银行财务费、外贸手续费、进口关税、消费税、进口环节增值税等，进口车辆还需缴纳车辆购置税。

进口设备购置费的计算

（1）进口设备的交易价格

在国际贸易中，较为广泛使用的交易价格术语有 FOB、CFR 和 CIF。

① FOB（Free on Board）：船上交货价，意为装运港船上交货价，亦称为离岸价。“船上交货”是指卖方以在指定装运港将货物装上买方指定的船舶或通过取得已交付至船上货物的方式交货。货物灭失或损坏的风险在货物交到船上时转移，同时买方承担自那时起的一切费用。

② CFR（Cost and Freight）：成本加运费，或称之为运费在内价。CFR 是指在装运港货物越过船舷卖方即完成交货，卖方必须支付将货物运至指定的目的港所需的运费和费用，但交货后货物灭失或损坏的风险，以及由于各种事件造成的任何额外费用，即由卖方转移到买方。与 FOB 相比，CFR 的费用划分与风险转移的分界点是不一致的。

③ CIF（Cost，Insurance and Freight）：意为成本、保险费加运费，习惯称到岸价格，是实际工程中采用较多的价格类型。在 CIF 交货方式下，卖方除负有与 CFR 相同的义务外，还应办理货物在运输途中最低险别的海运保险，并支付保险费。如买方需要更高的保险险别，则需要与卖方明确地达成协议，或者自行作出额外的保险安排。

（2）进口设备到岸价的构成及计算

进口设备到岸价的计算公式如下：

进口设备到岸价（CIF）＝离岸价（FOB）＋国际运费＋运输保险费

＝运费在内价（CFR）＋运输保险费　　(2-12)

① 货价：一般指装运港船上交货价（FOB）。设备货价分为原币货价和人民币货价，原币货价一律折算为美元表示，人民币货价按原币货价乘以外汇市场美元兑换人民币中间价确定。进口设备货价按有关生产厂商询价、报价、订货合同价计算。

② 国际运费：即从装运港（站）到达我国目的港（站）的运费。我国进口设备大部分采用海洋运输，小部分采用铁路运输，个别采用航空运输。进口设备国际运费的计算公式为

国际运费（海、陆、空）＝原币货价（FOB）×运费率　　(2-13)

或

国际运费（海、陆、空）＝运量×单位运价　　(2-14)

式中，运费率或单位运价参照有关部门或进出口公司的规定执行。

③ 运输保险费：对外贸易货物运输保险是由保险人（保险公司）与被保险人（出口人或进口人）订立保险契约，在被保险人交付议定的保险费后，保险人根据保险契约的规定对货物在运输过程中发生的承保责任范围内的损失给予经济上的补偿。这是一种财产保险费用。其计算公式为

$$运输保险费=\frac{原币货价（FOB）+国际运费}{1-保险费率}\times 保险费率 \tag{2-15}$$

式中，保险费率按保险公司规定的进口货物保险费率计算。

（3）进口从属费的构成及计算

进口从属费的计算公式如下：

$$进口从属费=银行财务费+外贸手续费+关税+消费税+进口环节增值税+车辆购置税 \tag{2-16}$$

① 银行财务费：一般是指在国际贸易结算中，中国银行为进出口商提供金融结算服务所收取的费用，可按下式简化计算：

$$银行财务费=离岸价（FOB）\times 人民币外汇汇率\times 银行财务费率 \tag{2-17}$$

② 外贸手续费：指按规定的外贸手续费率计取的费用，外贸手续费率一般取1.5%，计算公式为

$$外贸手续费=到岸价格（CIF）\times 人民币外汇汇率\times 外贸手续费率 \tag{2-18}$$

③ 关税：由海关对进出国境或关境的货物和物品征收的一种税，计算公式为

$$关税=到岸价格（CIF）\times 人民币外汇汇率\times 进口关税税率 \tag{2-19}$$

式中，到岸价格（CIF）作为关税的计征基数时，通常称为关税完税价格。进口关税税率分为优惠和普通两种。优惠税率适用于与我国签订关税互惠条款的贸易条约或协定的国家的进口设备；普通税率适用于与我国未签订关税互惠条款的贸易条约或协定的国家的进口设备。进口关税税率按我国海关总署发布的进口关税税率计算。

④ 消费税：对部分进口设备（如轿车、摩托车等）征收，一般计算公式为

$$应纳消费税税额=\frac{到岸价格（CIF）\times 人民币外汇汇率+关税}{1-消费税税率}\times 消费税税率 \tag{2-20}$$

式中，消费税税率根据规定的税率计算。

⑤ 进口环节增值税：指对从事进口贸易的单位和个人，在进口商品报关进口后征收的税种。我国增值税条例规定，进口应税产品均按组成计税价格和增值税税率直接计算应纳税额，即

$$进口环节增值税=组成计税价格\times 增值税税率 \tag{2-21}$$

$$组成计税价格=关税完税价格（CIF）+关税+消费税 \tag{2-22}$$

⑥ 车辆购置税：进口车辆需缴进口车辆购置附加费，计算公式为

$$进口车辆购置税=[关税完税价格（CIF）+关税+消费税]\times 车辆购置附加税 \tag{2-23}$$

【例 2-1】 从某国进口设备，其重量为1000吨，装运港船上交货价为400万美元，工程建设项目位于国内某省会城市。如果国际运费标准为300美元/吨，海上运输保险费率为3‰，银行财务费率为5‰，外贸手续费率为1.5%，关税税率为22%，增值税税率为17%，消费税税率10%，银行外汇牌价为1美元=6.3元人民币，则对该设备的

原价进行估算。

解： 进口设备FOB＝400×6.3＝2520万元

国际运费＝300×1000×6.3＝189万元

海运保险费＝（2520＋189）/（1－3‰）×3‰＝8.15万元

CIF＝2520＋189＋8.15＝2717.15万元

银行财务费＝2520×5‰＝12.6万元

外贸手续费＝2717.15×1.5%＝40.76万元

关税＝2717.15×22%＝597.77万元

消费税＝(2717.15＋597.77)/(1－10%)×10%＝368.32万元

增值税＝(2717.15＋597.77＋368.32)×17%＝626.15万元

进口从属费＝12.6＋40.76＋597.77＋368.32＋626.15＝1645.6万元

进口设备原价＝2717.15＋1645.6＝4362.75万元

2.3.1.3 设备运杂费的构成及计算

(1) 设备运杂费的构成

设备运杂费是指国内采购设备自来源地、国外采购设备自到岸港运至工地仓库或指定堆放地点发生的采购、运输、运输保险、保管、装卸等费用。通常由下列内容构成：

① 运费和装卸费：国产设备由设备制造厂交货地点起至工地仓库（或施工组织设计指定的需要安装设备的堆放地点）止所发生的运费和装卸费；进口设备则由我国到岸港口或边境车站起至工地仓库（或施工组织设计指定的需要安装设备的堆放地点）止所发生的运费和装卸费。

② 包装费：在设备原价中没有包含的，为运输包装支出的各种费用。

③ 设备供销部门的手续费：按有关部门规定的统一费率计算。

④ 采购与仓库保管费：指采购、验收、保管和收发设备所发生的各种费用，包括设备采购人员、保管人员和管理人员的工资、工资附加费、办公费、差旅交通费，设备供应部门办公和仓库所占固定资产使用费，工具用具使用费，劳动保护费及检验试验费等，这些费用可按主管部门规定的采购与保管费率计算。

(2) 设备运杂费的计算

设备运杂费按设备原价乘以设备运杂费率计算，其计算公式为

设备运杂费＝设备原价×设备运杂费费率　　(2-24)

式中，设备运杂费率按各部门及省、市的有关规定计取。

2.3.2 工器具及生产家具购置费

工器具及生产家具购置费，是指新建或扩建项目初步设计规定的，保证初期正常生产必须购置的没有达到固定资产标准的设备、仪器、工卡模具、器具、生产家具和备品备件等的购置费用。一般以设备购置费为计算基数，按照部门或行业规定的工具、器具及生产家具费率计算。计算公式为

工器具及生产家具购置费＝设备购置费×定额费率　　(2-25)

2.4 工程建设其他费用

工程建设其他费用是指从工程筹建到工程竣工验收交付使用止的整个建设期间，除建筑安装工程费用和设备、工器具购置费以外的，为保证工程建设顺利完成和交付使用后能够正常发挥效用而发生的各项费用。工程建设其他费用按其内容可分为以下三类：第一类是指土地使用权购置或取得的费用；第二类是指与整个工程建设有关的各类是其他费用；第三类是指与未来企业生产经营有关的其他费用。

工程建设其他费用

2.4.1 建设用地费

任何一个建设项目都固定于一定地点与地面相连接，必须占用一定量的土地，也就必然要发生为获得建设用地而支付的费用，这就是建设用地费。因此，建设用地费即指为获得工程项目建设土地的使用权而在建设期内发生的各项费用，包括通过划拨方式取得土地使用权而支付的土地征用及迁移补偿费，或者通过土地使用权出让方式取得土地使用权而支付的土地使用权出让金。

2.4.1.1 建设用地取得的基本方式

建设用地的取得，实质是依法获取国有土地的使用权。根据《中华人民共和国房地产管理法》规定，获取国有土地使用权的基本方式有以下两种：一是出让方式；二是划拨方式。建设土地取得的其他方式还包括租赁和转让方式。

(1) 通过出让方式获取国有土地使用权

国有土地使用权出让，是指国家将国有土地使用权在一定年限内出让给土地使用者，由土地使用者向国家支付土地使用权出让金的行为。土地使用权出让最高年限按下列用途确定：① 居住用地 70 年；② 工业用地 50 年；③ 教育、科技、文化、卫生、体育用地 50 年；④ 商业、旅游、娱乐用地 40 年；⑤ 综合或者其他用地 50 年。

通过出让方式获取国有土地使用权又可以分成以下两种具体方式：

一是通过招标、拍卖、挂牌等竞争出让方式获取国有土地使用权。按照国家相关规定，工业（包括仓储用地，但不包括采矿用地）、商业、旅游、娱乐和商品住宅等各类经营性用地，必须以招标、拍卖或者挂牌方式出让；上述规定以外用途的土地的供地计划公布后，同一宗地有两个以上意向用地者的，也应当采用招标、拍卖或者挂牌方式出让。

二是通过协议出让方式获取国有土地使用权。按照国家相关规定，出让国有土地使用权，除依照法律、法规和规章的规定应当采用招标、拍卖或者挂牌方式外，还可采取协议方式。以协议方式出让国有土地使用权的出让金不得低于按国家规定所确定的最低价。协议出让底价不得低于拟出让地块所在区域的协议出让最低价。

(2) 通过划拨方式获取国有土地使用权

国有土地使用权划拨，是指县级以上人民政府依法批准，在土地使用者缴纳补偿、安置等费用后将该幅土地交付其使用，或者将土地使用权无偿交付给土地使用者使用的行为。

国家对划拨用地有着严格的规定，下列建设用地，经县级以上人民政府依法批准，可以以划拨方式取得：① 国家机关用地和军事用地；② 城市基础设施用地和公益事业用地；③ 国家重点扶持的能源、交通、水利等基础设施用地；④ 法律、行政法规规定的其他用地。

依法以划拨方式取得土地使用权的，除法律、行政法规另有规定外，没有使用期限的限制。因企业改制、土地使用权转让或者改变土地用途等不再符合《划拨用地目录》要求的，应当实行有偿使用。

2.4.1.2 建设用地取得的费用

建设用地如通过行政划拨方式取得，则须承担征地补偿费用或对原用地单位或个人的拆迁补偿费用；若通过市场机制取得，则不仅承担以上费用，还须向土地所有者支付有偿使用费，即土地出让金。

(1) 征地补偿费用

建设征用土地费用由以下几个部分构成。

① 土地补偿费：土地补偿费是对农村集体经济组织因土地被征用而造成的经济损失的一种补偿。征用耕地的补偿费，为该耕地被征前三年平均年产值的 6～10 倍。征用其他土地的补偿费标准，由省、自治区、直辖市参照征用耕地的补偿费标准规定。土地补偿费归农村集体经济组织所有。

② 青苗补偿费和地上附着物补偿费：青苗补偿费是因征地时对其正在生长的农作物受到损害而作出的一种赔偿。在农村实行承包责任制后，农民自行承包土地的青苗补偿费应付给本人，属于集体种植的青苗补偿费可纳入当年集体收益。凡在协商征地方案后抢种的农作物、树木等，一律不予补偿。地上附着物是指房屋、水井、树木、涵洞、桥梁、公路、水利设施、林木等地面建筑物、构筑物、附着物等。地上附着物补偿费视协商征地方案前地上附着物价值与折旧情况确定，应根据“拆什么，补什么；拆多少，补多少，不低于原来水平”的原则确定。如附着物产权属个人，则该项补偿费付给个人。地上附着物的补偿标准，由省、自治区、直辖市规定。

③ 安置补助费：安置补助费应支付给被征地单位和安置劳动力的单位，作为劳动力安置与培训的支出，以及作为不能就业人员的生活补助。征收耕地的安置补助费，按照需要安置的农业人口数计算。需要安置的农业人口数，按照被征收的耕地数量除以征地前被征收单位平均每人占有耕地的数量计算。每一个需要安置的农业人口的安置补助费标准，为该耕地被征收前三年平均年产值的 4～6 倍。但是，每公顷被征收耕地的安置补助费，最高不得超过被征收前三年平均年产值的 15 倍。土地补偿费和安置补助费，尚不能使需要安置的农民保持原有生活水平的，经省、自治区、直辖市人民政府批准，可以增加安置补助费。但是，土地补偿费和安置补助费的总和不得超过土地被征收前三年平均年产值的 30 倍。

④ 新菜地开发建设基金：新菜地开发建设基金指征用城市郊区商品菜地时支付的费用。这项费用交给地方财政，作为开发建设新菜地的投资费用。菜地是指城市郊区为供应城市居民蔬菜，连续3年以上常年种菜或者养殖鱼、虾等的商品菜地和精养鱼塘。一年只种一茬或因调整茬口安排种植蔬菜的，均不作为需要收取开发基金的菜地。征用尚未开发的规划菜地，不缴纳新菜地开发建设基金。在蔬菜产销放开后，能够满足供应，不再需要开发新菜地的城市，不收取新菜地开发建设基金。

⑤ 耕地占用税：耕地占用税是对占用耕地建房或者从事其他非农业建设的单位和个人征收的一种税收，目的是合理利用土地资源、节约用地，保护农用耕地。耕地占用税征收范围，不仅包括占用耕地，还包括占用鱼塘、园地、菜地及其农业用地建房或者从事其他非农业建设，这些均按实际占用的面积和规定的税额一次性征收。其中，耕地是指用于种植农作物的土地。占用前三年曾用于种植农作物的土地也视为耕地。

⑥ 土地管理费：土地管理费主要作为征地工作中所发生的办公、会议、培训、宣传、差旅、借用人员工资等必要的费用。土地管理费的收取标准，一般是在土地补偿费、青苗补偿费、地上附着物补偿费、安置补助费四项费用之和的基础上提取2%～4%。如果是征地包干，还应在四项费用之和后再加上粮食价差、副食补贴、不可预见费等费用，在此基础上提取2%～4%作为土地管理费。

（2）拆迁补偿费用

在城市规划区内国有土地上实施房屋拆迁，拆迁人应当对被拆迁人给予补偿、安置。

① 拆迁补偿：拆迁补偿的方式可以实行货币补偿，也可以实行房屋产权调换。货币补偿的金额，根据被拆迁房屋的区位、用途、建筑面积等因素，以房地产市场评估价格确定。具体办法由省、自治区、直辖市人民政府制定。实行房屋产权调换的，拆迁人与被拆迁人按照计算得到的被拆迁房屋的补偿金额和所调换房屋的价格，结清产权调换的差价。

② 搬迁、安置补助费：拆迁人应当对被拆迁人或者房屋承租人支付搬迁补助费，对于在规定的搬迁期限届满前搬迁的，拆迁人可以付给提前搬家奖励费；在过渡期限内，被拆迁人或者房屋承租人自行安排住处的，拆迁人应当支付临时安置补助费；被拆迁人或者房屋承租人使用拆迁人提供的周转房的，拆迁人不支付临时安置补助费。搬迁补助费和临时安置补助费的标准，由省、自治区、直辖市人民政府规定。有些地区规定，拆除非住宅房屋，造成停产、停业引起经济损失的，拆迁人可以根据被拆除房屋的区位和使用性质，按照一定标准给予一次性停产停业综合补助费。

（3）出让金、土地转让金

土地使用权出让金为用地单位向国家支付的土地所有权收益，出让金标准一般参考城市基准地价并结合其他因素制定。基准地价由市土地管理局会同市物价局、市国有资产管理局、市房地产管理局等部门综合平衡后报市级人民政府审定通过，它以城市土地综合定级为基础，用某一地价或地价幅度表示某一类别用地在某一土地级别范围的地价，以此作为土地使用权出让价格的基础。

在有偿出让和转让土地时，政府对地价不做统一规定，但坚持以下原则：地价对目前的投资环境不产生大的影响；地价与当地的社会经济承受能力相适应；地价要考虑已投入的土地开发费用、土地市场供求关系、土地用途、所在区类、容积率和使用年限等。有偿出让和转让使用权，要向土地受让者征收契税；转让土地如有增值，要向转让者征收土地增值税；土地使用者每年应按规定的标准缴纳土地使用费。土地使用权出让或转让，应先由地价评估机构进行价格评估后，再签订土地使用权出让和转让合同。

2.4.2 与项目建设有关的其他费用

2.4.2.1 建设管理费

建设管理费是指建设单位为组织完成工程项目建设，在建设期内发生的各类管理性费用。

（1）建设管理费的内容

① 建设单位管理费：建设单位管理费是指建设单位从项目开工之日起至办理竣工财务决算之日止发生的管理性质的支出，包括工作人员薪酬及相关费用、办公费、办公场地租用费、差旅交通费、劳动保护费、工具用具使用费、固定资产使用费、招募生产工人费、技术图书资料费（含软件）、业务招待费、竣工验收费和其他管理性质开支。实行代建制管理的项目，计列代建管理费等同建设单位管理费，不得同时计列建设单位管理费。

② 工程监理费：工程监理费是指建设单位委托工程监理单位实施工程监理的费用。按照国家发展改革委《关于〈进一步放开建设项目专业服务价格〉的通知》（发改价格〔2015〕299号）规定，此项费用实行市场调节价。

（2）建设单位管理费的计算

建设单位管理费按照工程费用之和（包括设备工器具购置费和建筑安装工程费用）乘以建设单位管理费费率计算。

$$建设单位管理费=工程费用\times建设单位管理费费率 \tag{2-26}$$

建设单位管理费费率按照建设项目的不同性质、不同规模确定。有的建设项目按照建设工期和规定的金额计算建设单位管理费。如采用监理，建设单位部分管理工作量转移至监理单位。监理费应根据委托的监理工作范围和监理深度在监理合同中商定或按当地或所属行业部门有关规定计算；如建设单位采用工程总承包方式，其总包管理费由建设单位与总包单位根据总包工作范围在合同中商定，从建设管理费中支出。

2.4.2.2 可行性研究费

可行性研究费是指在工程项目投资决策阶段，对有关建设方案、技术方案或生产经营方案进行技术经济论证，以及编制、评审可行性研究报告等所需的费用，包括项目建议书、预可行性研究、可行性研究等费用。此项费用应依据前期研究委托合同计列，实行市场调节价。

2.4.2.3 研究试验费

研究试验费是指为建设项目提供或验证设计数据、资料等进行必要的研究试验及按照相关规定在建设过程中必须进行试验、验证所需的费用，包括自行或委托其他部门研究试验所需的人工费、材料费、试验设备及仪器使用费等。这项费用按照设计单位根据本工程项目的需要所提出的研究试验内容和要求计算。在计算时要注意不包括以下项目：

① 应由科技三项费用（即新产品试制费、中间试验费和重要科学研究补助费）开支的项目。

② 应在建筑安装费用中列支的施工企业对建筑材料、构件和建筑物进行一般鉴定、检查所发生的费用及技术革新的研究试验费。

③ 应由勘察设计费或工程费用开支的项目。

2.4.2.4 勘察费

勘察费是指勘察人根据发包人的委托，收集已有资料、现场踏勘、制定勘察纲要，进行勘察作业，以及编制工程勘察文件和岩土工程设计文件等收取的费用。此项费用实行市场调节价。

2.4.2.5 设计费

设计费是指设计人根据发包人的委托，提供编制建设项目初步设计文件、施工图设计文件、非标准设备设计文件、竣工图文件等服务所收取的费用。此项费用实行市场调节价。

2.4.2.6 专项评价费

专项评价费是指建设单位按照国家规定委托相关单位开展专项评价及有关验收工作发生的费用。具体建设项目应按实际发生的专项评价项目计列，不得虚列项目费用。

专项评价费包括：环境影响评价费、安全预评价费、职业病危害预评价费、地震安全性评价费、地质灾害危险性评价费、水土保持评价费、压覆矿产资源评价费、节能评估费、危险与可操作性分析及安全完整性评价费、其他专项评价费。这些专项评价及验收费用均实行市场调节价。

2.4.2.7 场地准备及临时设施费

（1）场地准备及临时设施费的内容

① 场地准备费是指为使工程项目的建设场地达到开工条件，由建设单位组织进行的场地平整等准备工作而发生的费用，包括建设项目为达到开工条件所发生的、未列入工程费用的场地平整，以及对建设场地余留的有碍于施工建设的设施进行拆除清理所发生的费用。

② 临时设施费是指建设单位为满足施工建设需要而提供的未列入工程费用的临时水、电、路、信、气、热等工程和临时仓库等建（构）筑物的建设、维修、拆除、摊销费用或租赁费用，以及货场、码头租赁等费用。

（2）场地准备及临时设施费的计算

① 场地准备及临时设施应尽量与永久性工程统一考虑。建设场地的大型土石方工程应进入工程费用中的总图运输费用中。

② 新建项目的场地准备及临时设施费应根据实际工程量估算，或按工程费用的比例计算，改扩建项目一般只计拆除清理费。

$$\text{场地准备及临时设施费} = \text{工程费用} \times \text{费率} + \text{拆除清理费} \quad (2\text{-}27)$$

③ 发生拆除清理费时可按新建同类工程造价或主材费、设备费的比例计算。凡可回收材料的拆除采用以料抵工方式冲抵拆除清理费。

④ 此项费用不包括已列入建筑安装工程费用中的施工单位临时设施费用。

2.4.2.8 工程保险费

工程保险费是指在建设期内对建筑工程、安装工程和设备等进行投保而发生的费用。工程保险费包括建筑安装工程一切险、工程质量保险、进口设备财产保险和人身意外伤害险等。

工程保险费是为转移工程项目建设的意外风险而发生的费用，不同的建设项目可根据工程特点选择投保险种。

2.4.2.9 特殊设备安全监督检验费

特殊设备安全监督检验费是指对在施工现场安装的列入国家特种设备范围内的设备（设施）检验检测和监督检查所发生的应列入项目开支的费用。特殊设备包括锅炉及压力容器、消防设备、燃气设备、起重设备、电梯、安全阀等特殊设备和设施。此项费用按照建设项目所在地省（市、自治区）安全监察部门的规定标准计算，无具体规定的，在编制投资估算和概算时可按受检设备现场安装费的比例估算。

2.4.2.10 市政公用设施费

市政公用设施费是指使用市政公用设施的工程项目，按照项目所在地政府有关规定建设或缴纳的市政公用设施建设配套费用。市政公用配套设施可以是界区外配套的水、电、路、信等，包括绿化、人防等缴纳的费用。此项费用按工程所在地人民政府规定标准计列。

2.4.3 与未来生产经营有关的其他费用

与未来企业生产经营有关的其他费用包括联合试运转费、专利及专有技术使用费、生产准备及开办费。

2.4.3.1 联合试运转费

联合试运转费是指新建或新增加生产能力的项目，在交付生产前按照设计文件规定的质量标准和技术要求，对整个生产线或装置进行负荷联合运转所发生的费用净支出（试运转支出大于收入的差额部分费用）。

试运转支出包括试运转所需的原材料、燃料及动力消耗、低值易耗品、其他物料消耗、工具用具使用费、机械使用费、保险金、施工单位参加试运转人员工资及专家指导费等；试运转收入包括试运转期间的产品销售收入和其他收入。联合试运转费不包括应由设备安装工程费用开支的调试及试车费用，以及在试运转中暴露出来的因施工或设备缺陷等发生的处理费用。

2.4.3.2 专利及专有技术使用费

（1）专利及专有技术使用费的主要内容

① 国外设计及技术资料费，引进有效专利、专有技术使用费和技术保密费。

② 国内有效专利、专有技术使用费用。

③ 商标权、商誉和特许经营权费等。

（2）专利及专有技术使用费的计算

在专利及专有技术使用费计算时应注意以下问题：

① 按专利使用许可协议和专有技术使用合同的规定计列。

② 专有技术的界定应以省、部级鉴定批准为依据。

③ 项目投资中只计算需在建设期支付的专利及专有技术使用费。协议或合同规定在生产期支付的使用费应在生产成本中核算。

④ 一次性支付的商标权、商誉及特许经营权费按协议或合同规定计列。协议或合同规定在生产期支付的商标权或特许经营权费应在生产成本中核算。

⑤ 为项目配套的专用设施投资，包括专用铁路线、专用公路、专用通信设施、送变电站、地下管道、专用码头等，如由项目建设单位负责投资但产权不归属本单位的，应作无形资产处理。

2.4.3.3 生产准备及开办费

(1) 生产准备及开办费的内容

在建设期内，建设单位为保证项目正常生产而发生的人员培训费、提前进厂费及投产使用必备的办公、生活家具用具等的购置费用即生产准备及开办费。

① 人员培训费及提前进厂费：包括自行组织培训或委托其他单位培训的人员工资、工资性补贴、职工福利费、差旅交通费、劳动保护费、学习资料费等。

② 为保证初期正常生产（或营业、使用）所必需的办公、生活家具用具购置费。

(2) 生产准备及开办费的计算

① 新建项目按设计定员为基数计算，改扩建项目按新增设计定员为基数计算：

$$生产准备费=设计定员\times生产准备费指标（元/人） \tag{2-28}$$

② 可采用综合的生产准备费指标进行计算，也可以按费用内容的分类指标计算。

2.5 预备费和建设期利息

2.5.1 预备费

预备费和建设期利息

预备费是指在建设期内因各种不可预见因素的变化而预留的可能增加的费用，包括基本预备费和价差预备费。

2.5.1.1 基本预备费

基本预备费是指在投资估算或设计概算阶段预留的，由于工程实施中不可预见的工程变更及洽商、一般自然灾害处理、地下障碍物处理、超规超限设备运输等可能增加的费用，主要包括：

① 在批准的初步设计范围内，技术设计、施工图设计及施工过程中所增加的设计变更、局部地基处理等费用。

② 一般自然灾害造成的损失和预防自然灾害所采取的措施费用。

③ 竣工验收时为鉴定工程质量，对隐蔽工程进行必要的挖掘和修复的费用。

④ 超规超限设备运输过程中可能增加的费用。

基本预备费的估算，一般是以建设项目的工程费用和工程建设其他费用之和为基础，乘以基本预备费费率进行计算。基本预备费费率的大小，应根据建设项目的设计阶段和具体的设计深度，以及在估算中所采用的各项估算指标与设计内容的贴近度、项目所属行业主管部门的具体规定确定。

2.5.1.2 价差预备费

价差预备费是指为在建设期内利率、汇率或价格等因素的变化而预留的可能增加的费用。费用包括人工、设备、材料、施工机械的价差费，建筑安装工程费和工程建设其他费用调整，以及利率、汇率调整等增加的费用。

价差预备费的测算方法：一般根据国家规定的投资综合价格指数，按估算年份价格水平的投资额为基数，根据价格变动趋势，预测价值上涨率，采用复利方法计算。

2.5.2 建设期利息

建设期利息主要是指在建设期内发生的为工程项目筹措资金的融资费用及债务资金利息。

债务资金包括向国内银行和其他非银行金融机构贷款、出口信贷、外国政府贷款、国际商业银行贷款及在境内外发行的债券等。融资费用和应计入固定资产原值的利息包括借款（或债券）利息及手续费、承诺费、管理费等。建设期利息要计入固定资产原值。

国外贷款利息的计算中，还应包括国外贷款银行根据贷款协议向贷款方以年利率的方式收取的手续费、管理费、承诺费；以及国内代理机构经国家主管部门批准的以年利率的方式向贷款单位收取的转贷费、担保费、管理费等。

第3章

安装工程计价定额

知识目标

1. 了解定额的概念、作用、水平；
2. 理解施工定额的内容，包括劳动消耗定额、材料消耗定额、机械台班定额的组成；
3. 熟悉预算定额的内容，即人工定额、材料消耗定额、机械台班定额；
4. 了解概算定额、概算指标、投资估算指标的概念。

能力目标

1. 能熟练运用《江苏省安装工程计价定额》（2014版）查套项目；
2. 能熟练运用《江苏省建设工程费用定额》进行安装工程计价。

素质目标

1. 培养学生的专业意识，即在造价计算过程中要遵循各项计价定额的规定，正确查套定额，养成踏实严谨的工作作风；

2. 培养学生的敬业奉献、终身学习精神，即热爱造价工作，随着计价方式、计价政策的改变要不断更新知识，坚持与时俱进，在学习过程中不断成长。

3.1 定额概述

3.1.1 定额的概念及作用

3.1.1.1 定额的概念

所谓定，就是规定；所谓额，就是额度和限度。从广义上理解，定额就是规定的额度及限度，即标准和尺度。

在工程建设中，为了完成某一工程项目，需消耗一定数量的人力、物力和财力资源，这些资源的消耗是随着施工对象、施工方法和施工条件的变化而变化的。工程建设定额是指在正常的施工生产条件下，完成单位合格产品所消耗的人工、材料、施工机械及资金消耗的数量标准。不同的产品有不同的质量要求，不能把定额看成单纯的数量关系，而应看成质量和安全的统一体。只有考察总体生产过程中的各生产因素，归结出社会平均必需的数量标准，才能形成定额。

尽管管理科学在不断发展，但它仍然离不开定额。没有定额提供可靠的基本管理数据，任何好的管理和手段也不能取得理想的结果。所以，定额虽然是科学管理发展初期的产物，但它在企业管理中一直占有重要的地位。定额是企业管理科学化的产物，也是科学管理的基础。

我国工程建设定额的管理工作经历了一个曲折的发展过程，现已逐渐完善，在经济建设中发挥着越来越重要的作用。最近几年，为了将定额工作纳入标准化管理的轨道，国家相继编制了一系列定额。1995 年 12 月 15 日原建设部编制颁发了《全国统一建筑工程基础定额》（土建部分）和《全国统一安装工程预算工程量计算规则》。原建设部于 2003 年颁发的《建设工程工程量清单计价规范》（GB 50500—2003）、2008 年颁发的《建设工程工程量清单计价规范》（GB 50500—2008）、2013 年颁发的《建设工程工程量清单计价规范》（GB 50500—2013）和一系列的计量规范，实行“量”“价”分离的原则，使建筑产品的计价模式进一步适应市场经济体制，使定额成为生产、分配和管理的重要科学依据。

3.1.1.2 定额的作用

（1）在工程建设中，定额仍然具有节约社会劳动和提高生产效率的作用

一方面企业以定额作为促进工人节约社会劳动（工作时间、原材料等）和提高劳动效率、加快工作速度的手段，以增加市场竞争能力，获取更多的利润；另一方面，作为工程造价计算依据的各类定额，又促使企业加强管理、把社会劳动的消耗控制在合理的限度内。再者，作为项目决策依据的定额指标，又在更高的层次上促使项目投资者合理而有效地利用和分配社会劳动。这都证明了定额在工程建设中节约社会劳动和优化资源配置的作用。

（2）定额有利于建筑市场公平竞争

定额所提供的准确的信息为市场需求主体和供给主体之间的竞争，以及供给主体和供给主体之间的公平竞争提供了有利条件。

（3）定额是对市场行为的规范

定额既是投资决策的依据，又是价格决策的依据。对于投资者来说，他可以利用定额权衡自己的财务状况和支付能力，预测资金投入和预期回报，还可以充分利用有关定额的大量信息有效地提高其项目决策的科学性，优化其投资行为。对于承包商来说，企业在投标报价时要考虑定额的构成，作出正确的价格决策，取得市场竞争优势，才能获得更多的工程合同。可见，定额有效地规范了市场的经济行为。

（4）工程建设定额有利于完善市场的信息系统

定额管理是对大量市场信息的加工，也是对市场大量信息进行传递，同时也是市场信息的反馈。信息是市场体系中不可或缺的要素，它的指导性、标准性和灵敏性是市场成熟和市场效率的标志。在我国以定额的形式建立和完善市场信息系统，是以公有制经济为主体的社会主义市场经济的特色。

3.1.2 工程建设定额的特征

(1) 真实性和科学性

工程建设定额的真实性应该是如实地反映和客观评价工程造价。工程造价受到经济活动中各种因素的影响，每一因素的变化都会通过定额直接或间接地反映出来。定额必须反映工程建设中生产消费的客观规律。

工程建设定额的科学性表现在以下三个方面：第一，表现在用科学的态度制定定额，尊重客观实际，力求定额水平合理；第二，表现在制定定额的技术方法上，利用现代科学管理的成就形成一套系统的、完整的、在实践中行之有效的方法；第三，表现在定额制定和贯彻的一体化，制定是为了提供贯彻的依据，贯彻是为了实现管理的目标，也是对定额的信息反馈。

(2) 系统性和统一性

工程建设定额是相对独立的系统，是由多种定额结合而成的有机系统，有鲜明的层次，有明确的目标。

按照系统论的观点，工程建设就是庞大的实体系统，工程建设定额是为实体系统服务的，因此，工程建设本身的多种类、多层次就决定了以它为服务对象的工程建设定额的多种类、多层次。工程建设定额的系统性是由工程建设的特点决定的。

工程建设定额的统一性，主要是由国家对经济发展的有计划的宏观调控职能决定的。为了使国民经济按照既定的目标发展，就需要借助于某些标准、定额、参数等，对工程建设进行规划、组织、调节、控制；而这些标准、定额、参数必须在一定范围内是一种统一的尺度，才能实现上述职能，才能利用它对项目的决策、设计方案、投标报价、成本控制进行比选和评价。工程建设定额的统一性，按照其影响力和执行范围来看，有全国统一定额、地区统一定额和行业统一定额等。

(3) 稳定性和时效性

工程建设定额中所规定的各种活劳动与物化劳动消耗量的多少，是由一定时期的社会生产力水平所确定的，有一个相对稳定的执行期，地区和部门定额一般为3～5年，国家定额为5～10年。

但是，稳定性是相对的，随着科学技术水平和管理水平的提高，社会生产力的水平也必然会提高。原有定额不能适应生产发展时，定额授权部门会根据新的情况对定额进行修订和补充。所以，就一段时期而论，定额是稳定的，就长时期而论，定额是变化的。也就是说，定额既有稳定性，也有时效性。

3.1.3 工程建设定额的分类

工程建设定额是工程建设中各类定额的总称。它包括多种类型，可以按照不同的原则和方法对它进行科学的分类。

工程建设定额的分类

3.1.3.1 按生产要素分类

(1) 劳动消耗定额

劳动消耗定额简称劳动定额，又称人工定额，是指在正常施工条件下，完成规定计量单位合格产品所必须消耗的活劳动数量标准。

（2）材料消耗定额

材料消耗定额简称材料定额，是指在正常施工条件下，完成规定计量单位合格产品所必须消耗的一定品种规格的原材料、燃料、半成品或构件的数量标准。

（3）机械台班定额

机械台班定额是指在正常施工条件下，完成规定计量单位合格产品所必须消耗的施工机械工作的数量标准。

3.1.3.2 按使用范围分类

定额按使用范围可分为施工定额、预算定额、概算定额、概算指标和投资估算指标，见表3-1。

表3-1 工程建设定额按使用范围分类

名称	施工定额	预算定额	概算定额	概算指标	投资估算指标
对象	施工过程 或基本工序	分项工程 和结构构件	扩大的分项工程或 扩大的结构构件	单位工程	建设项目 单项工程 单位工程
用途	编制施工 预算	编制施工图预算	编制扩大初步 设计概算	编制初步 设计概算	编制投资估算
项目划分	最细	细	较粗	粗	很粗
定额水平	平均先进	平均			
定额性质	生产性定额	计价性定额			

（1）施工定额

施工定额是施工企业（建筑安装企业）组织生产和加强管理在企业内部使用的一种定额，属于企业生产定额的性质。它由劳动定额、机械台班定额和材料定额三个相对独立的部分组成，为了适应组织生产和管理的需要，施工定额的项目划分很细，是工程建设定额中分项最细、定额子目最多的一种定额，也是工程建设定额中的基础性定额。在预算定额的编制过程中，施工定额的劳动、机械台班、材料消耗的数量标准，是计算预算定额中劳动、机械台班、材料消耗数量标准的重要依据。

（2）预算定额

预算定额是在编制施工图预算时，计算工程造价和计算工程中劳动、机械台班、材料消耗量所使用的定额。预算定额是一种计价性的定额，在工程建设定额中占有很重要的地位。从编制程序看，预算定额是概算定额的编制基础。

（3）概算定额

概算定额是编制扩大初步设计概算时，确定工程的初步设计概算，计算劳动、机械台班、材料需要量所使用的定额。它的项目划分粗细与扩大初步设计的深度相适应。它一般是预算定额的综合扩大。

（4）概算指标

概算指标是在三阶段设计的初步设计阶段，确定工程的初步设计概算，计算劳动、机械台班、材料需要量所使用的定额。这种定额的设定和初步设计的深度相适应。它一般是在概算定额和预算定额的基础上编制的，比概算定额更加综合扩大。概算指标是控制项目投资的有效工具，它所提供的数据也是计划工作的依据和参考。

（5）投资估算指标

投资估算指标是在项目建议书和可行性研究阶段编制投资估算、计算投资需要量时使用的一种定额。它非常概略，往往以独立的单项工程或完整的工程项目为计算对象。它的概略程度与可行性研究阶段相适应。投资估算指标往往根据历史的预、决算资料和价格变动等资料编制，但其编制基础仍然离不开预算定额、概算定额。

3.1.3.3 按管理权限分类

（1）全国统一定额

全国统一定额是由国家建设行政主管部门综合全国工程建设的技术和施工组织管理水平编制，并在全国范围内执行的定额，如全国统一建筑工程基础定额、全国统一安装工程预算定额等。

（2）行业统一定额

行业统一定额是由国务院行业行政主管部门制定发布的，一般只在本行业和相同专业性质的范围内使用，如冶金工程定额、水利工程定额等。

（3）地区统一定额

地区统一定额是由省、自治区、直辖市建设行政主管部门制定发布的，在规定的地区范围内使用。一般考虑各地区不同的气候条件、资源条件、建设技术与施工管理水平等因素来编制。

（4）补充定额

补充定额是指随着新材料、新技术、新工艺和生产力水平的发展，现行定额不能满足实际需要的情况下，有关部门为了补充现行定额中变化和缺项部分而进行修改、调整和补充制定的定额。

（5）企业定额

企业定额是由施工企业根据自身的管理水平、技术水平等情况制定的，只在企业内部使用。企业定额水平一般高于国家和地区的现行定额。

3.2 施工定额

施工定额

3.2.1 施工定额概述

3.2.1.1 施工定额的概念

施工定额是具有合理劳动组织的建筑安装工人小组在正常施工条件下完成单位合格产品所需人工、机械台班、材料的数量标准，它根据专业施工的作业对象和工艺制定。施工定额反映企业的施工水平。

施工定额是企业定额。但应当指出，相当多的施工企业缺乏自己的施工定额，这是施工管理的薄弱环节。施工企业应根据本企业的具体条件和可能挖掘的潜力，根据市场的需求和竞争环境，根据国家有关政策、法律和规范、制度，自行编制定额，自行决定定额的水平。同类企业和同一地区的企业之间存在施工定额水平的差距，这样在建筑市场上才能具有竞争能力。同时，施工企业应将施工定额的水平对外作为商业秘密进行保密。

在市场经济条件下，国家定额和地区定额不再是强加给施工企业的约束和指令，而是对企业的施工定额管理进行引导，从而实现对工程造价的宏观调控。

施工定额本质上属于企业生产定额的性质。它由劳动定额、材料定额和机械台班定额三个相对独立的部分组成。

3.2.1.2 施工定额的作用

(1) 施工定额是企业计划管理的依据

施工定额在企业计划管理方面的作用，表现在它既是企业编制施工组织设计的依据，也是企业编制施工作业计划的依据。

施工组织设计是指导拟建工程进行施工准备和施工生产的技术、经济文件。其基本任务是根据招标文件及合同协议的规定，确定出经济合理的施工方案，在人力和物力、时间和空间、技术和组织上对拟建工程作出最佳的安排。

施工作业计划则是根据企业的施工计划、拟建工程施工组织设计和现场实际情况编制的，它是一个以实现企业施工计划为目的的具体执行计划，是组织和指挥生产的技术文件，也是班组进行施工的依据。

(2) 施工定额是组织和指挥施工生产的有效工具

企业组织和指挥施工，是按照作业计划通过下达施工任务书和限额领料单来实现的。

施工任务书，既是下达施工任务的技术文件，也是班组经济核算的原始凭证。它表明了应完成的施工任务，也记录着班组实际完成任务的情况，并且进行班组工人的工资结算。施工任务书上的工程计量单位、产量定额和计件单位，均需取自劳动定额，工资结算也要根据劳动定额的完成情况计算。

限额领料单是施工队随任务书同时签发的领取材料的凭证。这一凭证是根据施工任务和施工的材料定额填写的。其中领料的数量，是班组为完成规定的工程任务消耗材料的最高限额，这一限额也是考核班组完成任务情况的一项重要指标。

(3) 施工定额是计算工人劳动报酬的依据

施工定额是衡量工人劳动数量和质量，提供成果和效益的标准。所以，施工定额是计算工人工资的依据。只有制定施工定额，才能完成定额，工资报酬就多，达不到定额的，工资报酬就会减少，真正实现“多劳多得、少劳少得”的社会主义分配原则。

(4) 施工定额有利于推广先进技术

施工定额水平中包含着某些已成熟的先进的施工技术和经验，工人要达到和超过定额，就必须掌握和运用这些先进技术；要想大幅度地超过定额，就必须创造性地劳动，不断改进工具和改进技术操作方法，节约原材料，避免浪费。当施工定额明确要求采用某些较先进的施工工具和施工方法时，贯彻施工定额就意味着推广先进技术。

（5）施工定额是编制施工预算、加强企业成本管理的基础

施工预算是施工单位用以确定单位工程人工、机械、材料和资金需要量的计划文件。施工预算以施工定额为编制基础，既要反映施工图纸的要求，也要考虑在现有条件下可能采取的节约人工、材料和降低成本的各项具体措施。这就要有效地控制人力、物力消耗，节约成本开支。严格执行施工定额不仅可以起到控制消耗、降低成本的作用，还能为贯彻经济核算制、加强班组核算和增加盈利创造良好的条件。

3.2.1.3 施工定额的水平

定额水平是规定在单位产品上消耗的劳动、机械和材料数量的多少，指按照一定施工程序和工艺条件下规定的施工生产中活劳动和物化劳动的消耗水平。施工定额的水平直接反映劳动生产率水平，反映劳动和物质消耗水平。施工定额水平和劳动生产率水平变动方向一致，与劳动和物质消耗水平变动方向相反。

劳动生产率水平越高，施工定额水平就越高；而劳动和物资消耗数量越多，施工定额水平就越低。但实际中，施工定额水平和劳动生产率水平有不一致的情况。随着技术的发展和定额对劳动生产率的促进，二者吻合的程度会逐渐变化，差距越来越大。现实中的定额水平落后社会劳动生产率水平，正是施工定额发挥作用的表现。当施工定额已经不能促进施工生产和管理，进一步影响劳动生产率提高时，就应修订已经陈旧的定额，以达到新的平衡。

平均先进水平，是在正常的施工条件下多数工人经过努力能够达到和超过的水平，低于先进水平，略高于平均水平。这种水平使先进者感到一定的压力，想努力更上一层楼；使大多数处于中间水平的工人感到定额水平可望可及，增强达到和超过定额水平的信心；对落后者不迁就的严格要求，使他们懂得必须花力气提高技术操作水平，珍惜劳动时间，节约材料消耗，尽快达到定额水平。所以平均先进水平是一种鼓励先进、勉励中间、鞭策落后的定额水平，是施工定额的理想水平。

3.2.2 劳动定额

3.2.2.1 劳动定额的概念

劳动定额也称人工定额，是指在正常的施工技术组织条件下，为完成一定数量的合格产品或完成一定数量的工作所必需的劳动消耗量标准。这个标准是国家和企业对生产工人在单位时间内的劳动数量和质量的综合要求，也是建筑施工企业内部组织生产，编制施工作业计划、签发施工任务单、考核工效、计算报酬的依据。

现行的《全国建筑安装工程统一劳动定额》是供各地区主管部门和企业编制施工定额的参考定额，是以建筑安装产品为对象，以合理组织现场施工为条件，按“实”计算。因此，定额规定的劳动时间或劳动量一般不变，其劳动工资单价可根据各地工资水平进行调整。

劳动定额按其不同的表现形式，分为时间定额和产量定额。

（1）时间定额

时间定额亦称工时定额，是指在一定的生产技术和生产组织条件下，完成单位合格

产品或完成一定工作任务所必须消耗的时间。定额包括工作时间、辅助工作时间、准备与结束时间、必须休息时间及不可避免的中断时间。

时间定额以“工日”为单位，如工日/m、工日/m^2、工日/m^3、工日/t 等。每一个工日工作时间按 8 h 计算，用如下公式表示：

$$单位产品时间定额（工日）=\frac{1}{每工产量} \tag{3-1}$$

或

$$单位产品时间定额（工日）=\frac{小组成员工日数总和}{小组台班产量} \tag{3-2}$$

（2）产量定额

产量定额是指在一定的生产技术和生产组织条件下，在单位时间（工日）内所应完成合格产品的数量。

产量定额的计量单位以产品的单位计算，如 m /工日、m^2/工日、m^3/工日、t/工日等，用如下公式表示：

$$每日产量=\frac{1}{单位产品时间定额（工日）} \tag{3-3}$$

或

$$小组每班产量=\frac{小组成员工日数总和}{单位产品时间定额（工日）} \tag{3-4}$$

（3）时间定额和产量定额的关系

时间定额和产量定额互为倒数关系，即

$$时间定额=\frac{1}{产量定额} \tag{3-5}$$

或

$$时间定额\times 产量定额=1 \tag{3-6}$$

3.2.2.2 劳动定额的使用

时间定额和产量定额虽是同一劳动定额的不同表现形式，但其作用不尽相同。时间定额以单位产品的工日数表示，便于计算完成某一分部（项）工程所需的总工日数，便于核算工资、编制施工进度计划和计算分项工程工期。而产量定额是以单位时间内完成的产品数量表示，便于小组分配施工任务、考核工人的劳动效率和签发施工任务单。

【例 3-1】 某砌砖班组有 20 名工人，砌筑某住宅楼 1.5 砖混水外墙（机吊）需要 5 天完成，试计算班组完成的砌筑体积。

解： 查定额编号为 AD0028，时间定额为 1.04 工日/m^3。

$产量定额=\frac{1}{时间定额}=1/1.04=0.96\ m^3/工日$

砌筑的总工日数＝20 工人/天×5 天＝100 工日

砌筑体积＝100 工日×0.96 m^3/工日＝96 m^3

【例 3-2】 某工程有 170 m^3 一砖混水内墙（机吊），每天有 14 名专业工人进行砌筑，试计算完成该工程的定额施工天数。

解： 查编号定额为 AD0022，时间定额为 1.02 工日/m^3。

完成砌筑需要的总工日数＝170 m^3×1.02 工日/m^3＝173.40 工日

需要的砌筑天数＝173.40 工日÷14 工人/天≈13 天

3.2.3 材料消耗定额

3.2.3.1 材料消耗定额的概念

建筑材料是建筑安装企业进行生产活动完成建筑产品的物质条件。建筑工程的原材料（包括半成品、成品等）品种繁多、耗用量大。在一般工业与民用建筑工程中，材料消耗占工程成本的60%～70%。材料消耗定额的任务，就在于利用定额这个经济杠杆，对材料消耗进行控制和监督，以达到降低物资消耗和工程成本的目的。建筑工程材料消耗定额是企业推行经济承包、编制材料计划、进行单位工程核算不可缺少的基础，是促进企业合理使用材料，实行限额领料和材料核算，正确核定材料需要量和储备量，考核、分析材料消耗，反映建筑安装生产技术管理水平的重要依据。

材料消耗定额是指在合理和节约使用材料的前提下，生产单位合格产品所必须消耗的建筑材料（半成品、配件、燃料、水、电）的数量标准。材料的消耗量由材料的净用量和材料损耗量两部分组成。直接构成建筑安装工程的实体材料称为材料净用量，不可避免的施工废料和施工操作损耗称为材料损耗量。其关系如下：

$$材料消耗量＝材料净用量＋材料损耗量 \tag{3-7}$$

$$材料损耗率＝（材料损耗量/材料净用量）\times 100\% \tag{3-8}$$

$$材料消耗量＝材料净用量\times（1＋材料损耗率） \tag{3-9}$$

3.2.3.2 材料消耗定额的种类

根据施工生产材料消耗工艺要求，建筑安装材料分为非周转性材料和周转性材料两大类。非周转性材料亦称直接性材料，它是指在建筑工程施工中，一次性消耗并直接构成工程实体的材料，如砖、砂、石、钢筋、水泥等。制定非周转材料消耗定额时，通常采用现场观测法、试验室实验法、统计分析法和理论计算法等来确定建筑材料净用量、损耗量。

周转性材料是指在施工过程中不是一次消耗完，而是多次使用、逐渐消耗、不断补充的周转工具型材料，如生产预制钢筋混凝土构件、现浇混凝土及钢筋土方工程用的模具，搭设脚手架用的脚手杆、跳板，挖土方用的挡土板、护桩等。周转性材料消耗定额，应按照多次使用、分期摊销方式进行计算，即周转性材料在材料消耗定额中以摊销量表示。

3.2.4 机械台班定额

机械台班定额，是指在正常的施工、合理的劳动组织和合理使用施工机械的条件下，生产单位合格产品所必需的一定品种、规格施工机械作业时间的消耗标准。机械台班定额以台班为单位，每一台班按 8 h 计算。

（1）机械台班定额的表现形式

机械台班定额有机械台班时间定额和机械台班产量定额两种表现形式。

① 机械时间定额：指在正常的施工条件下，某种机械生产合格单位产品所必须消耗的台班数量，用如下公式表示：

$$\text{机械时间定额}=\frac{1}{\text{机械台班产量}} \qquad (3\text{-}10)$$

② 机械台班产量定额：指某种机械在合理的施工组织和正常施工的条件下，单位时间内完成合格产品的数量，用如下公式表示：

$$\text{机械台班产量定额}=\frac{1}{\text{机械时间定额}} \qquad (3\text{-}11)$$

③ 机械时间定额和机械台班产量定额的关系

机械时间定额和机械台班产量定额互为倒数关系，即

$$\text{机械时间定额}\times\text{机械台班产量定额}=1 \qquad (3\text{-}12)$$

（2）机械台班配合人工定额

由于机械必须由工人小组配合，因而机械台班人工配合定额是指机械台班配合用工部分，即机械台班劳动定额，表现形式为机械台班配合工人小组的人工时间定额和完成合格产品数量，即

$$\text{单位产品的时间定额（工日）}=\frac{\text{小组成员总工日数}}{\text{每台班产量}} \qquad (3\text{-}13)$$

$$\text{机械台班产量定额}=\frac{\text{每台班产量}}{\text{班组总工日数}} \qquad (3\text{-}14)$$

3.3 预算定额

预算定额

3.3.1 预算定额概述

3.3.1.1 预算定额的概念

预算定额是规定消耗在合格质量的单位工程基本构造要素上的人工、材料和机械台班的数量标准，是计算建筑安装产品价格的基础。所谓基本构造要素，即通常所说的分部分项工程和结构构件。预算定额按工程基本构造要素规定的人工、材料和机械台班的消耗数量，以满足编制施工图预算、规划和控制工程造价的要求。

预算定额是工程建设中的一项重要的经济技术文件，它的各项指标反映了在完成规定计量单位符合设计标准和施工及验收规范要求的分项工程消耗的劳动和物化劳动的数量限度。这种限度最终决定单项工程和单位工程的成本和造价。

在编制施工图预算时，需要按照施工图纸和工程量计算规则计算工程量，还需要借助某些可靠的参数计算人工、材料、机械（台班）的消耗量，并在此基础上计算出资金的需要量及建筑安装工程的造价。

在我国，现行的工程建设概、预算制度，规定了通过编制概算和预算控制造价，概算定额、概算指标、预算定额等则为计算人工、机械（台班）消耗量提供统一的可靠参

数。同时，现行制度还赋予了概、预算定额的权威性，使之成为建设单位和施工企业之间建立经济关系的重要基础。

3.3.1.2 预算定额的作用

(1) 预算定额是编制施工图预算、确定建筑安装工程造价的基础

施工图设计一经确定，工程预算造价就取决于预算定额水平和人工、材料及机械台班的价格。预算定额起着控制劳动消耗、材料消耗和机械台班消耗的作用，进而起着控制建筑产品的价格的作用。

(2) 预算定额是编制施工组织设计的依据

施工组织设计的重要任务之一，是确定施工中所需人力、物力的供求量，并作出最佳安排。施工单位在缺乏本企业施工定额的情况下，根据预算定额，亦能够比较精确地计算出施工中各项资源的需要量，为有计划地组织材料采购和预制件加工、劳动力和施工机械的调配，提供了可靠的计算依据。

(3) 预算定额是工程结算的依据

工程结算是建设单位和施工单位按照工程进度对已完成的分部分项工程实现货币支付的行为。按进度支付工程款，需要根据预算定额将已完成分项工程的造价算出。单位工程验收后再按竣工工程量、预算定额和施工合同规定进行结算，以保证建设单位建设资金的合理使用和施工单位的经济收入。

(4) 预算定额是施工单位进行经济活动分析的依据

预算定额规定的物化劳动和劳动消耗指标，是施工单位在生产经营中允许消耗的最高标准。目前，预算定额决定着施工单位的收入，施工单位就必须将预算定额作为评价企业工作的重要指标，以及努力实现的目标。施工单位可根据预算定额对施工中的人工、材料、机械台班的消耗情况进行具体的分析，以便找出并克服低工效、高消耗的薄弱环节，提高竞争能力。只有在施工中尽量降低劳动消耗，采用新技术，提高劳动者素质，提高劳动生产率，才能取得较好的经济效果。

(5) 预算定额是编制概算定额的基础

概算定额是在预算定额基础上综合扩大编制的。利用预算定额作为编制依据，不但可以节省编制工作的大量人力、物力和时间，收到事半功倍的效果，而且可以使概算定额在水平上与预算定额保持一致，以免造成执行中的不一致。

(6) 预算定额是合理编制招标控制价、投标报价的基础

在深化改革中，预算定额的指令性作用将日益削减，而施工单位按照工程个别成本报价的指令性作用仍然存在，因此，预算定额作为编制招标控制价的依据和施工企业报价的基础性作用仍将存在，这也是由预算定额本身的科学性和权威性决定的。

3.3.1.3 预算定额的编制原则

为保证预算定额的质量、充分发挥预算定额的作用、实际使用简便，在编制工作中应该遵循以下原则：

(1) 按社会平均水平确定预算定额的原则

预算定额是确定和控制建筑工程造价的主要依据。因此，它必须遵循价值规律的客观要求，按生产过程中所消耗的社会必要劳动时间确定定额水平，即按照“在现有的社

会正常生产条件下，在社会平均的劳动熟练程度和劳动强度下制造某种使用价值所需要的劳动时间”来确定定额水平。所以，预算定额的平均水平是在正常的施工条件、合理的施工组织和工艺条件、平均劳动熟练程度和劳动强度下，完成单位分项工程基本构成要素所需要的劳动时间。

预算定额的水平以大多数施工单位的施工定额水平为基准。但是，预算定额绝不是简单的套用施工定额的水平。首先，要考虑预算定额中包含的更多的可变因素，需要保留合理的幅度差，如人工幅度差，机械幅度差，材料的超运距，辅助用工，材料堆放、运输、操作损耗和由细到粗综合后的量差。其次，预算定额应当是平均水平，而施工定额是平均先进水平，两者相比，预算定额要相对低一些，但是应限制在一定范围内。

(2) 简明适用的原则

预算定额项目是在施工定额的基础上进一步综合，通常将建筑物分解为分部、分项工程。简明适用是指在编制预算定额时，对于那些主要的、常用的、价值量大的项目，分项工程划分宜细；次要的、不常用的、价值量相对较小的项目则可以放粗一些。

定额项目的多少，与定额的步距有关。步距大，定额的子目将会减少，精确度就会降低；步距小，定额的子目将会增加，精确度就会提高。所以确定步距时，对主要工种、主要项目，定额步距要小一些；对次要工种、次要项目、不常用项目，定额步距可以适当大一些。

预算定额要项目齐全。要注意补充那些因采用新技术、新结构、新材料而出现的新的定额项目。如果项目不齐全、缺项多，就会使计价缺少充足的可靠的依据。补充定额一般因资料所限，费时费力，可靠性较差，容易引起争执。

对预算定额的活口也要设置适当。所谓活口，即在定额中规定，当符合一定条件时，允许该定额另行调整。在编制中要尽量不留活口，对实际情况变化较大、影响定额幅度大的项目，确需留的，也应该从实际出发尽量少留；即使留有活口，也要注意尽量规定换算方法，避免采取按实计算。

预算定额要简明适用，还要求合理确定预算定额的计算单位，简化工程量的计算，尽可能地避免同一种材料用不同的计量单位，尽量减少定额附注和换算系数。

(3) 坚持统一性和差别性相结合的原则

所谓统一性，就是从培育全国统一市场规范计价行为出发，计价定额的制定规划和组织实施由国务院建设行政主管部门归口，并负责全国统一定额制定和修订，颁发有关工程造价管理的规章制度等。这样就有利于通过定额和工程造价的管理实现建筑安装工程价格的宏观调控。通过编制全国统一定额，使建筑安装工程有一个统一的计价依据，也使考核设计和施工的经济效益有一个统一的效果。

所谓差别性，就是在统一性的基础上，国家各部门及省、自治区、直辖市主管部门在自己的管辖范围内，根据本部门和地区的情况制定部门和地区性定额、补充制度和管理办法，以适应我国幅员辽阔、地区间部门发展不平衡和差异性大的实际情况。

3.3.1.4 预算定额编制依据

① 现行劳动定额和施工定额。预算定额是在现行劳动定额和施工定额的基础上编制的。预算定额中人工、材料、机械台班的消耗水平，需要根据劳动定额或施工定额取

定；预算定额计量单位的选择，也要以施工定额为参考，从而保证两者的协调性和可比性，减少预算定额的编制工作量，缩短编制时间。

② 现行设计规范、施工及验收规范、质量评定标准和安全操作规程。预算定额在确定人工、材料、机械台班消耗数量时，必须考虑上述各项规范的要求和规定。

③ 具有代表性的典型工程施工图及有关标准图。对这些图纸进行仔细分析研究，并计算出工程数量，作为编制定额时选择施工方法确定定额含量的依据。

④ 新技术、新结构、新材料和先进的施工方法等。这类资料是调整定额水平和增加新的定额项目所必需的依据。

⑤ 有关科学试验、技术测定的统计、经验资料。这类工程是确定定额水平的重要依据。

⑥ 现行的预算定额、材料预算价格及有关文件规定等。这类资料包括过去定额编制过程中积累的基本资料，也是编制预算定额的依据和参考。

3.3.2 预算定额的编制方法

人工费的计算

3.3.2.1 人工工日消耗量的计算

人工的工日数可以由两种方法确定：一种是以劳动定额为基础定额计算；一种是以现场观察测定资料为基础计算。遇到劳动定额缺项时，采用现场工作日写实等测定方法确定和计算定额的人工消耗量。

预算定额中人工工日消耗量是指在正常的施工条件下，生产单位合格产品所必须消耗的人工工日数量，是由分项工程所综合的各个工序劳动定额，包括基本用工、其他用工两部分。

(1) 基本用工

基本用工是指完成单位合格产品所必须消耗的技术工种用工。按技术工种相应劳动定额工时定额计算，以不同工种列出定额工日。基本用工包括以下两方面：

① 完成定额计量单位的主要用工。其按综合取定的工程量和相应的劳动定额进行计算。计算公式为

$$\text{基本用工} = \sum(\text{综合取定的工程量} \times \text{劳动定额}) \tag{3-15}$$

例如，在完成混凝土柱工程中的混凝土搅拌、水平运输、浇筑、捣制和养护所需的工日数量根据劳动定额进行汇总之后，形成混凝土柱预算定额中的基本用工消耗量。

② 按劳动定额规定应增加（减少）的用工量。由于预算定额是以施工定额子目综合扩大的，包括的工作内容较多，施工的效果、具体部位不一样，需要另外增加用工，这种人工消耗也应列入基本用工。例如，砖基础埋深超过 1.5 m，超过的部分要增加用工，列入基本用工内。

(2) 其他用工

其他用工是指劳动定额中没有包含的而在预算定额中又必须考虑进去的工时消耗，通常包括材料及半成品超运距用工、辅助用工和人工幅度差。

① 超运距用工：指劳动定额中已包括的材料、半成品场内水平搬运距离与预算定额所考虑的现场材料半成品堆放地点到操作地点的水平搬运距离之差。

超运距＝预算定额取定运距－劳动定额已包括的运距　　(3-16)

超运距用工消耗量 $=\sum$(超运距材料数量 × 相应的劳动定额)　　(3-17)

需要指出，实际工程现场运距超过预算定额取定运距时，可另行计算现场二次搬运费。

② 辅助用工：指技术工种劳动定额内不包括而在预算定额内又必须考虑的用工，如机械土方工程配合用工、材料加工（筛沙、洗石、淋化石膏）及电焊点火工等。计算公式如下：

辅助用工 $=\sum$(材料加工数量 + 相应的加工劳动定额)　　(3-18)

③ 人工幅度差：即劳动定额与预算定额的差额，主要是指在劳动定额中未包括而在正常施工情况下不可避免，但又很难准确计量的用工和各工种工时损失。内容包括以下几点：

a. 各工种间的工序搭接及交叉作业的相互配合或影响所发生的停歇用工；

b. 施工机械在单位工程之间转移及临时水电线路移动所造成的停工；

c. 质量检查和隐蔽工程验收的影响；

d. 班组操作地点转移用工；

e. 工序交接时对前一工序不可避免的休整用工；

f. 施工中不可避免的其他零星用工。

人工幅度差的计算公式如下：

人工幅度差＝（基本用功＋辅助用工＋超运距用工）×人工幅度差系数　(3-19)

人工幅度差系数一般为 10%～15%。在预算定额中，人工幅度差的用工量列入其他用工量中。

【例 3-3】 某混凝土工程工程量为 100 m^3，每 1 m^3 混凝土需要基本用工 1.11 工日，辅助用工和超运距用工分别是基本用工的 25%和 15%，人工幅度差系数为 10%，试计算该混凝土工程的预算定额人工工日消耗量。

解：

预算定额中人工工日消耗量＝(基本用工＋辅助用工＋超运距用工)×(1＋人工幅度差系数)×工程量

＝1.11×(1＋25%＋15%)×(1＋10%)×100

＝170.9 工日

3.3.2.2 材料消耗量的计算

预算定额中的材料消耗量一般由材料净用量和损耗量两部分构成。材料的损耗量是指在正常条件下不可避免的材料损耗，如现场内材料运输及施工操作中的损耗等。

材料费的计算

(1) 材料消耗量的分类

材料消耗量是完成单位合格产品所必须消耗的材料数量，按用途划分为以下四种：

① 主要材料：指直接构成工程实体的材料，其中也包括成品、半成品的材料。

② 辅助材料：也是构成工程实体除主要材料以外的其他材料，如垫木钉子、铅丝等。

③ 周转性材料：指脚手架、模板等多次周转使用的不构成工程实体的摊销性材料。

④ 其他材料：指用量较少、难以计算的零星用量，如棉纱、编号用的油漆等。

（2）材料消耗量的计算方法

① 凡有标准规格的材料，按规范要求计算定额计量单位的消耗用量，如砖、水卷材、块料面层等。

② 凡设计图纸标注尺寸及下料要求的，按设计图纸尺寸计算材料净用量，如门窗制作用材料、方、板料等。

③ 换算法：各种胶结、涂料等材料的配合比用料，可以根据要求条件换算，得出材料用量。

④ 测定法：包括试验室实验法和现场观察法。该法指各种强度等级的混凝土砌筑砂浆配合比的消耗原材料数量的计算，需按照规范要求试配，经试压合格以后，并经过必要的调整后得出的水泥、砂、石子、水的用量。对新材料、新结构不能用其他方法计算定额消耗用量时，需用现场测定法确定，根据不同条件可以采用写实记录法和观察法，得出定额的消耗量。

⑤ 其他材料的确定：一般按工艺测算并在定额项目材料计算表内列出名称、数量，并依据编制期价格以其他材料占主要材料的比率计算，列在材料栏之下，定额内可不列材料名称及消耗量。

3.3.2.3 机械台班消耗量的计算

预算定额中的机械台班消耗量是指在正常施工条件下，生产单位合格产品（分部分项工程或结构构件）必须消耗的某种型号施工机械的台班数量。确定机械台班消耗量有以下两种方法：一种是以施工定额为基础确定机械台班消耗量；另一种是以现场实测数据为基础确定机械台班消耗量。

施工机具使用费的计算

（1）以施工定额为基础确定机械台班消耗量

这种方法是指用施工定额中机械台班消耗量加机械幅度差，计算预算定额的机械台班消耗量。

机械幅度差一般包括正常施工组织条件下不可避免的机械空转时间，施工技术原因的中断及合理停滞时间，因供电供水故障及水电线路移动检修而发生的运转中断时间，因气候变化或机械本身故障影响工时利用的时间，施工机械转移及配套机械相互影响损失的时间，配合机械施工的工人因与其他工种交叉造成的间歇时间，因检查工程质量造成的机械停歇时间，工程收尾和工作量不饱满造成的机械停歇时间等。

大型机械幅度差系数：土方机械 25%，打桩机械 33%，吊装机械 30%。砂浆、混凝土搅拌机由于按小组配用，以小组产量计算机械台班产量，不另增加机械幅度差。其他分部分项工程中如钢筋加工、木材、水磨石等各项专用机械幅度差为 10%。

综上所述，预算定额的机械台班消耗量按下式计算：

$$预算定额机械台班消耗量=施工定额机械台班消耗量\times(1+机械幅度差系数) \tag{3-20}$$

比重不大的零星小型机械按劳动定额小组成员计算出机械台班使用量，以“机械费”或其他机械费表示，不再列台班数量。

(2) 以现场实测数据为基础确定机械台班消耗量

如遇到施工定额缺项者，则需要依据施工现场对施工机械消耗台班的实测数据，并加上适当的机械幅度差来确定预算定额机械台班消耗量。

拓展阅读

《江苏省安装工程计价定额》内容

为了贯彻住房和城乡建设部颁发的《建设工程工程量清单计价规范》(GB 50500—2013) 及《通用安装工程工程量计算规范》(GB 50856—2013)，为安装工程建设提供计价依据，江苏省建设厅组织编制了《江苏省安装工程计价定额》，并于2014年7月1日起执行。本书以《江苏省安装工程计价定额》(2014版) 为例进行介绍。

➤ **《江苏省安装工程计价定额》(2014版) 总说明**

一、《江苏省安装工程计价定额》共分十一册，包括：

第一册　机械设备安装

第二册　热力设备安装

第三册　静置设备与工艺金属结构制作安装

第四册　电气设备安装工程

第五册　建筑智能化工程

第六册　自动化控制仪表安装工程

第七册　通风空调工程

第八册　工业管道工程

第九册　消防工程

第十册　给排水、采暖、燃气工程

第十一册　刷油、防腐蚀、绝热工程

二、《江苏省安装工程计价定额》(以下简称本定额) 是完成规定计量单位分项工程所需的人工、材料、施工机械台班的消耗量标准，是安装工程预算工程量计算规则、项目划分、计量单位的依据；是编制设计概算、施工图预算、招标控制价及确定工程造价的依据；也是编制概算定额、概算指标、投资估算指标的基础；也可作为制定企业定额和投标报价的基础。本定额计价单位为元，默认尺寸单位为毫米 (mm)。

三、本定额是依据现行有关国家的产品标准、设计规范、计算规范、施工及验收规范、技术操作规程、质量评定标准和安全操作规程编制的，也参考了行业、地方标准，以及有代表性的工程设计、施工资料和其他资料。

四、本定额是按目前国内大多数施工企业采用的施工方法、机械化装配程度、合理的工期、施工工艺和劳动组织条件制订的，除各章另有说明外，均不得因上述因素有差异而对定额进行调整或换算。

五、本定额是按下列正常的施工条件进行编制的：

1. 设备、材料、成品、半成品、构件完整无损，符合质量标准和设计要求，附有合格证书和试验记录。

2. 安装工程和土建工程之间的交叉作业正常。

3. 安装地点、建筑物、设备基础、预留孔洞等均符合安装要求。

4. 水、电供应均满足安装施工正常使用。

5. 正常的气候、地理条件和施工环境。

六、本定额的人工工日不分列工种和技术等级，一律以综合工日表示，内容包括基本用工、超运距用工和人工幅度差。一类工每工日 77 元，二类工每工日 74 元，三类工每工日 69 元。

七、材料消耗量的确定：

1. 本定额中的材料消耗量包括直接消耗在安装工作内容中的主要材料、辅助材料和零星材料等，并计入了相应损耗，其内容和范围包括：从工地仓库、现场集中堆放地点或现场加工地点到操作或安装地点的运输损耗、施工操作损耗、施工现场堆放损耗。

2. 凡本定额内未注明单价的材料均为主材，基价中不包括其价格，应根据“(　)”内所列的用量，按相应的材料预算价格计算。

3. 用量很少、对基价影响很小的零星材料合并为其他材料费，计入材料费内。

4. 施工措施性消耗部分，周转性材料按不同施工方法、不同材质分别列出一次使用量和一次摊销量。

5. 材料单价采用南京市 2013 年下半年材料预算价格。

6. 主要材料损耗率见各册附录。

八、施工机械台班消耗量的确定：

1. 本定额的机械台班消耗量是按正常合理的机械配备和大多数施工企业的机械化装备程度综合取定的。

2. 凡单位价值在 2000 元以内，使用年限在两年以内的不构成固定资产的工具、用具等，未进入定额，已在定额费用定额中考虑。

3. 本定额的机械台班单价按《江苏省施工机械台班 2007 年单价表》取定，其中：人工工资单价 82.00 元/工日；汽油 10.64 元/kg；柴油 9.03 元/kg；煤 1.1 元/kg；电 0.89 元/(kW·h)；水 4.7 元/m^3。

九、施工仪器仪表台班消耗量的确定：

1. 本定额的施工仪器仪表消耗量是按大多数施工企业的现场校验仪器仪表配备情况综合取定的。

2. 凡单位价值在 2000 元以内，使用年限在两年以内的不构成固定资产的施工仪器仪表等，未进入定额，已在管理费中考虑。

3. 施工仪器仪表台班单价是按 2000 年原建设部颁发的《全国统一安装工程施工仪器仪表台班费用定额》计算的。

十、关于水平和垂直运输：

1. 设备：包括自安装现场指定堆放地点运至安装地点的水平和垂直运输。

2. 材料、成品、半成品：包括自施工单位现场仓库或现场指定堆放地点运至安装地点的水平和垂直运输。

3. 垂直运输基准面：室内以室内地平面为基准面，室外以安装现场地平面为基准面。

十一、本定额中注有“×××以内”或“×××以下”者均包括其本身，“×××以外”或“×××以上”者则不包括其本身。

十二、本定额的计量单位、工程计量时每一项目汇总的有效位数应遵守《通用安装工程工程量计算规范》(GB 50856—2013) 的规定。

十三、本说明未尽事宜，详见各册和各章说明。

➢ 计价定额示例

江苏省安装工程计价定额示例见表 3-2。

表 3-2 江苏省安装工程计价定额示例

1.2.9 室内给水塑料管（热熔、电熔连接）

工作内容：留堵孔洞、切管、热熔电熔管件、管道安装、调直、管架安装、水压试验。

计量单位：10 m

定额编号					10-233		10-234		10-235	
项目			单位	单价	公称直径/管外径（mm）					
					15/20		20/25		25/32	
					数量	合计	数量	合计	数量	合计
综合单价			元		134.75		134.69		149.56	
其中	人工费		元		76.96		76.96		87.32	
	材料费		元		16.40		16.34		15.36	
	机械费		元		0.61		0.61		0.61	
	管理费		元		30.01		30.01		34.05	
	利润		元		10.77		10.77		12.22	
二类工			工日	74.00	1.04	76.96	1.01	76.96	1.18	87.32
材料	14311503	PP-R 给水管	m		(10.20)		(10.20)		(10.20)	
	19110103	管子托钩 DN15	个	1.18	13.01	15.35				
	19110104	管子托钩 DN20	个	1.33			11.41	15.18		
	19110105	管子托钩 DN25	个	1.53					9.25	14.15
		其他材料费	元			1.05		1.16		1.21
机械	99250905	热熔焊接机 SH-63	台班	15.19	0.04	0.61	0.04	0.61	0.04	0.61

3.4 概算定额、概算指标和投资估算指标

3.4.1 概算定额

（1）概算定额的概念

概算定额是在预算定额的基础上，确定完成合格的单位扩大分项工程或单位扩大结构构件所需的人工、材料和机械台班的数量标准，因此，概算定额也被称为扩大结构定额。

概算定额是预算定额的合并与扩大，它是将预算定额中有联系的若干个分项工程项目综合为一个概算定额项目，如砖基础概算定额项目就是以砖基础为主，综合了平整场地、挖地槽、砌砖基础、铺设防潮层、回填及运土等预算定额中的分项工程项目。概算定额是介于预算定额和概算指标之间的一种定额。

（2）概算定额的作用

① 概算定额是扩大初步设计阶段编制设计概算和技术设计阶段编制修正概算的依据；

② 概算定额是对设计项目进行技术经济分析和比较的基础资料之一；

③ 概算定额是编制建设项目主要材料计划的参考依据；

④ 概算定额是编制概算指标的依据；

⑤ 概算定额是编制最高投标限价的依据。

（3）概算定额的编制依据

① 现行的预算定额；

② 设计及施工技术规范；

③ 选择的典型工程施工图和其他有关资料；

④ 人工工资标准、材料预算价格和施工机具台班预算价格。

3.4.2 概算指标

（1）概算指标的概念

建筑安装工程概算指标通常以单位工程为对象，以建筑面积（m^2）、建筑体积（m^3）或成套设备的台或组为计量单位而规定的人工、材料、机械台班的消耗量标准和造价指标。概算指标比概算定额具有更加综合与扩大的特点。

（2）概算指标的作用

概算指标和概算定额、预算定额一样，都是与各个设计阶段相适应的多次性计价的产物，主要用于投资估算、初步设计阶段，其作用包括：

① 概算指标可以作为编制投资估算的参考；

② 概算指标是初步设计阶段编制概算书、确定工程概算造价的依据；

③ 概算指标中的主要材料指标可以作为匡算主要材料用量的依据；

④ 概算指标是设计单位进行设计方案比较、设计技术经济分析的依据；

⑤ 概算指标是编制固定资产投资计划，确定投资额和主要材料计划的主要依据。

(3) 概算指标的编制依据

① 标准设计图纸和各类工程典型设计；

② 国家颁发的建筑标准、设计规范、施工规范等；

③ 各类工程造价资料；

④ 现行的概算定额及补充定额；

⑤ 人工工资标准、材料预算价格、机械台班预算价格及其他价格资料。

(4) 概算指标的内容

概算指标的组成内容一般分为文字说明和列表形式两部分，以及必要的附录。

① 文字说明包括总说明和分册说明：其内容一般包括概算指标的编制范围、编制依据、分册情况、指标包括的内容、指标未包括的内容、指标的使用方法、指标允许调整的范围及调整方法等。

② 建筑工程列表形式：房屋建筑、构筑物一般以建筑面积、建筑体积、“座”和“个”等为计量单位，附以必要的示意图，示意图画出建筑物的轮廓示意或单线平面图，列出综合指标“元/m^2”或“元/m^3”，自然条件（如地耐力、地震烈度等），建筑物的类型、结构形式及各部位中结构主要特点，主要工程量。

总体来讲，建筑工程列表包括示意图、工程特征、经济指标、构造内容及工程量指标等。表 3-3 列出了项目每 100 m^2 的造价指标及其土建、水暖和电气照明等单位工程的相应造价。

表 3-3 内浇外砌住宅经济指标　　元/100 m^2

项目		合计	其中			
			直接费	间接费	利润	税金
单方造价		30422	21860	5576	1893	1093
其中	土建	26133	18778	4790	1626	939
	水暖	2565	1843	470	160	92
	电照	1724	1239	316	107	62

(5) 概算指标的应用

概算指标比概算定额具有更大的应用灵活性。由于概算指标是一种综合性很强的指标，不可能与拟建工程的建筑特征、结构特征、自然条件、施工条件完全一致，因此，在选用概算指标时要十分谨慎，选用的指标与设计对象在各个方面应尽量一致或接近，不一致的地方要进行换算，以提高准确性。

概算指标的应用一般有以下两种情况：① 若设计对象的结构特征与概算指标一致时，可直接套用；② 若设计对象的结构特征与概算指标的规定局部不同，要调整指标的局部内容后再套用。

3.4.3 投资估算指标

(1) 投资估算指标的概念与作用

投资估算指标是编制项目建议书、可行性研究报告等前期工作阶段投资估算的依据，也可以作为编制固定资产长远规划投资额的参考。投资估算指标为完成项目建设的投资估算提供依据和手段，它在固定资产的形成过程中起着投资预测、投资控制、投资效益分析的作用，是合理确定项目投资的基础。估算指标中的主要材料消耗量也是一种扩大材料消耗量的指标，可以作为计算建设项目主要材料消耗量的基础。估算指标的正确制定对提高投资估算的准确度及建设项目的合理评估、正确决策具有重要意义。

(2) 投资估算指标的编制依据

① 标准设计图纸和各类工程典型设计；

② 国家颁发的建筑标准、设计规范、施工规范等；

③ 各类工程造价资料；

④ 现行的概算定额和预算定额及补充定额；

⑤ 人工工资标准、材料预算价格、施工机具台班预算价格及其他价格资料。

(3) 投资估算指标的表现形式

《江苏省建设工程造价估算指标》(2017 年) 中，有关安装工程造价估算指标如表 3-4～表 3-6 所示。

表 3-4 给排水工程造价估算指标

序号	项目		指标值（元/m^2）		备注
			水卫	消火栓消防	
1	居住建筑	多层	56	30	
2		高层	60	45	
3	办公建筑	多层	44	90	
4		高层	46	45	
5	教科建筑	教学楼	46	18	综合楼为高层，其他均为多层
6		综合楼	55	34	
7		幼儿园	46	18	
8		科研	50	23	
9	医疗建筑	门诊	60	23	
10		多层病房楼	103	23	公共卫生间
11		高层病房楼	176	23	标准间病房，冷热水系统
12		医技	165	23	多层，冷热水系统
13	宾馆建筑	多层	110	23	标准间客房，冷热水系统
14		高层	176	33	

续表

序号	项目	指标值（元/m²）		备注
		水卫	消火栓消防	
15	自动喷淋	80～90		按自动喷淋设置部位的建筑面积

说明：指标是按下列条件测算的，估算对象与下列条件不同时，应对指标做调整。

1. 水卫系统

① 给水管为PP-R管、排水管为PVC塑料管；

② 卫生洁具按简单卫生洁具（脸盆、浴缸、坐便器价格在600元以下）考虑，其中居住建筑是按每80～100 m^2 建筑面积配一套卫生洁具测算指标的，若每60 m^2 建筑面积配一套卫生洁具，指标乘系数1.55；

③ 供水方式：多层为城市管网直接供水，高层为加压泵房二次加压供水。

2. 消防系统：给水管为镀锌钢管，消防泵接合器、铝合金消火栓箱、阀类主材均为国产普通产品。

3. 喷淋系统：给水管为镀锌钢管，增压装置、报警装置、喷淋头、阀类主材均为国产普通产品。

4. 关于主要设备的估价：给排水工程估算指标费用内容已包括一般设备主材费，但不含主要设备及安装费，主要设备是指泵类设备、锅炉及热交换设备、污水处理设备。主要设备及安装调试费估价可按设备选用的情况（型号、容量、品牌等）询价，或参照工程实例中的相应数据估价。

表3-5 电气工程造价估算指标

序号	项目		指标值（元/m²）	备注
1	居住建筑	多层	62	多层为照明系统，小高层及高层包括照明、动力配电系统； 灯具为座灯头，小高层及高层包括应急灯
2		高层	110	
3	办公建筑	多层	130	照明、动力配线系统； 灯具包括荧光灯、吸顶灯、筒灯；高层中另含诱导灯、应急灯
4		高层	162	
5	教科建筑	教学楼	140	其中，综合楼指标为高层指标，其他为多层指标。高层教学楼、科研楼按综合楼考虑照明、动力配电系统； 灯具包括荧光灯、吸顶灯
6		综合楼	160	
7		幼儿园	100	
8		科研	80	
9	医疗建筑	多层门诊楼	130	照明、动力配电系统； 灯具包括荧光灯、吸顶灯、医疗专用灯、应急灯、诱导灯等
10		多层病房楼	140	
11		高层病房楼	180	
12		多层医技楼	170	
13	宾馆建筑	多层	150	照明、动力配电系统； 灯具包括荧光灯、吸顶灯、应急灯、诱导灯等
14		高层	200	
15	火灾报警		50～60	按火灾报警设置部位的建筑面积

续表

序号	项目	指标值（元/m²）	备注
16	网络、电话、有线电视	30～50	
17	空调动力配电系统	60～70	

说明：指标是按下列条件测算的，估算对象与下列条件不同时，应对指标做相应调整。

1. 照明系统

① 配电箱：普通照明配电箱；

② 管线：电线管为 PVC 管、钢管暗配（其中居住建筑配管仅为 PVC 管），管内穿线为 BV 铜塑线，电缆为铜塑电缆，金属线槽走线；

③ 照明灯具：均为国产普通型灯具。

2. 动力配电系统

① 配电箱：国产普通动力配电箱；

② 管线：电线管、焊接钢管暗配、管内穿线为 BV 铜塑线，电缆为铜塑电缆，桥架为镀锌桥架。

3. 关于主要设备的估价：电气工程估算指标费用内容包含一般设备主材费，但不含主要设备安装调试费，主要设备是动力配电系统中为给排水、暖通专业设备配套的控制箱（柜）。主要设备安装调试费估价时可按设备选用的情况（型号、容量、品牌等）询价，或参照工程实例中的相应数据估价。

表 3-6　通风空调工程造价估算指标

序号	项目	指标值（元/m²）					
		中央空调		分散式中央空调		采暖	防排烟、通风
		高级	一般	高级	一般		
1	居住建筑			600	400	25	10
2	办公、一般实验、科研、门诊、医技等建筑	356	280	500	410	28	21
3	教学、阅览、会议、商场、娱乐休闲、餐厅等建筑	444	350	525	430	32	22
4	宾馆、病房等建筑	400	310	500	410	30	22
5	影剧院、音乐厅、候机（车）厅、大会堂、体育馆等场馆建筑	730	600			62	28
6	地下室						80

说明：

1. 高级中央空调系统是指主机及末端为进口、合资或国产名牌产品，系统含防排烟设置；一般中央空调系统是指主机及末端为国产普通品牌产品，系统含防排烟设置；对系统有恒温恒湿、消毒、高效、净化等特殊要求时应调整指标。

2. 分散式中央空调造价指标是已包含系统主机在内的完全造价指标；高级分散式中央空调是指主机及末端为进口、合资品牌产品，一般分散式中央空调是指主机及末端为国产普通品牌产品。

3. 指标单位中的面积是指通风空调工程实际发生部分的建筑面积。

4. 关于主要设备估价：通风空调工程估算指标费用内容已包括一般设备主材费，但不含主要设备及安装调试费，主要设备（指冷热源主机设备）估价时可按设备选用的情况（型号、容量、品牌等）询价，或参照工程实例中的相应数据估价。

第4章

安装工程工程量清单计价

知识目标

1. 了解工程量清单计价的标准和依据；
2. 熟悉工程量清单的组成、编制方法和要求；
3. 掌握招标控制价、投标报价编制的内容和要求。

能力目标

1. 能熟练运用《通用安装工程工程量计算规范》（GB 50856—2013）编制安装工程量清单；
2. 能熟练运用《建设工程工程量清单计价规范》（GB 50500—2013）进行安装工程计价。

素质目标

1. 培养学生的专业意识，即在编制工程量清单和计价过程中，要严格遵守计价规范的规定，养成踏实严谨的工作作风；
2. 培养学生的敬业奉献、终身学习精神，即热爱造价工作，随着计价方式、计价政策的改变要不断更新知识、坚持与时俱进，在学习过程中不断成长；
3. 培养学生公平竞争的精神，即在参与招投标过程中，不能弄虚作假、行贿受贿等，应通过报价体现企业的技术水平、管理水平和优势。

4.1 工程造价的计价方法

4.1.1 工程造价计价的基本原理

建设项目是兼具单件性与多样性的集合体。每一个建设项目的建设都需要按业主的特定需要进行单独设计、单独施工，不能批量生产和按整个项目确定价格，只能采用特殊的计价程序和计价方法，即将整个项目进行分解，划分为可以按有关技术经济参数测算价格的基本构造单元（如定额项目、清单项目），这样就可以计算出基本构造单元的费用。一般来说，分解结构层次越多，基本子项越细，计算就越精确。

工程造价计价的主要思路就是将建设项目细分至最基本的构造单元，找到适当的计量单位及当时当地的单价，就可以采取一定的计价方法，进行分部组合汇总，计算出相应的工程造价。工程计价的基本原理就在于项目的分解与组合，其可以用公式表达如下：

$$分部分项工程费=\sum(基本构造单元工程量\times 综合单价) \tag{4-1}$$

工程造价的计价过程可分为工程计量和工程计价两个环节。

4.1.1.1 工程计量

工程计量工作包括工程项目的划分和工程量的计算。

① 单位工程基本构造单元的确定，即划分工程项目。编制工程量清单时，主要是按照工程量清单计量规范规定的清单项目进行划分。

② 工程量的计算就是按照工程项目的划分和工程量计算规则，就施工图设计文件和施工组织设计对分项工程实物量进行计算。

4.1.1.2 工程计价

工程计价包括工程单价的确定和总价的计算。

① 工程单价是指完成单位工程基本构造单元的工程量所需要的基本费用。工程量清单计价主要采用综合单价，综合单价由完成工程量清单中一个规定计量单位项目所需的人工费、材料费、施工机具使用费、企业管理费和利润，以及一定范围的风险费用组成。

② 工程总价是指经过规定的程序或办法逐级汇总形成的相应工程造价。工程量清单计价模式下，在综合单价确定后，乘以相应项目工程量，经汇总即可得出分部分项工程费，进而计算措施项目费、其他项目费、规费和税金，各项目费用汇总后即得出工程造价。

4.1.2 工程造价计价的标准和依据

工程造价计价的标准和依据主要包括计价活动的相关规章规程、工程量清单计价和计量规范、工程定额和工程造价信息。

(1) 计价活动的相关规章规程

现行计价活动相关的规章规程主要包括《建筑工程发包与承包计价管理办法》《建设项目投资估算编审规程》《建设项目设计概算编审规程》《建设项目施工图预算编审规程》《建设工程招标控制价编审规程》《建设项目工程结算编审规程》《建设项目全过程造价咨询规程》《建设工程造价咨询成果文件质量标准》《建设工程造价鉴定规程》等。

(2) 工程量清单计价和计量规范

工程量清单计价和计量规范由《建设工程工程量清单计价规范》(GB 50500—2013)、《房屋建筑与装饰工程量计算规范》(GB 50854—2013)、《仿古建筑工程量计算规范》(GB 50855—2013)、《通用安装工程工程量计算规范》(GB 50856—2013) 等组成。

(3) 工程定额

工程定额主要是指国家、省、有关专业部门制定的各种定额，包括工程消耗量定额和工程计价定额等。

(4) 工程造价信息

工程造价信息是工程造价管理机构通过搜集、整理、测算并发布工程建设的人工、材料、工程设备、施工机械台班的价格信息，以及各类工程的造价指数、指标，其目的是为政府有关部门和社会提供公共服务，为建筑市场各方主体计价提供造价信息的专业服务。工程造价信息主要包括价格信息、工程造价指数和已完工程信息等。

4.1.3 工程量清单计价

工程计价模式包括传统的工程定额计价和工程量清单计价两种。一般来说，工程定额主要用于国有资金投资工程编制投资估算、设计概算、施工图预算和最高投标限价；对于非国有资金投资工程，在项目建设前期和交易阶段，工程定额可以作为计价的辅助依据。工程量清单主要用于建设工程发承包及实施阶段，工程量清单计价用于合同价格形成及后续的合同价款管理。下面主要介绍现阶段常用的工程量清单计价。

(1) 计价与计量规范

工程量清单计价和计量规范由《建设工程工程量清单计价规范》(GB 50500—2013)、《房屋建筑与装饰工程工程量计算规范》(GB 50854—2013)、《仿古建筑工程工程量计算规范》(GB 50855—2013)、《通用安装工程工程量计算规范》(GB 50856—2013)、《市政工程工程量计算规范》(GB 50857—2013)、《园林绿化工程工程量计算规范》(GB 50858—2013)、《矿山工程工程量计算规范》(GB 50859—2013)、《构筑物工程工程量计算规范》(GB 50860—2013)、《城市轨道交通工程工程量计算规范》(GB 50861—2013)、《爆破工程工程量计算规范》(GB 50862—2013) 共10部规范组成。

(2) 工程量清单计价的基本原理

工程量清单计价的基本原理是，按照《建设工程工程量清单计价规范》(GB 50500—2013) 的规定，在各相应专业工程工程量计算规范规定的清单项目设置和工程量计算规则的基础上，针对具体工程的施工图纸和施工组织设计计算出各个清单项目的工程量，根据规定的方法计算出综合单价，并汇总各清单合价得出工程总价。

工程量清单计价活动涵盖施工招标、合同管理及竣工交付全过程，主要包括编制招标工程量清单、招标控制价、投标报价，确定合同价，工程计量与价款支付，合同价款的调整，工程结算和工程计价纠纷处理等活动。

(3) 工程量清单计价的作用

① 提供一个平等的竞争条件。面对相同的工程量，由企业根据自身的实力来自主报价，使得企业的优势体现到投标报价中，可在一定程度上规范建筑市场秩序，确保工程质量。

② 满足市场经济条件下竞争的需要。招投标过程就是竞争的过程，招标人提供工程量清单，投标人根据自身情况确定综合单价，计算出投标总价，这促成了企业整体实力的竞争，有利于我国建设市场的快速发展。

③ 有利于工程款的拨付和工程造价的最终结算。中标后，中标价就是双方确定合同价的基础，投标清单上的单价就成了拨付工程款的依据。招标人根据施工企业完成的

工程量，可以很容易地确定进度款的拨付额。工程竣工后，根据设计变更、工程量增减等，招标人也很容易确定工程的最终造价，可在某种程度上减少招标人与施工单位之间的纠纷。

④ 有利于招标人对投资的控制。采用工程量清单计价，招标人可对投资变化更清楚，在进行设计变更时，能迅速计算出该工程变更对工程造价的影响，从而根据投资情况来决定是否变更或进行方案比较，进而加强投资控制。

4.1.4 BIM技术与工程造价

建筑信息模型（Building Information Modeling，BIM），目前已经在全球范围内得到业界的广泛认可，它可以帮助实现建筑信息模型的集成，使从建筑的设计、施工、运行直至建筑全生命周期终结的各种信息始终整合于一个三维模型信息数据库中。设计团队、施工单位、设施运营部门和建设单位等各方人员可以基于BIM进行协同工作，提高工作效率、节省资源、降低成本。

BIM具有信息完备性、信息关联性、信息一致性、可视化、协调性、模拟性、优化性和可出图性等特点。《建筑业发展“十三五”规划》中明确提出了“加快推进建筑信息模型（BIM）技术在规划、工程勘察设计、施工和运营维护全过程的集成应用”。

4.1.4.1 BIM技术对工程造价管理的价值

在提升工程造价水平、提高工程造价效率、实现工程造价乃至整个工程生命周期信息化的过程中，BIM技术的优势明显，其对工程造价管理的价值主要有以下几点：

(1) 提高了工程量计算的准确性和效率

BIM是一个富含工程信息的数据库，可以真实地提供工程量计算所需要的物理和空间信息。借助这些信息，计算机可以快速对各种构件进行统计分析，从而大大减少根据图纸统计工程量带来的烦琐的人工操作和潜在错误，在效率和准确性上得到显著提高。

(2) 提高了设计效率和质量

工程量计算效率的提高基于BIM的自动化算量方法，它可以更快地计算工程量，及时将设计方案的成本反馈给设计师，便于在设计前期阶段对成本进行控制，有利于限额设计。同时，基于BIM的设计可以更好地处理设计变更。

(3) 提高了工程造价分析能力

BIM模型中丰富的参数信息和多维度的业务信息能够辅助工程项目不同阶段和不同业务的成本分析和控制能力。同时，在统一的三维模型数据库的支持下，从工程项目全过程管理的过程中，能够以最短的时间实时实现任意维度的统计、分析和决策，保证了多维度成本分析的高效性和精准性，以及成本控制的有效性和针对性。

(4) 真正实现了造价全过程管理

目前，工程造价管理已经由单点应用阶段逐渐进入工程造价全过程管理阶段。为确保建设工程的投资效益，工程建设从可行性研究开始经初步设计、扩大初步设计、施工图设计、发承包、施工、调试、竣工、投产、决算、后评估等的整个过程，围绕工程造价开展各项业务工作。基于BIM的全过程造价管理让各方在各个阶段能够实现协同工作，解决了阶段割裂和专业割裂的问题，避免了设计与造价控制环节脱节、设计与施工脱节、变更频繁等问题。

4.1.4.2 BIM技术在工程造价管理各阶段的应用

工程建设项目的参与方主要包括建设单位、勘察单位、设计单位、施工单位、项目管理单位、咨询单位、材料供应商、设备供应商等。建筑信息模型作为一个建筑信息的集成体，可以很好地在项目各方之间传递信息、降低成本。同样，分布在工程建设全过程的造价管理也可以基于这样的模型完成协同、交互和精细化管理工作。

(1) BIM 技术在决策阶段的应用

基于 BIM 技术辅助投资决策可以带来项目投资分析效率的极大提升。建设单位在决策阶段可以根据不同的项目方案建立初步的建筑信息模型。BIM 数据模型的建立，结合可视化技术、虚拟建造等功能，为项目的模拟决策提供了基础。根据 BIM 模型数据，可以调用与拟建项目相似工程的造价数据，高效准确地估算出规划项目的总投资额，为投资决策提供准确的依据。同时，将模型与财务分析工具集成，实时获取各项目方案的投资收益指标信息，提高决策阶段项目预测水平，帮助建设单位进行决策。BIM 技术在投资造价估算和投资方案选择方面大有作为。

(2) BIM 技术在设计阶段的应用

设计阶段包括初步设计、扩大初步设计和施工图设计几个阶段，相应涉及的造价文件是设计方案估算、设计概算和施工图预算。在设计阶段，将 BIM 技术应用于设计方案优选或限额设计，设计模型的多专业一致性检查、设计概算、施工图预算的编制管理和审核环节，可实现对造价的有效控制。

(3) BIM 技术在招投标阶段的应用

我国建设工程已基本实现了工程量清单招投标模式，招标和投标各方都可以利用 BIM 模型进行工程量自动计算、统计分析，形成准确的工程量清单，有利于招标方控制造价和投标报价的编制，提高招投标工作的效率和准确性，并为后续的工程造价管理和控制提供基础数据。

(4) BIM 技术在施工过程中的应用

BIM 为建设项目各方提供了施工计划与造价控制的所有数据。项目各方人员在正式施工之前就可以通过 BIM 确定不同时间节点的施工进度与施工成本，可以直观地按月、按周、按日查看到项目的具体实施情况并得到该时间节点的造价数据，方便项目的实时修改调整，实现限额领料施工，最大限度地体现造价控制的效果。

(5) BIM 技术在工程竣工结算中的应用

竣工阶段管理工作的主要内容是确定建设工程项目最终的实际造价，即竣工结算价格和竣工决算价格，编制竣工决算文件，办理项目的资产移交。这也是确定单项工程最终造价、考核承包企业经济效益及编制竣工决算的依据。基于 BIM 的结算管理，不仅提高了工程量计算的效率和准确性，对于结算资料的完备性和规范性还具有很大的作用。在造价管理过程中，BIM 的模型数据库也不断修改完善，模型相关的合同、设计变更、现场签证、计量支付、材料管理等信息也不断录入与更新，到竣工结算时，其信息量已完全可以表达工程实体。BIM 的准确性和过程记录完备性有助于提高结算效率，同时可以随时查看变更前后的模型以便进行对比分析，避免结算时描述不清，从而加快结算和审核速度。

4.2 工程量清单编制

20 世纪 90 年代，我国加入世界贸易组织（WTO），为了满足市场经济体制的需要并与国际惯例接轨，建筑业逐步推行工程量清单计价模式，2003 年 7 月 1 日正式实施的《建设工程工程量清单计价规范》（GB 50500—2003），2008 年 12 月 1 日起修订并实施的《建设工程工程量清单计价规范》（GB 50500—2008），自 2013 年 7 月 1 日起实施的《建设工程工程量清单计价规范》（GB 50500—2013）和九部专业工程工程量计算规范，见证了我国工程量清单计价模式的成熟与发展历程。

4.2.1 工程量清单的概念

工程量清单（Bills of Quantities，BQ）是载明建设工程分部分项工程项目、措施项目、其他项目的名称和相应数量，以及规费、税金项目等内容的明细清单。由招标人根据国家标准、招标文件、设计文件及施工现场实际情况编制的，随招标文件发布供投标人投标报价的工程量清单称为招标工程量清单。构成合同文件组成部分的投标文件中已标明价格，经算术性修正（如有）且承包人已确认的工程量清单（包括其说明和表格），称为已标价工程量清单。

招标工程量清单是编制工程最高投标限价、投标报价，计算或调整工程量、索赔等的依据。投标人根据招标工程量清单进行报价，形成的已标价工程量清单是支付工程款、调整合同价款、办理竣工结算等的关键依据。

4.2.2 工程量清单的构成

工程量清单作为招标文件的组成部分，主要由分部分项工程量清单、措施项目清单、其他项目清单、规费和税金项目清单组成。工程量清单编制的成果文件应包括工程量清单封面、总说明、工程项目汇总表、单项工程汇总表、单位工程汇总表、分部分项工程汇总表、措施项目清单表、其他项目清单表、规费和税金项目清单表等。

4.2.3 工程量清单的编制依据

编制招标工程量清单应依据：

①《建设工程工程量清单计价规范》（GB 50500—2013）及各专业工程工程量计算规范；

② 国家或省级、行业建设主管部门颁发的计价定额和办法；

③ 建设工程设计文件及相关资料；

④ 与建设工程项目有关的标准、规范、技术资料；

⑤ 拟定的招标文件；

⑥ 施工现场情况、地勘水文资料、工程特点及常规施工方案；

⑦ 其他相关资料。

4.2.4 工程量清单的编制要求

根据《建设工程工程量清单计价规范》（GB 50500—2013）的规定，工程量清单的编制应符合下列要求：

① 招标工程量清单应由具有编制能力的招标人或受其委托、具有相应资质的工程造价咨询人编制。

② 招标工程量清单必须作为招标文件的组成部分，其准确性和完整性由招标人负责。

③ 招标工程量清单是工程量清单计价的基础，应作为编制招标控制价、投标报价，计算或调整工程量、索赔等的依据之一。

④ 招标工程量清单应以单位（项）工程为单位编制，应由分部分项工程项目清单、措施项目清单、其他项目清单、规费和税金项目清单组成。

4.2.5 工程量清单的编制方法

工程量清单编制方法

4.2.5.1 分部分项工程项目清单

分部分项工程项目清单必须载明项目编码、项目名称、项目特征、计量单位和工程量。分部分项工程项目清单应根据相关工程现行国家计量规范规定的项目编码、项目名称、项目特征、计量单位和工程量计算规则进行编制。招标工程量清单是招标文件的组成部分，在编制时必须做到“五个统一”，即统一项目编码、统一项目名称、统一计量单位、统一工程量计算规则及统一基本格式。其格式如表4-1所示，由招标人负责前六项内容填列，金额部分在编制招标控制价或投标报价时填列。

表4-1　分部分项工程和单价措施项目清单与计价表

工程名称：　　　　　　　　　　　　标段：　　　　　　　　　　　　第　页　共　页

序号	项目编码	项目名称	项目特征描述	计量单位	工程量	金额（元）		
						综合单价	合价	其中：暂估价
		……						
分部分项合计								
单价措施合计								
合计								

（1）项目编码

项目编码是分部分项工程项目和措施项目清单名称的阿拉伯数字标识。分部分项工程量清单项目编码以五级编码设置，用十二位阿拉伯数字表示。一、二、三、四级编码为全国统一，即一至九位应按各专业计算规范附录的规定设置；第五级即十至十二位为清单项目编码，应根据拟建工程的工程量清单项目名称和项目特征设置，不得有重码，这三位清单项目编码由招标人针对招标工程项目具体编制，并应自 001 起顺序编制。

各级编码代表的含义如下：

① 第一级表示专业工程代码（分二位）；

② 第二级表示附录分类顺序码（分二位）；

③ 第三级表示分部工程顺序码（分二位）；

④ 第四级表示分项工程项目名称顺序码（分三位）；

⑤ 第五级表示工程量清单项目名称顺序码（分三位）。

项目编码结构如图 4-1 所示。

```
03-10-04-003-×××
│  │  │  │   └─第五级为工程量清单项目名称顺序码
│  │  │  │     （由工程量清单编制人编制，从001开始）
│  │  │  └─第四级为分项工程项目名称顺序码，003表示洗脸盆
│  │  └─第三级为分部工程顺序码，04表示卫生器具
│  └─第二级为附录分类顺序码，10表示附录K给排水、采暖、燃气工程
└─第一级为专业工程代码，03表示通用安装工程
```

图 4-1 工程量清单项目编码结构

随着工程建设中新材料、新技术、新工艺等的不断涌现，当出现附录中没有的项目时，编制人应做补充。在编制补充项目时应注意以下三个方面：

① 补充项目的编码由专业工程计算规范的代码前两位（第一级）与 B 和三位阿拉伯数字组成，并应从 001 起顺序编制，如房屋建筑与装饰工程如需补充项目，则其编码应从 01B001 开始编制，同一招标工程的项目不得重码。

② 在工程量清单中应附补充项目的项目名称、项目特征、计量单位、工程量计算规则和工作内容。

③ 将编制的补充项目报省级或行业工程造价管理机构备案。

（2）项目名称

分部分项工程量清单的项目名称应按各专业工程的工程量计算规范附录中项目名称结合拟建工程的实际确定。各专业附录表格中的“项目名称”为分项工程项目名称，是形成分部分项清单项目名称的基础，即在编制分部分项工程量清单时，以附录中的分项工程项目为基础，考虑该项目的规格、型号、材质等特征要求，结合拟建工程的实际情况，使其工程量清单项目名称具体化、细化，以反映影响工程造价的主要因素。清单项目名称表达应详细、准确，各专业工程计量规范中的分项工程项目名称如有缺陷，招标人可做补充，并报当地工程造价管理机构（省级）备案。

（3）项目特征

项目特征是构成分部分项工程项目、措施项目自身价值的本质特征。项目特征是对

项目的准确描述，是确定一个清单项目综合单价不可缺少的重要依据，是区分清单项目的依据，是履行合同义务的基础。分部分项工程量清单项目特征的描述应按各专业工程工程量计算规范附录中规定的项目特征内容，结合技术规范、标准图集、施工图纸，按照工程结构、使用材质及规格或安装位置等，予以准确和全面的表述和说明。

在各专业工程工程量计算规范附录中还有关于各清单项目“工作内容”的描述。工作内容是指完成清单项目可能发生的具体工作和操作程序，但应注意的是，在编制分部分项工程量清单时，工作内容通常无须描述，因为在计价规范中工程量清单项目与工程量计算规则、工作内容有一一对应关系，当采用计价规范这一标准时，工作内容均有规定。

（4）计量单位

计量单位应采用基本单位，除各专业另有特殊规定外均按以下单位计量：

① 以重量计算的项目——吨或千克（t 或 kg）；

② 以体积计算的项目——立方米（m^3）；

③ 以面积计算的项目——平方米（m^2）；

④ 以长度计算的项目——米（m）；

⑤ 以自然计量单位计算的项目——个、套、块、樘、组、台……

⑥ 没有具体数量的项目——宗、项……

当计量单位有两个或两个以上时，应根据所编工程量清单项目的特征要求，选择最适宜表现该项目特征并方便计量的一个单位。在一个建设项目（或标段、合同段）中，有多个单位工程的相同项目计量单位必须保持一致。

计量单位的有效位数应遵守下列规定：

① 以“t”为单位，保留小数点后 3 位数字，第四位小数四舍五入；

② 以“m”“m^2”“m^3”“kg”为单位，应保留两位小数点后两位数字，第三位小数四舍五入。

③ 以“个”“件”“根”“组”“系统”等为单位的，应取整数。

（5）工程量

工程量计算指建设工程项目以工程设计图纸、施工组织设计或施工方案及有关技术经济文件为依据，按照各专业工程工程量计算规范的计算规则、计量单位等规定，进行工程量数量的计算活动。根据《建设工程工程量清单计价规范》（GB 50500—2013）与各专业工程工程量计算规范的规定，工程量计算规则可以分为房屋建筑与装饰工程、仿古建筑工程、通用安装工程、市政工程、园林绿化工程、矿山工程、构筑物工程、城市轨道交通工程、爆破工程九大类。

除另有说明外，所有清单项目的工程量应以实体工程量为准，并以完成后的净值计算；投标人投标报价时，应在单价中考虑施工中的各种损耗和需要增加的工程量。如《通用安装工程工程量计算规范》（GB 50856—2013）中，电缆、电线工程量中要包括预留或附加长度。

工程量计算是一项繁杂而细致的工作，为了计算得快速准确并尽量避免漏算或重算，必须依据以下一定的原则及方法：

① 计算口径一致：根据施工图列出的工程量清单项目，必须与专业工程工程量计

算规范中相应清单项目的口径相一致。

② 按工程量计算规则进行计算：工程量计算规则是综合确定各项消耗指标的基本依据，也是具体工程测算和分析资料的基准。

③ 按图纸计算：工程量按每一分项工程，根据设计图纸进行计算，计算时采用的原始数据必须以施工图纸所表示的尺寸或施工图纸能读出的尺寸为准进行计算，不得任意增减。

④ 按一定顺序计算：计算分部分项工程量时，可以按照定额编目顺序或按照施工图专业顺序依次进行计算。计算同一张图纸的分项工程量时，一般可采用以下几种顺序：按顺时针或逆时针顺序计算；按先横后纵顺序计算；按轴线编号顺序计算；按施工先后顺序计算；按定额分部分项顺序计算。

4.2.5.2 措施项目清单

(1) 措施项目列项

措施项目是指为完成工程项目施工，发生于该工程施工准备和施工过程中的技术、生活、安全、环境保护等方面的项目。措施项目清单应根据相关工程现行国家计量规范的规定编制，并应根据拟建工程的实际情况列项。

(2) 措施项目清单的类别

① 单价措施项目：措施项目中能计量并以清单形式出现的项目，如脚手架工程，混凝土模板及支架（撑），垂直运输、超高施工增加，大型机械设备进出场及安拆，施工排水、降水等，按照分部分项工程工程量清单的方式采用综合单价计价，更有利于措施费的确定和调整。其在编制工程量清单时应列出项目编码、项目名称、项目特征、计量单位及工程量，见表 4-1。

② 总价措施项目：措施项目费用的发生与使用时间、施工方法或者两个以上的工序相关，不能计量且不能以清单形式出现的项目，如安全文明施工、夜间施工、非夜间施工照明、二次搬运、冬雨季施工、地上地下设施、建筑物的临时保护设施、已完工程及设备保护等，在编制工程量清单时必须确定项目编码、名称，而不必描述项目特征，以“项”为计量单位进行编制，见表 4-2。

表 4-2 总价措施项目清单与计价表

工程名称： 标段： 第 页 共 页

序号	项目编码	项目名称	计算基础	费率（%）	金额（元）	调整费率（%）	调整后金额（元）	备注
	安全文明施工费							
	夜间施工增加费							
	二次搬运费							
	冬雨季施工增加费							
	已完工程及设备保护费							
	……							
合计								

（3）措施项目清单的编制

措施项目清单的编制需考虑多种因素，除工程本身的因素外，还涉及水文、气象、环境、安全等因素。鉴于工程建设施工特点和承包人组织施工生产的施工装备水平、施工方案及其管理水平的差异，同一工程、不同承包人组织施工采用的施工措施有时是不一致的，所以措施项目清单应根据拟建工程的实际情况列项。若出现清单计算规范中未列的项目，可根据工程实际情况补充。

措施项目清单的编制依据主要有以下几点：

① 施工现场情况、地勘水文资料、工程特点；

② 常规施工方案；

③ 与建设工程有关的标准、规范、技术资料；

④ 拟定的招标文件；

⑤ 建设工程设计文件及相关资料。

4.2.5.3 其他项目清单

其他项目清单是指分部分项工程量清单、措施项目清单所包含的内容以外，因招标人的特殊要求而发生的与拟建工程有关的其他费用项目和相应数量的清单。工程建设标准的高低、工程的复杂程度、施工工期的长短、工程的组成内容、发包人对工程管理的要求等都直接影响其他项目清单的具体内容。其他项目清单包括暂列金额、暂估价（包括材料暂估价、工程设备暂估价、专业工程暂估价）、计日工、总承包服务费，格式见表4-3。出现未包含在表格中内容的项目，可根据工程实际情况补充。

表4-3　其他项目清单与计价汇总表

工程名称：　　　　　　　　　　　　　　　　标段：　　　　　　　　　　　　　　第　页　共　页

序号	项目名称	金额（元）	结算金额（元）	备注
1	暂列金额			
2	暂估价			
2.1	材料（工程设备）暂估价/结算价			
2.2	专业工程暂估价/结算价			
3	计日工			
4	总承包服务费			
合计				

注：材料（工程设备）暂估单价进入清单项目综合单价，此处不汇总。

（1）暂列金额

暂列金额是指招标人暂定并包括在合同中的一笔款项，用于工程合同签订时尚未确定或者不可预见的所需材料、工程设备、服务的采购，施工中可能发生的工程变更、合同约定调整因素出现时的合同价款调整及发生的索赔、现场签证确认等的费用。

不管采用何种合同形式，其理想的标准是，一份建设工程施工合同的价格就是其最终的竣工结算价格，或者至少两者应尽可能接近。我国规定对国有资金投资工程实行概算控制管理，经项目审批部门批复的设计概算是工程投资控制的刚性指标，即使商业性开发项目也有成本的预先控制问题；否则，无法相对准确地预测投资的收益和科学合理地进行投资控制。但工程建设自身的特性决定了工程的设计需要根据工程进展不断地进行优化和调整，业主需求可能会随工程建设进展出现变化，工程建设过程还会存在一些不能预见、不能确定的因素。消化这些因素必然会影响合同价格的调整，暂列金额正是因这类不可避免的价格调整而设立，以便达到合理确定和有效控制工程造价的目标。设立暂列金额并不能保证合同结算价格就不会再出现超过合同价格的情况，是否超出合同价格完全取决于工程量清单编制人对暂列金额预测的准确性，以及工程建设过程是否出现了其他事先未预测到的事件。

暂列金额应根据工程特点，要求招标人将暂列金额与拟用项目列出明细，如确实不能详列，也可只列暂列金额总额，投标人应将其计入投标总价中。暂列金额可按照表 4-4 的格式列示。

表 4-4　暂列金额明细表

工程名称：　　　　　　　　　　　　　　标段：　　　　　　　　　　　　第　页　共　页

序号	项目名称	计量单位	暂定金额（元）	备注
合计				

注：本表由招标人填写，如不能详列，也可只列暂定金额总额，投标人应将上述暂列金额计入投标总价中。

（2）暂估价

暂估价是指招标人在工程量清单中提供的用于支付必然发生但暂时不能确定价格的材料、工程设备的单价及专业工程的金额，包括材料暂估价、工程设备暂估价和专业工程暂估价。暂估价类似于 FIDIC 合同条款中的 Prime Cost Items，在招标阶段预见肯定要发生，只是因为标准不明确或者需要由专业承包人完成，暂时无法确定价格。暂估价数量和拟用项目应当结合工程量清单中的“暂估价表”予以补充说明。为方便合同管理，需要纳入分部分项工程量清单综合单价中的暂估价应只是材料、工程设备暂估价，以方便投标人组价。

专业工程的暂估价一般应是综合暂估价，包括人工费、材料费、施工机具使用费、企业管理费和利润，不包括规费和税金。总承包投标时，专业工程设计深度往往是不够的，一般需要交由专业设计人员设计，在国际社会，出于对提高可建造性的考虑，一般由专业承包人负责设计，以发挥其专业技能和专业施工经验的优势。这类专业工程交由专业分包人完成在国际工程施工中有良好实践，目前在我国工程建设领域也比较普遍。公开透明地合理确定这类暂估价的实际金额的最佳途径，就是通过施工总承包人与工程建设项目招标人共同组织招标。

材料、工程设备暂估价应根据工程造价信息或参照市场价格估算，列出明细表；专业工程暂估价应按专业划分，给出工程范围及包括内容，按有关计价规定估算，列出明细表。暂估价可按照表 4-5 和表 4-6 的格式列示。

表 4-5　材料（工程设备）暂估单价及调整表

工程名称：　　　　　　　　　　　　　标段：　　　　　　　　　　　第　页　共　页

序号	材料（工程设备）名称、规格、型号	计量单位	数量		暂估（元）		确认（元）		差额　±(元)		备注
			暂估	确认	单价	合价	单价	合价	单价	合价	
合计											

注：本表由招标人填写“暂估单价”，并在备注栏说明暂估价的材料、工程设备拟用在哪些清单项目上，投标人应将上述材料、工程设备暂估单价计入工程量清单综合单价报价中。

表 4-6　专业工程暂估价及结算价表

工程名称：　　　　　　　　　　　　　标段：　　　　　　　　　　　第　页　共　页

序号	工程名称	工程内容	暂估金额（元）	结算金额（元）	差额　±(元)	备注
合计						

注：本表中的“暂估金额”由招标人填写，投标人应将“暂估金额”计入投标总价中。结算时，按合同约定结算金额填写。

（3）计日工

计日工是指在施工过程中，承包人完成发包人提出的工程合同范围以外的零星项目或工作，按合同中约定的单价计价的一种方式。计日工是为了解决现场发生的零星工作的计价而设立的。计日工的定义中所谓的零星工作，一般是指合同约定之外的或者因变更而产生的、工程量清单中没有相应项目的额外工作，尤其是那些难以事先商定价格的额外工作。

计日工应列出项目名称、计量单位和暂估数量。招标工程量清单中的计日工可按照表 4-7 的格式列示。

表 4-7　计日工表

工程名称：　　　　　　　　　　　　标段：　　　　　　　　　　　　第　页　共　页

编号	项目名称	单位	暂定数量	实际数量	综合单价（元）	合价（元）	
						暂定	实际
一	人工						
1							
2							
⋮							
人工小计							
二	材料						
1							
2							
⋮							
材料小计							
三	施工机械						
1							
2							
⋮							
施工机械小计							
四	企业管理费和利润						
合计							

注：本表中的项目名称、暂定数量由招标人填写。编制最高投标限价时，单价由招标人按有关计价规定确定；投标时，单价由投标人自主报价，按暂定数量计算合价计入投标总价中。结算时，按发承包双方确认的实际数量计算合价。

（4）总承包服务费

总承包服务费是指总承包人为配合协调发包人进行的专业工程发包，对发包人自行采购的材料、工程设备等进行保管，以及施工现场管理、竣工资料汇总整理等服务所需的费用。招标人应预计该项费用并按投标人的投标报价向投标人支付该项费用。

总承包服务费的用途包括三部分：一是当招标人在法律允许的范围内对专业工程进行发包，要求总承包人协调服务；二是发包人自行采购供应部分材料、工程设备时，要求总承包人提供保管等相关服务；三是总承包人对施工现场进行协调和统一管理、对竣工资料进行统一汇总整理等所需的费用。

编制招标控制价时，总承包服务费应按照省级或行业建设主管部门的规定计算。编制投标报价时，总承包服务费应根据招标工程量清单中列出的内容和提出的要求，由投标人自主确定。

招标工程量清单中的总承包服务费按照表 4-8 的格式列示。

表 4-8 总承包服务费计价表

工程名称： 标段： 第 页 共 页

序号	项目名称	项目价值（元）	服务内容	计算基础	费率（%）	金额（元）
	合计					

注：本表中的项目名称、服务内容由招标人填写。编制招标控制价时，费率及金额由招标人按有关计价规定确定；投标时，费率及金额由投标人自主确定，计入投标总价中。

4.2.5.4 规费、税金项目清单

规费项目清单应按照下列内容列项：社会保险费（包括养老保险、失业保险、医疗保险、生育保险、工伤保险）、住房公积金和环境保护税。出现规范未列的项目，应根据省级政府或省级有关权力部门的规定列项。规费和税金必须按国家或省级、行业建设主管部门的规定计算，不得作为竞争性费用。规费、税金项目计价表格式见表 4-9。

表 4-9 规费、税金项目清单与计价表

工程名称： 标段： 第 页 共 页

序号	项目名称	计算基础	计算费率（%）	金额（元）
1	规费	定额人工费		
1.1	社会保险费	定额人工费		
(1)	养老保险	定额人工费		
(2)	失业保险	定额人工费		
(3)	医疗保险	定额人工费		
(4)	生育保险	定额人工费		
(5)	工伤保险	定额人工费		
1.2	住房公积金	定额人工费		
1.3	环境保护税	按各设区市环保和税务部门规定收取		
2	税金	分部分项工程费＋措施项目费＋其他项目费＋规费－按规定不计税的工程设备金额		

4.2.5.5 工程量清单封面、总说明

(1) 封面、扉页

工程计价表格宜采用统一格式。各省、自治区、直辖市建设行政主管部门和行业建设主管部门可根据本地区、本行业的实际情况，在计价规范表格的基础上补充完善。工程计价表格的设置应满足工程计价的需要，方便使用。

工程量清单封面、扉页应按规定内容填写、签字、盖章。由造价员编制的工程量清单应有负责审核的造价工程师签字、盖章；受委托编制的工程量清单，应有造价工程师签字、盖章及工程造价咨询人盖章。封面格式见表4-10，扉页格式见表4-11。

表 4-10 招标工程量清单封面

____________________工程 招标工程量清单 招标人：________________ （单位盖章） 造价咨询人：________________ （单位盖章） 年 月 日

表 4-11 招标工程量清单扉页

招标工程量清单	
招标人：________________ （单位盖章）	造价咨询人：________________ （单位资质专用章）
法定代表人 或其授权人：________________ （签字或盖章）	法定代表人 或其授权人：________________ （签字或盖章）
编制人：________________ （造价人员签字盖专用章）	复核人：________________ （造价人员签字盖专用章）
编制时间： 年 月 日	复核时间： 年 月 日

（2）总说明

总说明应按下列内容填写：

① 工程概况：工程概况中要对建设规模、工程特征、计划工期、施工现场实际情况、自然地理条件、环境保护要求等作出描述。

② 工程招标及分包范围：招标范围是指单位工程的招标范围，如建筑工程招标范围为“全部建筑工程”，或招标范围不含桩基础、门窗等。工程分包是指特殊工程项目

的分包，如招标人自行采购安装“铝合金门窗”等。

③ 工程量清单编制依据：包括建设工程工程量清单计价规范、设计文件、招标文件、施工现场情况、工程特点及常规施工方案等。

④ 工程质量、材料、施工等的特殊要求：工程质量的要求，是指招标人要求拟建工程的质量应达到合格或优良标准；对材料的要求，是指招标人根据工程的重要性、使用功能及装饰装修标准提出，诸如对散热器的品牌、钢管的生产厂家等的要求；施工要求，一般是指建设项目中对单项工程的施工顺序等的要求。

⑤ 其他需要说明的事项。

工程计价总说明见表 4-12。

表 4-12 总说明

工程名称：　　　　　　　　　　　　　　　　　　　　　　第　页　共　页

1. 工程概况：建设规模，建筑层数、计划工期、施工现场实际情况、交通运输情况、自然地理条件、环境保护要求等。 2. 工程招标及分包范围。 3. 工程量清单编制依据。 4. 工程质量、材料、施工等的特殊要求。 5. 其他需要说明的问题。

4.2.5.6 工程量清单应用表格汇总

在分部分项工程量清单、措施项目清单、其他项目清单、规费和增值税项目清单编制完成以后，经审查复核，与工程量清单封面、扉页及总说明汇总并装订，由相关责任人签字和盖章，形成完整的招标工程量清单文件。工程量清单表格应包括下列内容：

① 招标工程量清单封面，表 4-10；

② 招标工程量清单扉页，表 4-11；

③ 工程计价总说明，表 4-12；

④ 分部分项工程和单价措施项目清单与计价表，表 4-1；

⑤ 总价措施项目清单与计价表，表 4-2；

⑥ 其他项目清单与计价汇总表，表 4-3；

⑦ 暂列金额明细表，表 4-4；

⑧ 材料（工程设备）暂估单价及调整表，表 4-5；

⑨ 专业工程暂估价及结算价表，表 4-6；

⑩ 计日工表，表 4-7；

⑪ 总承包服务费计价表，表 4-8；

⑫ 规费、税金项目清单与计价表，表 4-9。

4.3 招标控制价编制

4.3.1 招标控制价概述

(1) 招标控制价的概念

招标控制价 (Tender Sum Limit)，又称最高投标限价，是招标人根据国家或省级、行业建设主管部门颁发的有关计价依据和办法，以及拟定的招标文件和招标工程量清单，结合工程具体情况编制的招标工程的最高投标限价。

招标控制价和标底是两个不同的概念。标底是招标人的预期价格，招标控制价是招标人可接受的上限价格。招标人不得以投标报价超过标底上下浮动范围作为否决投标的条件，但是投标人报价超过招标控制价时将被否决。标底需要保密，招标控制价则需要在发布招标文件时公布。

(2) 招标控制价的作用

招标控制价的编制可有效控制投资，防止通过围标、串标方式恶性哄抬报价，给招标人带来投资失控的风险。招标控制价或其计算方法需要在招标文件中明确，因此招标控制价的编制提高了透明度，避免了暗箱操作等违法活动的产生。在最高投标限价的约束下，各投标人自主报价、公开公平竞争，有利于引导投标人进行理性竞争，符合市场规律。

(3) 采用招标控制价招标应注意的问题

① 若招标控制价大大高于市场平均价时，就预示中标后利润很丰厚，只要投标不超过公布的限额都是有效投标，从而可能诱导投标人串标、围标。

② 若招标文件公布的招标控制价远远低于市场平均价，就会影响招标效率，即投标人按此限额投标将无利可图，超出此限额投标又称为无效投标，结果可能出现只有1～2人投标或出现无人投标的情况，使招标人不得不修改招标控制价进行二次招标。

③ 招标控制价编制本身是一项较为系统的工程活动，编制人员除具备相关造价知识之外，还需对工程本身系统有全面的了解。若将其编制的重点仅仅集中在计量与计价上，忽视了对工程本身系统的了解，则很容易造成最高投标限价与事实不符的情况发生，使得招标与投标单位都面临较大的风险。

4.3.2 招标控制价的编制规定

4.3.2.1 一般规定

① 国有资金投资的建设工程招标，招标人必须编制招标控制价。国有资金投资的工程实行工程量清单招标。为了客观、合理地评审投标报价，避免哄抬标价及造成国有资产流失，招标人必须编制招标控制价，规定最高投标限价。

② 招标控制价应由具有编制能力的招标人或受其委托具有相应资质的工程造价咨

询人编制和复核。工程造价咨询人接受招标人委托编制招标控制价，不得再就同一工程接受投标人委托编制投标报价。

③ 招标控制价应按照计价规范的规定编制，不得上浮或下调。当招标控制价超过批准的概算时，招标人应将其报原概算审批部门审核。由于我国对国有资金投资项目的投资控制实行的是设计概算审批制度，因而国有资金投资的工程设计概算相当于工程招标的最高限额，原则上不能超过批准的设计概算。经过分析审查后确认必须超过已审批的设计概算的，由建设单位上报原设计概算批准机构重新核定。

④ 招标人应在发布招标文件时公布招标控制价，同时应将招标控制价及有关资料报送工程所在地或有该工程管辖权的行业管理部门工程造价管理机构备查。

4.3.2.2 编制与复核

① 招标控制价应根据下列依据编制与复核：

a. 计价规范；

b. 国家或省级、行业建设主管部门颁发的计价定额和计价办法；

c. 建设工程设计文件及相关资料；

d. 拟定的招标文件及招标工程量清单；

e. 与建设项目相关的标准、规范、技术资料；

f. 施工现场情况、工程特点及常规施工方案；

g. 工程造价管理机构发布的工程造价信息，当工程造价信息没有发布时，参照市场价；

h. 其他相关资料。

② 综合单价中应包括招标文件中划分的应由投标人承担的风险范围及其费用。招标文件中没有明确的，如是工程造价咨询人编制，应提请招标人明确；如是招标人编制，应予明确。

③ 分部分项工程和措施项目中的单价项目，应根据拟定的招标文件和招标工程量清单项目中的特征描述及有关要求确定综合单价计算。

④ 措施项目中的总价项目应根据拟定的招标文件和常规施工方案按规定计价。

⑤ 其他项目应按下列规定计价：

a. 暂列金额，应按招标工程量清单中列出的金额填写。

b. 暂估价中的材料、工程设备单价应按招标工程量清单中列出的单价计入综合单价。

c. 暂估价中的专业工程金额应按招标工程量清单中列出的金额填写。

d. 计日工应按招标工程量清单中列出的项目，根据工程特点和有关计价依据确定综合单价计算。

e. 总承包服务费应根据招标工程量清单中列出的内容和要求估算。

⑥ 规费和税金应按规定计算。

4.3.2.3 投诉与处理

① 投标人经复核认为招标人公布的招标控制价未按照计价规范的规定进行编制的，应在招标控制价公布后5天内向招投标监督机构和工程造价管理机构投诉。

② 投诉人投诉时，应当提交由单位盖章和法定代表人或其委托人签名或盖章的书面投诉书。投诉书应包括下列内容：

a. 投诉人与被投诉人的名称、地址及有效联系方式；

b. 投诉的招标工程名称、具体事项及理由；

c. 投诉依据及有关证明材料；

d. 相关的请求及主张。

③ 投诉人不得进行虚假、恶意投诉，阻碍招投标活动的正常进行。

④ 工程造价管理机构在接到投诉书后应在 2 个工作日内进行审查，对有下列情况之一的，不予受理：

a. 投诉人不是所投诉招标工程招标文件的收受人；

b. 投诉书提交的时间不符合规范规定的；

c. 投诉书不符合规范规定的；

d. 投诉事项已进入行政复议或行政诉讼程序的。

⑤ 工程造价管理机构应在不迟于结束审查的次日将是否受理投诉的决定书面通知投诉人、被投诉人及负责该工程招投标监督的招投标管理机构。

⑥ 工程造价管理机构受理投诉后，应立即对招标控制价进行复查，组织投诉人、被投诉人或其委托的招标控制价编制人等单位人员对投诉问题逐一核对。有关当事人应当予以配合，并应保证所提供资料的真实性。

⑦ 工程造价管理机构应当在受理投诉的 10 天内完成复查，特殊情况下可适当延长，并作出书面结论通知投诉人、被投诉人及负责该工程招投标监督的招投标管理机构。

⑧ 当招标控制价复查结论与原公布的招标控制价误差大于±3%时，应当责成招标人改正。

⑨ 招标人根据招标控制价复查结论需要重新公布招标控制价的，其最终公布的时间至招标文件要求提交投标文件截止时间不足 15 天的，应相应延长投标文件的截止时间。

4.3.3 招标控制价的编制内容

招标控制价的编制内容包括分部分项工程费、措施项目费、其他项目费、规费和税金，各个部分有不同的计价要求。

4.3.3.1 分部分项工程费的编制要求

① 分部分项工程费应根据招标文件中的分部分项工程量清单及有关要求，按《建设工程工程量清单计价规范》(GB 50500—2013) 的有关规定进行计算。

② 工程量依据招标文件中提供的分部分项工程量清单确定。

③ 招标文件提供了暂估单价的材料，应按暂估的单价计入综合单价。

④ 为使招标控制价与投标报价所包含的内容一致，综合单价中应包括招标文件中要求投标人所承担的风险内容及其范围（幅度）产生的风险费用。

4.3.3.2　措施项目费的编制要求

① 措施项目费中的安全文明施工费应当按照国家或省级、行业建设行政主管部门的规定标准计价，该部分不得作为竞争性费用。

② 不同工程项目、不同施工单位会有不同的施工组织方法，所发生的措施项目费也会有所不同。因此，对于竞争性措施项目费的确定，招标人应依据工程特点，结合施工条件和施工方案，考虑其经济性、实用性、先进性、合理性和高效性。

③ 措施项目应按招标文件中提供的措施项目清单确定，措施项目分为以“量”计算的单价措施项目和以“项”计算的总价措施项目两种。对于单价措施项目可精确计量，按其工程量采用与分部分项工程量清单单价相同的方式确定综合单价；对于总价措施项目不可精确计量，则以“项”为单位，采用费率法按有关规定综合取定，采用费率法时需确定某项费用的计费基数及其费率，结果应是包括除规费、税金以外的全部费用。计算公式为

以“项”计算的措施项目费＝措施项目计费基数×费率　　(4-2)

4.3.3.3　其他项目费的编制要求

(1) 暂列金额

暂列金额可根据工程的复杂程度、设计深度、工程环境条件（包括地质、水文、气候条件等）进行估算，一般以分部分项工程费的10%～15%为参考。

(2) 暂估价

暂估价中的材料单价应按照工程造价管理机构发布的工程造价信息中的材料单价计算；工程造价信息未发布的材料单价，其单价参考市场价格计算。暂估价中的专业工程暂估价应分不同专业，按有关规定估算。

(3) 计日工

在编制招标控制价时，对计日工中的人工单价和施工机械台班单价应按省级、行业建设主管部门或其授权的工程造价管理机构发布的单价计算。材料应按工程造价管理机构发布的工程造价信息中的材料单价计算；工程造价信息未发布单价的材料，其价格应按市场调查确定的单价计算。

(4) 总承包服务费

总承包服务费应按照省级或行业建设主管部门的规定计算，在计算时可参考以下标准：

① 招标人仅要求对分包的专业工程进行总承包管理和协调时，按分包的专业工程估算造价的1.5%计算。

② 招标人要求对分包的专业工程进行总承包管理和协调，并同时要求提供配合服务时，根据招标文件中列出的配合服务内容和提出的要求，按分包的专业工程估算造价的3%～5%计算。

③ 招标人自行供应材料、工程设备的，按招标人供应材料、工程设备价值的1%计算。

4.3.3.4　规费和税金的编制要求

规费和税金应按国家或省级、行业建设主管部门的规定计算，不得作为竞争性费

用。增值税计算公式如下：

增值税＝（分部分项工程费＋措施项目费＋其他项目费＋规费）×增值税税率 （4-3）

4.3.4 招标控制价的计价与组价

4.3.4.1 招标控制价的计价程序

建设工程的招标控制价反映的是单位工程费用，各单位工程费用是由分部分项工程费、措施项目费、其他项目费、规费和税金组成。单位工程招标控制价计价程序见表4-13。

表4-13 单位工程招标控制价/投标报价汇总表

工程名称： 第 页 共 页

序号	汇总内容	计算方法	金额（元）
1	分部分项工程费	按计价规定计算	
1.1	人工费		
1.2	材料费		
1.3	施工机具使用费		
1.4	企业管理费		
1.5	利润		
2	措施项目费	按计价规定计算	
2.1	其中：安全文明施工措施费	按规定标准估算	
3	其他项目费		
3.1	其中：暂列金额	按计价规定估算	
3.2	其中：专业工程暂估价	按计价规定估算	
3.3	其中：计日工	按计价规定估算	
3.4	其中：总承包服务费	按计价规定估算	
4	规费	按规定标准计算	
5	税金	（1＋2＋3＋4）×税率	
招标控制价合计＝1＋2＋3＋4＋5			

注：本表适用于单位工程招标控制价或投标报价的汇总，如无单位工程划分，单项工程也可使用本表汇总。

4.3.4.2 综合单价组价

招标控制价的分部分项工程费应由各单位工程的招标工程量清单乘以其相应综合单价汇总而成。综合单价的组价步骤如下：首先，依据提供的工程量清单和施工图纸，按照工程所在地区颁发的计价定额的规定，确定所组价的定额项目名称，并计算出相应的工程量；其次，依据工程造价政策规定或工程造价信息确定其人工、材料、机械台班单价；再次，在考虑风险因素确定管理费费率和利润率的基础上，按规定程序计算出所组价定额项目的合价；最后，将若干项所组价的定额项目合价相加除以工程量清单项目工程量，便得到工程量清单项目综合单价，未计价材料费（包括暂估单价的材料费）应计入综合单价。

$$定额项目合价=定额项目工程量\times[\sum(定额人工消耗量\times人工单价)+\sum(定额材料消耗量\times材料单价)+\sum(定额机械台班消耗量\times机械台班单价)+\sum价差(基价或人工、材料、机械费用)+管理费和利润] \tag{4-4}$$

$$工程量清单综合单价=\frac{\sum定额项目合价+未计价材料费}{工程量清单项目工程量} \tag{4-5}$$

4.3.4.3 确定综合单价应考虑的因素

编制招标控制价在确定其综合单价时，应考虑一定范围内的风险因素。在招标文件中应通过预留一定的风险费用，或明确说明风险所包括的范围及超出该范围的价格调整方法。对于招标文件中未作要求的，可按以下原则确定：

① 对于技术难度大、施工工艺复杂和管理复杂的项目，可考虑一定的风险费用，或适当调高风险预期和费用，并纳入综合单价中。

② 对于工程设备、材料价格因市场价格波动造成的市场风险，应依据招标文件的规定、工程所在地或行业工程造价管理机构的有关规定，以及市场价格趋势，搜集工程所在地近一段时间以来的价格信息，对比分析找出其波动规律，适当考虑一定波动风险率后的风险费用，纳入综合单价中。

③ 税金、规费等法律、法规、规章和政策变化的风险和人工单价等风险费用不应纳入综合单价。

4.3.4.4 招标控制价相关表格

招标控制价相关表格包括封面、扉页、建设项目招标控制价、单项工程招标控制价等，见表4-14～表4-17。

表4-14 招标控制价封面

____________________工程 招标控制价 招标人：____________________ （单位盖章） 造价咨询人：____________________ （单位盖章） 年　　月　　日

表 4-15　招标控制价扉页

________________工程

招标控制价

招标控制价（小写）：________________

招标控制价（大写）：________________

招标人：________________　　造价咨询人：________________

（单位盖章）　　（单位资质专用章）

法定代表人　　法定代表人

或其授权人：________________　　或其授权人：________________

（签字或盖章）　　（签字或盖章）

编制人：________________　　复核人：________________

（造价人员签字盖专用章）　　（造价人员签字盖专用章）

编制时间：　　年　月　日　　复核时间：　　年　月　日

表 4-16　建设项目招标控制价/投标报价汇总表

工程名称：　　第　页　共　页

序号	单项工程名称	金额（元）	其中：（元）		
			暂估价	安全文明施工费	规费
合计					

注：本表适用于建设项目招标控制价或投标报价的汇总。

表 4-17　单项工程招标控制价/投标报价汇总表

工程名称：　　　　　　　　　　　　　　　　　　　　　　　　　　第　页　共　页

序号	单位工程名称	金额（元）	其中：（元）		
			暂估价	安全文明施工费	规费
合计					

注：本表适用于单项工程招标控制价或投标报价的汇总。暂估价包括分部分项工程中的暂估价和专业工程暂估价。

4.4 投标报价编制

4.4.1 投标报价编制的原则与依据

投标报价（Tender Sum）是投标人在投标时响应招标文件要求所报出的，对已标价工程量清单汇总后标明的总价。投标报价是投标人希望达成工程承包交易的期望价格，它不能高于招标人设定的最高投标限价，也不能低于工程成本价。为使得投标报价更加合理并具有竞争性，投标报价的编制应遵循一定的原则与依据。

4.4.1.1 投标报价的编制原则

报价是投标的关键性工作，报价是否合理不仅直接关系到投标的成败，还关系到中标后企业的盈亏。投标报价的编制原则如下：

① 投标报价是实现市场调节价的一项内容，应由投标人自主确定，但必须执行《建设工程工程量清单计价规范》（GB 50500—2013）和各专业工程工程量计算规范的强制性规定。投标报价应由投标人或受其委托具有相应资质的工程造价咨询人编制。

② 投标人的投标报价不得低于工程成本。根据《中华人民共和国招标投标法》第四十一条，中标人的投标应能满足招标文件的实质性要求，并且经评审的投标价格最

低，但是投标价格低于成本的除外。根据《评标委员会和评标方法暂行规定》（七部委令第 12 号令）第二十一条，在评标过程中，投标人的报价明显低于其他投标报价或标底时，应当要求该投标人做出书面说明并提供相关证明材料；不能合理说明或提供相关证明材料的，由评标委员会认定该投标人以低于成本报价竞标，应当否决该投标人的投标。

③ 投标人应对影响工程施工的现场条件进行全面考察，依据招标人的介绍情况作出的判断和决策，由投标人自行负责。投标人在踏勘现场如有疑问，应在招标人答疑前以书面形式向招标人提出，以便于得到招标人的解答。

④ 招标文件中设定的发承包双方责任划分，是投标报价费用计算必须考虑的因素。投标人根据其所承担的责任考虑要分摊的风险范围和相应费用而选择不同的报价，根据工程发承包模式考虑投标报价的费用内容和计算深度。

⑤ 以施工方案、技术措施等作为投标报价计算的基本条件；以反映企业自身技术水平和管理能力的企业定额作为计算人工、材料和机械台班消耗量的基本依据；充分利用现场考察、调研成果、市场价格信息和行情资料，编制基础报价。

⑥ 投标人在投标报价中填写的工程量清单的项目编码、项目名称、项目特征、计量单位、工程数量必须与招标人招标文件中提供的一致。报价计算方法要科学严谨，简明适用。

4.4.1.2 投标报价的编制依据

根据《建设工程工程量清单计价规范》（GB 50500—2013）的规定，投标报价应根据下列依据编制：

①《建设工程工程量清单计价规范》（GB 50500—2013）与各专业工程工程量计算规范；

② 国家或省级、行业建设主管部门颁发的计价办法；

③ 企业定额，国家或省级、行业建设主管部门颁发的计价定额；

④ 招标文件、招标工程量清单及其补充通知、答疑纪要；

⑤ 建设工程设计文件及相关资料；

⑥ 施工现场情况、工程特点及投标时拟定的投标施工组织设计或施工方案；

⑦ 与建设项目相关的标准、规范等技术资料；

⑧ 市场价格信息或工程造价管理机构发布的工程造价信息；

⑨ 其他相关资料。

4.4.2 投标报价编制的前期工作

任何一个施工项目的投标报价编制都是一项复杂的系统工程，需要周密思考，统筹安排。在取得招标信息后，投标人首先要决定是否投标，如果参加投标，则开展前期工作：准备资料，申请并参加资格预审；获取招标文件；组建投标报价班子；进入询价与编制阶段，整个投标过程需遵循一定的程序进行，如图 4-2 所示。

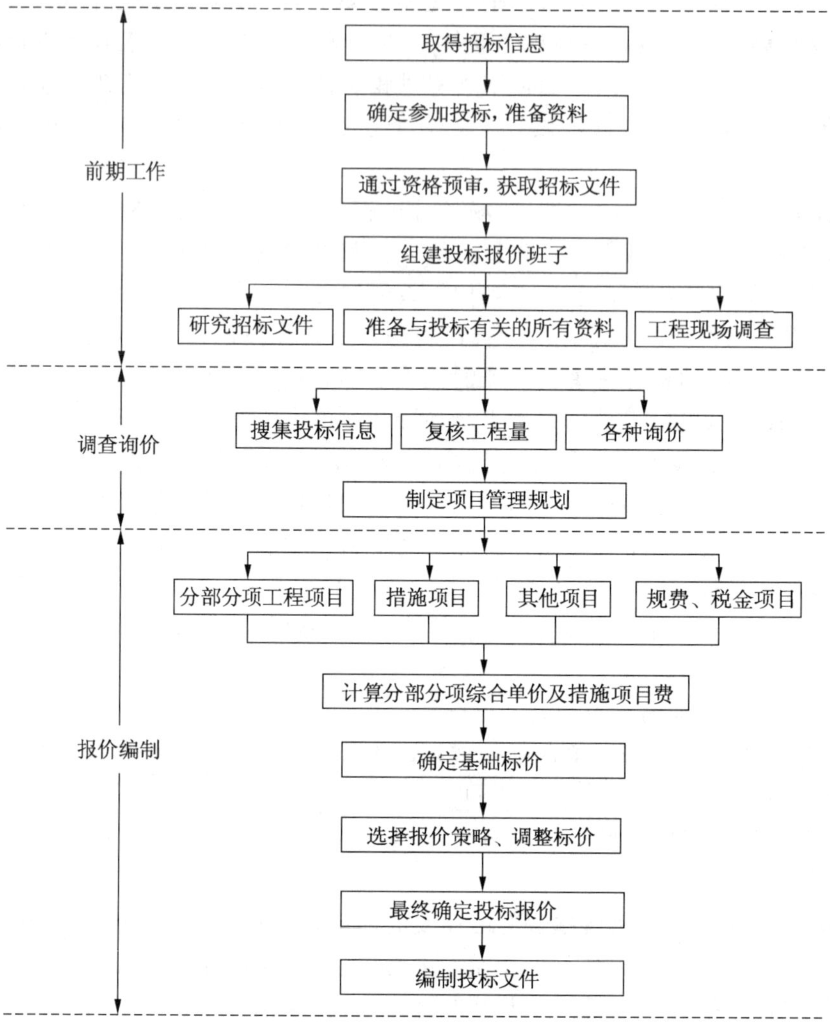

图 4-2　投标报价编制流程

4.4.2.1　研究招标文件

投标人取得招标文件后，为保证工程量清单报价的合理性，应对投标人须知、合同条件、技术规范、图纸和工程量清单等重点内容进行分析，以满足《中华人民共和国招标投标法》中“能够最大限度地满足招标文件中规定的各项综合评价标准”或“能够满足招标文件的实质性要求”的规定。

(1) 投标人须知

投标人须知反映了招标人对投标的要求，特别要注意项目的资金来源、投标书的编制和递交、投标保证金、更改或备选方案、评标办法等，重点在于防止投标被否决。

(2) 合同分析

投标人应当了解与自己承包的工程内容有关的合同背景、合同形式、合同条款、技术标准和要求、图纸的详细程度等。

4.4.2.2 调查工程现场

招标人在招标文件中一般会明确进行工程现场踏勘的时间和地点。投标人对一般区域调查应重点注意以下几个方面：

(1) 自然条件调查

内容主要包括气象资料，水文资料，地震、洪水及其他自然灾害情况，地质情况等的调查。

(2) 施工条件调查

内容主要包括工程现场的用地范围、地形、地貌、地物、高程，地上或地下障碍物，现场的三通一平情况；工程现场周围的道路、进出场条件、有无特殊交通限制；工程现场施工临时设施、大型施工机具、材料堆放场地安排的可能性，是否需要二次搬运；工程现场邻近建筑物与招标工程的间距、结构形式、基础埋深、新旧程度、高度；市政给水及污水、雨水排放管线位置、高程、管径、压力、废水、污水处理方式，市政、消防供水管道管径、压力、位置等；工程现场通信线路的连接和铺设；当地政府有关部门对施工现场管理的一般要求、特殊要求及规定，是否允许节假日和夜间施工等。

(3) 其他条件调查

内容主要包括各种构件、半成品及商品混凝土的供应能力及价格，以及现场附近的生活设施、治安情况的调查。

4.4.3 询价与工程量复核

4.4.3.1 询价

询价是投标报价的基础，它为投标报价提供可靠的依据。投标人在投标报价之前，必须通过各种渠道，采用多种方式获得准确的价格信息，以便在报价工程中对工程材料、施工机具等要素进行及时、正确的定价，从而保证准确控制投资额，节省投资，降低成本。询价时要特别注意以下两个问题：一是产品质量必须可靠，并满足招标文件的有关规定；二是供货方式、时间、地点，有无附加条件和费用。

4.4.3.2 复核工程量

工程量的大小是投标报价编制的直接依据。在投标时间允许的情况下可以对主要项目的工程量进行复核，与招标文件提供的工程量进行对比，找出差距，从而考虑相应的投标策略，决定报价尺度；也可根据工程量的大小采取合适的施工方法，选择适用、经济的施工机具设备，投入使用相应的劳动力数量；还能确定大宗物资的预订及采购数量，防止由于超量或少购等带来的浪费、积压或停工待料。

复核工程量时要与招标文件中所给的工程量进行对比，此时需注意以下几个方面：

① 投标人应认真根据招标说明、图纸、地质资料等招标文件资料，计算主要清单工程量，复核工程量清单。需特别注意的是，要按一定顺序进行，避免漏算或重算；正确划分分部分项工程项目，与“清单计价规范”保持一致。

② 为响应招标文件，投标人复核工程量的目的不是修改工程量清单，即使有误，投标人也不能修改工程量清单中的工程量。对于工程量清单中存在的错误，投标人可以

向招标人提出，由招标人统一修改并把修改情况通知所有投标人。

③ 针对工程量清单中工程量的遗漏和错误，是否向招标人提出修改意见取决于投标策略。投标人可以运用一些报价技巧提高报价的质量，争取能在中标后获得更大的收益。

④ 通过对工程量的计算与复核能准确地确定订货及采购物资的数量，防止由于超量或少购等带来的浪费、积压或停工待料；同时形成对整个工程施工规模的整体概念，并据此投入相应的劳动力数量，采用合适的施工方法，选择适用的施工设备等。

4.4.3.3 制定项目管理规划

项目管理规划是工程投标的重要依据，应分为项目管理规划大纲和项目管理实施规划。根据《建设工程项目管理规范》（GB/T 50326—2017），当承包商以编制施工组织设计代替项目管理规划时，施工组织设计应满足项目管理规划的要求。

4.4.4 投标报价的编制方法和内容

投标报价的编制过程，应首先根据招标人提供的工程量清单编制分部分项工程和措施项目清单与计价表，其他项目清单与计价汇总表及规费、税金项目计价表，计算完成后汇总得到单位工程投标报价汇总表，再逐层汇总，分别得出单项工程投标报价汇总表、建设工程项目投标报价汇总表，如图 4-3 所示。在编制过程中，投标人应按招标人提供的工程量清单填报价格，填写的项目编码、项目名称、项目特性、计量单位、工程量必须与招标人提供的一致。

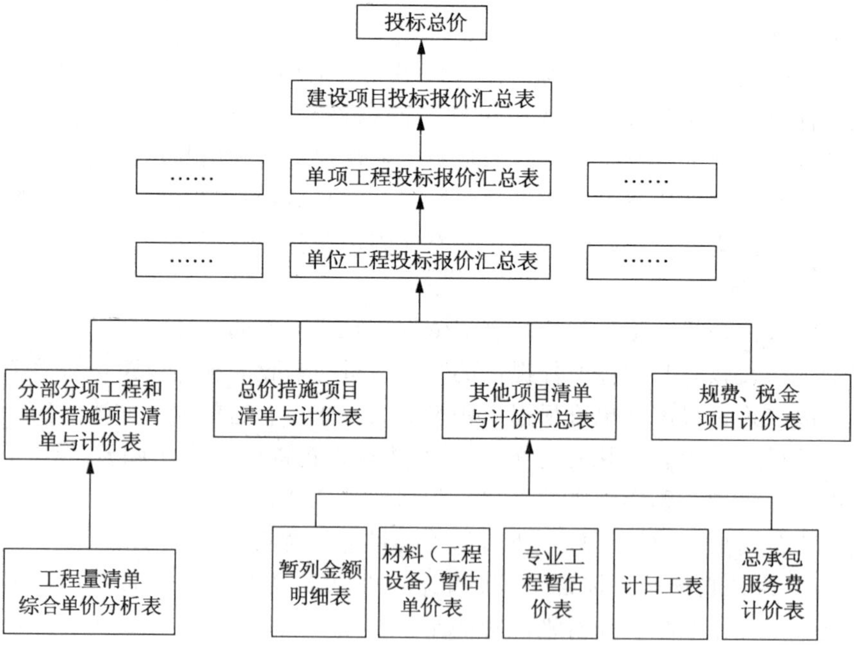

图 4-3 建设项目投标总价组成

4.4.4.1 分部分项工程和单价措施项目清单与计价表的编制

投标人投标报价中的分部分项工程费和以单价计算的措施项目费应按招标文件中分部分项工程和单价措施项目清单与计价表的特征描述确定综合单价计算。因此，确定综合单价是分部分项工程和单价措施项目清单与计价表编制过程中最主要的内容。综合单价包括完成一个规定清单项目所需的人工费、材料和工程设备费、施工机具使用费、企业管理费、利润，以及一定范围内的风险费用的分摊。

综合单价＝人工费＋材料和工程设备费＋施工机具使用费＋企业管理费＋利润　（4-6）

（1）确定综合单价时的注意事项

① 以项目特征描述为依据：项目特征是确定综合单价的重要依据之一，投标人编制投标报价时应依据招标文件中清单项目的特征描述确定综合单价。在招标投标过程中，当出现招标工程量清单特征描述与设计图纸不符时，投标人应以招标工程量清单的项目特征描述为准，确定投标报价的综合单价。在工程实施阶段，施工图纸或设计变更与招标工程量清单项目特征描述不一致时，发承包双方应按实际施工的项目特征，依据合同约定重新确定综合单价。

② 材料、工程设备暂估价的处理：招标文件中在其他项目清单中提供了暂估单价的材料和工程设备，应按其暂估单价计入清单项目的综合单价中。

③ 考虑合理的风险：对于招标文件中要求投标人承担的风险费用，投标人应考虑将其列入综合单价。在施工过程中，当出现的风险内容及其范围（幅度）在招标文件规定的范围（幅度）内时，综合单价不得变动，合同价款不做调整。

（2）确定综合单价的步骤和方法

当分部分项工程内容比较简单，由单一计价子项计价，且《建设工程工程量清单计价规范》（GB 50500—2013）与所使用计价定额中的工程量计算规则相同时，综合单价的确定只需用相应计价定额子目中的人工费、材料费、施工机具使用费做基数计算管理费、利润，再考虑相应的风险费用即可。当工程量清单给出的分部分项工程与所用计价定额的单位不同或工程量计算规则不同，则需要按计价定额的计算规则重新计算工程量，并按照下列步骤确定综合单价：

① 确定计算基础：计算基础主要包括消耗量指标和生产要素单价。应根据本企业的企业实际消耗量水平，并结合拟定的施工方案确定完成清单项目需要消耗的各种人工、材料、机械台班的数量。若没有企业定额或企业定额缺项时，可参照与本企业实际水平相近的国家、地区、行业定额，并通过调整来确定清单项目的人工、材料、施工机械单位用量。各种人工、材料、机械台班的单价，应根据询价的结果和市场行情综合确定。

② 分析每一清单项目的工作内容：在招标工程量清单中，招标人已对项目特征进行了准确、详细的描述，投标人根据这一描述，再结合施工现场情况和拟订的施工方案确定完成各清单项目实际应发生的工程内容，必要时可参照《建设工程工程量清单计价规范》（GB 50500—2013）中提供的工作内容。有些特殊的工程也可能出现规范列表之外的工程内容。

③ 计算工程内容的工程数量与清单单位含量：每一项工程内容都应根据所选定额的工程量计算规则计算其工程数量，当定额的工程量计算规则与清单的工程量计算规则相一致时，可直接以工程量清单中的工程量作为工程内容的工程数量。

当采用清单单位含量计算人工费、材料费、施工机具使用费时，还需要计算每一计量单位的清单项目所分摊的工程内容的工程数量，即清单单位含量。

$$\text{清单单位含量}=\frac{\text{某工程内容的定额工程量}}{\text{清单工程量}} \tag{4-7}$$

④ 分部分项工程人工、材料、施工机具使用费的计算：以完成每一计量单位的清单项目所需的人工、材料、机械用量为基础计算，即

$$\text{每一计量单位清单项目某种资源的使用量}=\text{该种资源的定额单位用量}\times\text{相应定额条目的清单单位含量} \tag{4-8}$$

再根据预先确定的各种生产要素的单位价格，计算出每一计量单位清单项目的分部分项工程的人工费、材料费与施工机具使用费。

$$\text{人工费}=\text{完成单位清单项目所需人工的工日数量}\times\text{人工工日单价} \tag{4-9}$$

$$\text{材料费}=\sum(\text{完成单位清单项目所需各种材料、半成品的数量}\times\text{各种材料、半成品单价}) \tag{4-10}$$

$$\text{施工机具使用费}=\sum(\text{完成单位清单项目所需各种施工机具的台班数量}\times\text{各种机械的台班单价}) \tag{4-11}$$

当招标人提供的其他项目清单中列出了材料暂估单价时，应根据招标人提供的价格计算材料费，并在分部分项工程和单价措施项目清单与计价表中表现出来。

⑤ 计算企业管理费和利润：企业管理费和利润可按人工费、材料费、施工机具使用费之和乘以一定的费率计算。

$$\text{企业管理费}=(\text{人工费}+\text{材料费}+\text{施工机具使用费})\times\text{企业管理费费率} \tag{4-12}$$

$$\text{利润}=(\text{人工费}+\text{材料费}+\text{施工机具使用费}+\text{企业管理费})\times\text{利润率} \tag{4-13}$$

(3) 编制分部分项工程与单价措施项目清单与计价表

将上述五项费用汇总并考虑合理的风险费用后，即可得到清单综合单价。根据计算出的综合单价，可编制分部分项工程和单价措施项目清单与计价表，见表4-18。

(4) 编制工程量清单综合单价分析表

为表明综合单价的合理性，投标人应对其进行综合单价分析，以作为评标时的判断依据。综合单价分析表的编制应反映上述综合单价的编制过程，并按照规定的格式进行，见表4-19。

表 4-18　分部分项工程和单价措施项目清单与计价表（投标报价）

工程名称：某给排水工程　　　　　　　　标段：　　　　　　　　第　页　共　页

序号	项目编码	项目名称	项目特征描述	计量单位	工程量	金额(元)		
						综合单价	合价	其中:暂估价
1	031001007001	复合管	1. 安装部位:室内 2. 介质:给水 3. 材质、规格:衬塑镀锌钢管 DN15 4. 连接形式:螺纹连接 5. 压力试验及吹、洗设计要求:消毒冲洗、水压试验	m	35.85	46.16	1654.84	
2	031003001001	螺纹阀门	1. 类型:螺纹截止阀 2. 材质:铜 3. 规格、压力等级:DN25 4. 连接形式:螺纹连接	个	3	57.12	171.36	
3	031004006001	大便器	1. 材质:陶瓷 2. 规格、类型:蹲式大便器 3. 组装形式:延时自闭阀冲洗 DN25	组	9	485.23	4367.07	
		……						
		分部分项合计					24928.10	
1	031301017001	脚手架搭拆		项	1	235.45	235.45	
		单价措施合计					235.45	
本页小计							14672.12	
合计							25163.55	

表 4-19　工程量清单综合单价分析表

工程名称：某给排水工程　　　　标段：　　　　第　页　共　页

<table>
<tr><td>项目编码</td><td>031001007001</td><td>项目名称</td><td colspan="6">复合管</td><td colspan="2">计量单位</td><td>m</td><td>工程量</td><td>35.85</td></tr>
<tr><td colspan="14">清单综合单价组成明细</td></tr>
<tr><td rowspan="2">定额编号</td><td rowspan="2">定额项目名称</td><td rowspan="2">定额单位</td><td rowspan="2">数量</td><td colspan="5">单价</td><td colspan="5">合价</td></tr>
<tr><td>人工费</td><td>材料费</td><td>机械费</td><td>管理费</td><td>利润</td><td>人工费</td><td>材料费</td><td>机械费</td><td>管理费</td><td>利润</td></tr>
<tr><td>10-170</td><td>室内给排水、采暖管道 镀锌钢塑复合管（螺纹连接）公称直径 15 mm 以内</td><td>10 m</td><td>0.1</td><td>141.34</td><td>62.58</td><td>1.46</td><td>55.12</td><td>19.79</td><td>14.13</td><td>6.26</td><td>0.15</td><td>5.51</td><td>1.98</td></tr>
<tr><td>10-371</td><td>管道消毒、冲洗 公称直径 50 mm 以内</td><td>100 m</td><td>0.01</td><td>36.26</td><td>23.86</td><td></td><td>14.14</td><td>5.08</td><td>0.36</td><td>0.24</td><td></td><td>0.14</td><td>0.05</td></tr>
<tr><td colspan="2">综合人工工日</td><td colspan="7">小计</td><td>14.49</td><td>6.5</td><td>0.15</td><td>5.65</td><td>2.03</td></tr>
<tr><td colspan="2">0.20 工日</td><td colspan="7">未计价材料费</td><td colspan="5">17.34</td></tr>
<tr><td colspan="9">清单项目综合单价</td><td colspan="5">46.16</td></tr>
<tr><td rowspan="4">材料费明细</td><td colspan="5">主要材料名称、规格、型号</td><td>单位</td><td colspan="2">数量</td><td>单价（元）</td><td>合价（元）</td><td>暂估单价（元）</td><td colspan="2">暂估合价（元）</td></tr>
<tr><td colspan="5">钢塑复合管</td><td>m</td><td colspan="2">1.02</td><td>17</td><td>17.34</td><td></td><td colspan="2"></td></tr>
<tr><td colspan="8">其他材料费</td><td>—</td><td>0.14</td><td>—</td><td colspan="2"></td></tr>
<tr><td colspan="8">材料费小计</td><td>—</td><td>23.84</td><td>—</td><td colspan="2"></td></tr>
</table>

4.4.4.2 总价措施项目清单与计价表的编制

对于不能精确计量的措施项目，应编制总价措施项目清单与计价表。投标人对措施项目中的总价措施项目投标报价应遵循以下原则：

① 措施项目的内容应依据招标人提供的措施项目清单和投标人投标时拟订的施工组织设计或施工方案确定。

② 措施项目费由投标人自主确定，但其中安全文明施工费必须按照国家或省级、行业建设主管部门的规定计价，不得作为竞争性费用。招标人不得要求投标人对该项费用进行优惠，投标人也不得将该项费用参与市场竞争。

投标报价时总价措施项目清单与计价表的编制见表4-20。

表4-20 总价措施项目清单与计价表（投标报价）

工程名称：某给排水工程　　　　标段：　　　　第　页　共　页

序号	项目编码	项目名称	计算基础	费率（%）	金额（元）	调整费率（%）	调整后金额（元）	备注
1	031302001001	安全文明施工费						
1.1		基本费	分部分项合计＋单价措施项目合计－设备费					
1.2		增加费	分部分项合计＋单价措施项目合计－设备费					
2	031302002001	夜间施工增加	分部分项合计＋单价措施项目合计－设备费					
3	031302003001	非夜间施工增加	分部分项合计＋单价措施项目合计－设备费					
4	031302005001	冬雨季施工增加	分部分项合计＋单价措施项目合计－设备费					
5	031302008001	临时设施	分部分项合计＋单价措施项目合计－设备费					
		……						
合计								

4.4.4.3 其他项目清单与计价汇总表的编制

其他项目费主要包括暂列金额、暂估价、计日工及总承包服务费，见表4-21。投标人对其他项目费投标报价时应遵循以下原则：

① 暂列金额应按照招标人提供的其他项目清单中列出的金额填写，不得变动。

② 暂估价不得变动和更改。暂估价中的材料、工程设备暂估单价必须按照招标人提供的暂估单价计入清单项目的综合单价；专业工程暂估价必须按照招标人提供的其他项目清单中列出的金额填写。材料、工程设备暂估价均由招标人提供，为暂估价格，在

工程实施过程中，对于不同类型的材料与专业工程采用不同的计价方法。

③ 计日工应按照招标人提供的其他项目清单列出的项目和估算的数量，自主确定各项综合单价并计算费用。

④ 总承包服务费应根据招标人在招标文件中列出的分包专业工程内容和供应材料、设备情况，按照招标人提出的协调、配合与服务要求和施工现场管理需要自主确定。

表 4-21　其他项目清单与计价汇总表

工程名称：某给排水工程　　　　　　　　标段：　　　　　　　　　　　第　页　共　页

序号	项目名称	金额（元）	结算金额（元）	备注
1	暂列金额			
2	暂估价			
2.1	材料（工程设备）暂估价/结算价			
2.2	专业工程暂估价/结算价			
3	计日工			
4	总承包服务费			
合计				

4.4.4.4　规费、税金项目清单与计价表的编制

规费和税金应按国家或省级、行业建设主管部门的规定计算，不得作为竞争性费用。这是由于规费和税金的计取标准是依据有关法律、法规和政策规定制定的，具有强制性。因此，投标人在投标报价时必须按照国家或省级、行业建设主管部门的规定计算规费和税金，见表 4-22。

表 4-22　规费、税金项目清单与计价表

工程名称：某给排水工程　　　　　　　　标段：　　　　　　　　　　　第　页　共　页

序号	项目名称	计算基础	计算基数（元）	计算费率（%）	金额（元）
1	规费	定额人工费			
1.1	社会保险费	定额人工费			
(1)	养老保险	定额人工费			
(2)	失业保险	定额人工费			
(3)	医疗保险	定额人工费			
(4)	工伤保险	定额人工费			
(5)	生育保险	定额人工费			
1.2	住房公积金	定额人工费			
1.3	环境保护税	按各设区市环保和税务部门规定收取			
2	税金	分部分项工程费＋措施项目费＋其他项目费＋规费－按规定不计税的工程设备金额			
合计					

4.4.4.5 投标报价的汇总

投标人的投标总价应当与组成工程量清单的分部分项工程费、措施项目费、其他项目费及规费、税金的合计金额相一致，即投标人在进行工程量清单招标的投标报价时，不能进行投标总价优惠（或降低、让利），投标人对投标报价的任何优惠（或降价、让利）均应反映在相应清单项目的综合单价中。投标报价汇总表见表4-23。

表4-23 单位工程投标报价汇总表

工程名称：某给排水工程　　　　标段：　　　　第　页　共　页

序号	汇总内容	金额（元）	其中：暂估价（元）
1	分部分项工程费		
2	措施项目费		
2.1	单价措施项目费		
2.2	总价措施项目费		
3	其他项目费		
3.1	暂列金额		
3.2	专业工程暂估价		
3.3	计日工		
3.4	总承包服务费		
4	规费		
5	税金		
投标报价合计=1+2+3+4+5			

4.4.4.6 投标报价相关表格

投标报价相关表格包括封面、扉页，见表4-24、表4-25及表4-12、表4-16、表4-17。

表4-24 投标总价封面

______________工程 投标总价 投标人：______________ （单位盖章） 年　月　日

表 4-25　投标总价扉页

投标总价

招标人：________________________________

工程名称：______________________________

投标总价（小写）：________________________

投标总价（大写）：________________________

投标人：________________________________

（单位盖章）

法定代表人
或其授权人：____________________________

（签字或盖章）

编制人：________________________________

时间：　　　年　　月　　日

第5章

给排水、采暖、燃气工程计量与计价

知识目标

1. 熟悉给排水、采暖工程的工程量计算规则；
2. 掌握给排水、采暖工程的工程量清单项目设置，项目编码、项目特征描述；
3. 掌握给排水、采暖工程计价费用构成、计算方法。

能力目标

1. 能熟练运用《通用安装工程工程量计算规范》计算给排水、采暖工程的工程量，编制工程量清单；
2. 能熟练运用《建设工程工程量清单计价规范》《江苏省安装工程计价定额》等查套定额，编制给排水、采暖工程招标控制价、投标报价；
3. 能熟练运用计价软件编制给排水、采暖工程量清单，进行工程计价。

素质目标

1. 培养学生的专业意识和社会责任感，即在造价计算过程中要遵循各项计价规范、计价定额的规定，尤其是强制性条文的规定；
2. 培养学生的成本意识，即在计价过程中要尽量减少人工、材料、施工机具使用费，有效进行造价控制，为创建节约型社会贡献自己的一份力量。
3. 培养学生踏实严谨、精益求精的工作作风，即对给排水、采暖、燃气工程计量时合理控制误差，清单列项齐全不漏项，综合单价组价内容完整。

给排水、采暖、燃气工程和所有安装工程一样，在进行工程量清单编制和工程量清单计价时的步骤是相同的。工程量清单编制时，首先要熟悉图纸、规范、定额及相关的工程量计算规则，然后确定项目名称、项目编码，计算分部分项工程量，确定项目特征，形成分部分项工程量清单；编制措施项目清单；编制其他项目清单及规费、税金项目清单，填写总说明和工程量清单封面。工程量清单计价时，同样要熟悉图纸、规范、定额及相关基础资料；进行工程量的核算；确定分部分项工程量清单综合单价；然后进行分部分项工程和单价措施项目清单计价；总价措施项目清单计价；其他项目清单计价及规费、税金项目清单计价，最后汇总得出工程造价。

从本章开始，笔者将重点介绍建筑安装工程的工程量清单项目设置、工程量计算规则，以及编制工程量清单和清单计价的应用实例。

5.1 给排水、采暖、燃气工程识图

给排水工程识图

5.1.1 给排水工程识图

5.1.1.1 给排水工程常用图例

管线、设备、附件、阀门、仪表、管道连接配件等均有常用的图例，见表 5-1，设计时可以选用。

表 5-1 给排水工程常用图例

图例	名称	图例	名称
—— J ——	生活给水管	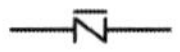	止回阀
—— R ——	热水供水管		缓闭止回阀
—— RH ——	热水回水管		减压阀
—— W ——	污水管	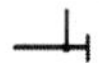	角阀
—— F ——	废水管		安全信号阀
—— T ——	通气管		水表
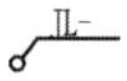	生活给水立管	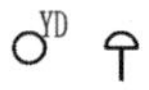	雨水斗
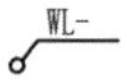	污水立管		Y 形过滤器
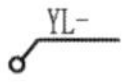	雨水立管		浴盆
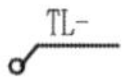	通气立管		淋浴器
	给水进户管	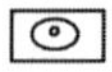	洗脸盆
	污水出户管		厨房洗涤盆
	废水出户管		地漏
	闸阀		清扫口
	截止阀		立式检查口
	蝶阀		存水弯

5.1.1.2 给排水工程施工图组成

室内给排水施工图一般由设计施工说明、平面图、系统图和详图（或大样图）组成。

（1）设计施工说明

设计施工说明一般写在图样上，对图纸上无法表达清楚的内容加以说明，主要包括：

① 给排水系统设计说明：主要说明建筑面积、层高、楼层分部情况，给排水系统划分，用水量设计，水源进出水方式，水箱设置情况等。

② 管材与附件：主要说明给水、排水及消防系统所采用的管材附件和连接方式、给水管材出厂压力要求，试验压力和工作压力之间的倍数关系等。

③ 管道防腐、保温：主要说明给水管、排水管的刷漆要求，暗设和埋地管道的防腐要求，热回水管、外露给水管的保温、防冻材料及做法要求。

④ 管道敷设：主要说明管道穿楼板、水池壁、地下室外墙等预埋套管要求，各种管道安装坡度要求，管道防火封堵要求，排水横管之间、横管与主管之间、主管与排出管之间的管件连接要求及施工质量和验收标准等。

⑤ 管道支吊架：主要说明各种管道设备支吊架安装要求，支吊架安装距离、支吊架刷漆防腐等要求。

⑥ 阀门：主要说明各种给水管道上所采用的阀门类型、连接方式。

⑦ 其他：所采用的标准图集号，主要设备、材料列表。

（2）平面图

室内给排水工程平面图是施工图的主要部分，可以用 1∶200～1∶50 的比例绘制，常用比例为 1∶100，图上的线条都是示意性的，同时管子接头零件、支吊架的位置等无法画出。施工时，应充分熟悉和掌握施工工艺，并严格按照国家有关的施工质量和验收标准去执行。

平面图上将不同功能的管道、附件、卫生洁具、用水设备等使用各种图例表示出来，其主要内容如下：

① 房屋建筑的平面形式：室内给水排水设施位于房屋建筑中，了解房屋建筑的平面形式，是识读给排水施工图的基本条件。同时，房屋平面图也是一个简化的图，仅作为管道系统及用水设备等平面布置和定位的基准。

② 给排水设施在房屋平面中所处的位置，是给排水设施定位的重要依据。

③ 给排水主管位置及编号，横支管平面位置、走向、坡度、管径、材质、规格、敷设方式及管长等。

④ 给水进户管、水表井，排水排出管、检查井的平面位置及走向，与室外给排水管网的连接关系。

⑤ 卫生洁具及用水设备的定位尺寸及朝向：卫生洁具及用水设备等不必详细表示，可按规定图例画出。

⑥ 屋面雨水排水管道的平面位置、雨水排水口的平面布置、水流的组织、管道安装敷设方式。

⑦ 如有屋顶水箱，屋顶给排水平面图还应反映水箱容积、平面位置，进出水箱名

种管道的平面位置、管道支架、保温等内容。

对中小型工程而言，由于其给水、排水情况不是十分复杂，可以将给排水管道及各种卫生洁具、用水设备（电热水器等）绘制在一张平面图上。若系统较多、功能复杂，应分别绘制各种系统的平面图。图样的多少以能清楚表达设计意图，又能减少图样数量为宜。

（3）系统图

所谓系统图，就是采用轴测投影原理绘制的能够反映管道、设备三维空间关系的图样。系统图又称轴测图，俗称透视图，由于采用了轴测投影的原理，因而整个图样具有生动形象、立体感强、直观等特点。

给排水平面图与给排水系统图相辅相成，互相说明又互为补充，反映的内容是一致的。给排水系统图侧重于反映下列内容：

① 系统编号：该系统编号与给排水平面图中的编号一致。

② 管径：在给排水平面图中，水平投影不具有积聚性的管道，可以表示出其管径的变化，而就立管而言，因其投影具有积聚性，故不便于表示出管径的变化。在系统图中要标注出管道的管径。

③ 标高：这里所说的标高包括建筑标高、给排水管道的标高、卫生设备的标高、管件的标高、管径变化处的标高、管道的埋深等内容，管道埋地深度可以用负标高加以标注。

④ 管道及设备与建筑的关系：比如管道穿墙、穿地下室、穿水箱、穿基础的位置，卫生设备与管道接口的位置等。

⑤ 管道的坡向及坡度：管道的坡度值无特殊要求时可参见说明中的有关规定，若有特殊要求则应在图中用箭头注明，管道的坡向应在系统图中注明。

⑥ 重要管件、附件的位置：系统图中要明确标注给水系统上的水表、阀门、消火栓、水龙头等；排水系统上的地漏、清扫口、检查口、存水弯、排气帽等附件位置。管件、附件用图例表示，卫生洁具省略不画。

⑦ 与管道相关的给排水设施的空间位置：如屋顶水箱、室外贮水池、水泵、加压设备、室外阀门井等与给水相关的设施的空间位置，以及室外排水检查井、管道等与排水相关的设施的空间位置等内容。

⑧ 分区供水、分质供水情况：对采用分区供水的建筑，系统图要反映分区供水区域；对采用分质供水的建筑，应按不同水质，独立绘制各系统的供水系统图。

⑨ 雨水排水情况：雨水排水系统图要反映管道走向及落水口、雨水斗等内容。雨水排至地下以后，若采用有组织排水，还应反映排出管与室外雨水井之间的空间关系。

（4）详图

在平面或系统图上表示不清，也不能用文字说明时，可将局部构造放大比例绘成施工详图，如阀门井、设备基础、集水坑、水泵房等安装图，而大多数设备和卫生洁具的安装可套用通用标准图集，选用标准图集时注明图号即可。

5.1.1.3 给排水工程施工图识读

要识读给排水施工图，首先应了解设计施工说明的内容，特别是给排水系统划分情况，供、排水区域的划分情况，供、排水设备的配置情况；再以系统为线索，按管道类别，如给水、热水、消防、排水等分类阅读，将平面图和系统图相互对照，弄清管道连接处的位置，各管段的管径、标高、坡向、坡度，管路上地面清扫口、横管管堵、检查口、地漏、存水弯、风帽、各种卫生器具、设备等位置和形式及相关定位尺寸。

大致的识读步骤如下：设计施工说明→平面图→系统图→详图。

① 给水系统根据管网系统编号，沿着水流进水方向，由进户管→干管→立管→横管→支管→用水设备的顺序进行识读。

② 排水系统根据管网系统编号，顺着水流方向，经卫生器具→器具排水管→横管→立管→排出管→室外检查井的顺序进行识读。

③ 在施工图中，对某些常见部位的管道附件配件、设备等细部的位置、尺寸和构造要求是不加说明的，而是遵循专业设计规范、施工操作规程等标准进行施工。读图时，必须参照有关标准图集和安装详图了解其详细做法。

(1) 设计施工说明的阅读

设计施工说明是图样的重要组成部分。按照先文字、后图形的识图原则，在识读图样之前，首先应仔细阅读设计施工说明的有关内容。设计施工说明中交代的有关事项，往往对整套给排水工程图的识读和施工都有着重要影响，因此，弄通设计说明是进行识读整套给排水工程图的第一步，必须认真对待。对设计说明提及的相关问题，如引用的标准图集、有关施工验收规范、操作规程、要求等内容，也要收集查阅、熟悉掌握。

(2) 给排水工程平面图的识读

室内给排水工程平面图是施工图中最基本和最重要的图样，常用的比例是 1∶100 和 1∶50 两种。它主要表明建筑物内给排水管道及卫生器具和用水设备的平面布置。图上的线条都是示意性的，同时也不画出管材配件如活接头、补心、管箍等，因此在识读图样时还必须熟悉给排水管道的施工工艺。

在识读平面图时，应该掌握的主要内容和注意事项如下：

① 熟悉建筑给排水工程图例，将平面图与系统图相结合，掌握设计施工说明的内容。

② 查明卫生器具、用水设备和升压设备的类型、数量、安装位置、定位尺寸。

③ 弄清给水引入管和污水排出管的平面位置、走向、定位尺寸、与室外给排水管网的连接形式、管径及坡度等。

④ 查明给排水干管、立管、支管的平面位置与走向、管径尺寸及立管编号。从平面图上可清楚地查明是明装还是暗装，以确定施工方法。

⑤ 消防给水管道要查明消火栓的布置、口径大小及消防箱的形式与位置。

⑥ 在给水管道上设置水表时，必须查明水表的型号、安装位置及水表前后阀门的设置情况。

⑦ 对于室内排水管道，还要查明清通设备的布置情况、清扫口和检查口的型号和位置。

(3) 给排水工程系统图的识读

给排水工程系统图主要表明管道系统的立体走向。在给水工程系统图上，不画出卫生器具，只需画出水龙头、淋浴器莲蓬头、冲洗水箱等符号；对用水设备如锅炉、热交换器、水箱等则画出其示意性的立体图，并在旁边注以文字说明。在排水工程系统图上也只画出相应卫生器具的存水弯或器具排水管。

在识读系统图时，应将平面图与系统图相互对照，且需要掌握的主要内容和注意事项如下：

① 查明给水管道系统的具体走向，干管的布置方式，管径尺寸及其变化情况，阀门的设置，引入管、干管及各支管的标高。

② 查明排水管道的具体走向、管路分支情况、管径尺寸与横管坡度、管道各部分标高、存水弯的形式、清通设备的设置情况、弯头及三通的选用等。识读排水管道系统图时一般按卫生器具或排水设备的存水弯、器具排水管、横支管、立管、排出管的顺序进行。

③ 系统图上对各楼层标高都有注明，识读时可据此分清管路属于哪一层。

（4）给排水工程详图的识读

室内给排水工程的详图包括节点图、大样图、标准图，主要是管道节点、水表、消火栓、水加热器、开水炉、卫生器具、套管、排水设备、管道支架等的安装图及卫生间大样图等。这些图都是根据实物用正投影法画出来的，图上都有详细尺寸，可供安装时直接使用。

住宅供暖系统施工图识读

5.1.2 采暖工程识图

5.1.2.1 采暖工程常用图例

采暖工程常用图例如表 5-2 所示。

表 5-2 采暖工程常用图例

名称	图例	名称	图例	名称	图例
供水管，立管		法兰截止阀		放气阀	
回水管，立管		丝扣截止阀		温度计	
散热管	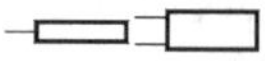	自动排水阀		压力表	
固定支架		止回阀		过滤器	
管道翻下		压差控制阀		热量表	
管道坡度及坡向	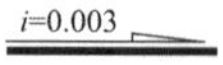	闸阀		方形补偿器	
散热器温控阀		调节锁闭阀	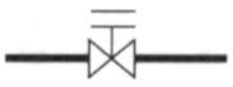	集气罐	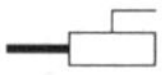

5.1.2.2 采暖工程施工图组成

采暖工程施工图一般由设计说明书、施工图和设备材料表组成。

（1）设计说明书

设计说明书用以说明设计意图和施工中需要注意的问题。通常在设计说明书中应说明的事项主要有总耗热量，热媒的来源及参数，不同房间内设计温度、相对湿度，采暖管道材料的种类、规格，管道保温材料、保温厚度及保温方法，管道及设备的刷油遍数及要求等。

（2）施工图

采暖施工图分为室外与室内两部分。室外部分表明一个供热区域内的热媒输送干管的管网布置情况，其中包括管道敷设总平面图、管道横剖面图、管道纵剖面图和详图；室内部分表明一幢建筑物的供暖设备、管道安装情况和施工要求，其中包括供暖平面图、系统图、详图、设备材料表及设计说明。

（3）设备材料表

采暖工程所需要的设备和材料，在施工图册中都列有设备材料清单，以备订货和采购之用。

5.1.2.3 采暖工程施工图识读

（1）平面图的识读方法

① 了解建筑物内散热器（热风机、辐射板等）的平面位置、种类、片数及散热器的安装方式（明装、暗装或半暗装）。

② 了解水平干管的布置方式、干管上的阀门、固定支架、补偿器等的平面位置和型号及干管的管径。

③ 通过立管编号查清系统立管数量和布置位置。

④ 在热水采暖系统平面图上还标有膨胀水箱、集气罐等设备的位置、型号，以及设备上连接管道的平面布置和管道直径。

⑤ 在蒸汽采暖系统平面图上还有疏水装置的平面位置及其规格尺寸。水平管的末端常积存有凝结水，为了排除这些凝结水，在系统末端设有疏水装置。

⑥ 查明热媒入口及入口地沟情况。当热媒入口无节点图时，平面图上一般将入口装置组成的各配件、阀件，如减压阀、混水器、疏水器、分水器、分汽缸、除污器、控制阀门等管径、规格及热媒来源、流向、参数等表示清楚。如果入口装置是按标准图设计的，则在平面图上注有规格及标准图号，识读时可按标准图号查阅标准图。如果施工图中画有入口装置节点图，可按平面图标注的节点图编号查找热媒入口放大图进行识读。

（2）系统轴测图的识读方法

① 采暖系统轴测图可以清楚地表示出干管与立管之间，以及立管、支管与散热器之间的连接方式、阀门安装位置和数量，整个系统的管道空间布置等。散热器支管都有一定的坡度，其中供水支管坡向散热器，回水支管则坡向回水立管。要了解各管段管径、坡度坡向、水平管的标高、管道的连接方法及立管编号等。

② 了解散热器类型及片数。光排管散热，要查明散热器的型号（A 型或 B 型）、管径、排数及长度；翼型或柱型散热器，要查明规格与片数及带脚散热器的片数；其他采暖方式，则要查明采暖器具的形式、构造及标高等。

③ 要查清各种阀件、附件与设备在系统中的位置，凡注有规格型号者，要与平面图和材料明细表进行核对。

④ 查明热媒入口装置中各种设备、附件、阀门、仪表之间的关系及热媒的来源、流向、坡向、标高、管径等，如有节点详图时，要查明详图编号。

(3) 详图的识读方法

详图是表明某些供暖设备的制作、安装和连接的详细情况的图样。室内采暖详图包括标准图和非标准图两种。标准图包括散热器的连接和安装、膨胀水箱的制作和安装、集气罐和补偿器的制作和连接等，可通过它直接查阅标准图集或有关施工图。非标准详图是指在平面图、系统图中表示不清的又无标准详图的节点和做法而需另绘的详图。

5.2 给排水、采暖、燃气工程计量

给排水、采暖、燃气工程的工程量是按照《通用安装工程工程量计算规范》(GB 50856—2013) 附录 K 中的工程量计算规则、计量单位的规定，以及工程设计图纸、施工组织设计或施工方案、有关技术经济文件等进行计算的。

5.2.1 工程量计算范围

给排水、采暖、燃气工程量计算参照的规范标准主要是《通用安装工程工程量计算规范》(GB 50856—2013) 中"附录 K 给排水、采暖、燃气工程"部分，适用于室内外生活用给水、排水、雨水、采暖热源管道、低压燃气管道、室外直埋式预制保温管道的安装。

计量范围主要包括给排水、采暖、燃气管道安装，支架及套管制作安装，管道附件安装，卫生器具安装，供暖器具安装，采暖、给排水设备安装，燃气器具安装，医疗气体设备及附件安装，采暖、空调水工程系统调试等内容。

在工程量计算中，建筑物室内外界限划分标准如下：

① 给水管道室内外界限划分：以建筑物外墙皮 1.5 m 处为分界点，入口处设阀门者以阀门为界；与市政管道界线以水表井为界，无水表井者以市政管道碰头点为界。

② 排水管道室内外界线划分：以出户第一个排水检查井为界；室外管道与市政管道界线以室外管道与市政管道碰头点为界。

③ 采暖管道室内外界线划分：以建筑物外墙皮 1.5 m 为界，入口处设阀门者以阀门为界；与工业管道界线以锅炉房或泵站外墙皮 1.5 m 为界；工厂车间内采暖管道以采暖系统与工业管道碰头点为界；设在高层建筑内的加压泵间管道以泵间外墙皮为界。

④ 燃气管道：室内外管道分界，地下引入室内的管道以室内第一个阀门为界，地上引入室内的管道以墙外三通为界；室外管道与市政管道分界，以两者的碰头点为界。

在给排水、采暖、燃气工程中，还可能涉及其他相关工程的内容，工程量统计时应

按所属专业类别分别进行计算。如管道热处理、无损探伤，医疗气体管道及附件，水泵房、锅炉房等的建筑设备间内与设备相连管道等，应按安装工程规范“附录H 工业管道工程”中的相关要求计算；管道设备及支架除锈、刷油、保温，应按规范“附录M 刷油、防腐蚀绝热工程”计算。

给排水
工程量计算

5.2.2 工程量计算规则

5.2.2.1 给排水、采暖、燃气管道

① 各种管道，均按设计图示管道中心线长度以“m”为单位计算，不扣除阀门、管件（如减压器、疏水器、水表、伸缩器等）所占的长度。

管道的工程量一般是沿着介质的流动方向进行计算。例如，计算给水管道系统的工程量是从引入管开始，根据介质的流动方向从引入管经水平干管，再到各条立管、横管、支管，最后到用水点。为了便于计算和校核，应按一定的顺序，即沿每条水平干管、每条立管、每条横管、每条支管从下到上计算；平面图和系统图相互对照；一个楼层、一个楼层进行统计，遇到什么就统计什么，做到一个不漏。

在计算管道长度时，如果图纸标注了标高和尺寸，应利用标高和尺寸计算管道长度（绝对值相加）；如果没有标高和尺寸可以利用时，可利用比例尺量取长度，二者可结合使用。利用平面图逐段计算管道的水平长度，在系统图上计算管道的竖向长度。二者相加，即为全部管道长度。

统计管道长度时，应按管材材质、公称直径、接口方式、接口材料、管道用途、使用场所等项目特征，分别列项。

② 管道安装工程量计算中，应扣除暖气片所占的长度。

③ 直埋式预制保温管道及管件安装适用于预制式成品保温管道及管件安装，管道按“延长米”计算，需扣除管件所占长度。管件尺寸应按照芯管的公称直径，以“个”为计量单位。

④ 给排水管道的接头零件、排水管道的检查口、通气帽等不计算材料数量，这些材料已经作为辅材包含在定额综合单价内，但燃气管道中的承插煤气铸铁管的（柔性机械接口）接头零件，需计算管件用量。

⑤ 铸铁排水管、雨水管、塑料排水管安装，均包含管卡、吊托支架、臭气帽（铅丝球）、雨水漏斗的制作安装，但未包括雨水漏斗本身价格，雨水漏斗及雨水管件按设计量另计主材费。

⑥ 管道消毒、冲洗、压力试验，均按管道长度以“m”为计量单位，不扣除阀门、管件所占的长度。

⑦ 管沟开挖工程量。管沟开挖的土方量，应以施工图要求的挖深、底宽、边坡、沟长计算体积，以“m^3”为计量单位，可按下式计算：

$$V=(b+0.3)\times h\times L \tag{5-1}$$

式中，V 指体积，单位 m^3；h 指沟深，按设计管底标高计算，单位 m；b 指沟宽，单位 m；L 指沟长，单位 m；0.3 指放坡系数（若开挖较浅，也可考虑不放坡）。

若沟宽有设计尺寸的，则按设计尺寸取值；无设计尺寸时可参照表 5-3 取定。

表 5-3 管沟宽度

管径（mm）	铸铁管、钢管（m）	缸瓦管（m）	附注
50～80	0.6	0.7	（1）本表是按埋深 1.5 m 以内考虑的 （2）当埋深 2 m 以内时沟宽增 0.1 m （3）当埋深 3 m 以内时沟宽增 0.2 m （4）计算土方量时可不考虑坡度
100～200	0.7	0.8	
250～350	0.8	0.9	
400～450	1.0	1.1	

⑧ 管沟回填土方量。回填土按夯填和松填分别以“m^3”为单位计算。计算管沟回填土时，回填土体积＝挖土体积－管道所占体积。管径小于 500 mm 时，管道所占体积不扣除；管径大于 500 mm 时，应减去管道所占体积，每米管道扣减体积数量按表 5-4 的规定计算。

表 5-4 大于 500 mm 管径每米管道扣减体积 m^3

项目	管道直径		
	500～600 mm	700～800 mm	900～1000 mm
钢管	0.21	0.44	0.71
铸铁管	0.24	0.49	0.77
钢筋混凝土管	0.33	0.60	0.92

5.2.2.2 支架及套管

给排水、采暖、燃气工程中，管道、设备安装时需要安装相应的支架以保护管道和设备，同时，为防止管道穿墙、穿水池安装时墙体漏水、渗水，需要在穿管位置预埋套管。

① 管道支架按材质、管架形式，以质量“kg”为单位计算。单件支架质量 100 kg 以上的管道支架，执行设备支架制作、安装。成品支架安装执行相应管道支架或设备支架安装项目，不再计取制作费。

② 管道支架制作安装，室内管道公称直径 32 mm 及以下的安装工程已包括在内，不再另行计算；公称直径 32 mm 以上的可另行计算。

③ 套管制作安装应按照设计图示及施工验收规范，以“个”为计量单位，套管的规格选用一般应比穿过的管道管径大两号。

5.2.2.3 管道附件

① 各种阀门安装应按施工图上阀门的型号、连接方式等以“个”为计量单位计算。法兰阀门安装，如仅为一侧法兰连接时，定额所列法兰、带帽螺栓及垫圈数量减半，其余不变。

② 法兰阀（带短管甲乙）安装，均以“套”为计量单位，接口材料不同时可作调整。

③ 自动排气阀安装以“个”为计量单位，已包括支架制作安装，不得另行计算。

④ 浮球阀安装均以“个”为计量单位，已包括联杆及浮球的安装，不得另行计算。

⑤ 减压器、疏水器组成安装以“组”为计量单位，如设计组成与定额不同时，阀门和压力表数量可按设计用量进行调整，其余不变。

⑥ 各种伸缩器制作安装，均以“个”为计量单位。方形伸缩器的两臂，按臂长的两倍合并在管道长度内计算。

⑦ 各种法兰连接用垫片，均按石棉橡胶板计算，如用其他材料，不得调整。

⑧ 法兰水表安装是按《给水排水标准图集》编制的，以“组”为计量单位，包含旁通管及止回阀等。

⑨ 住宅嵌墙水表箱按水表箱半周长尺寸，以“个”为计量单位。

⑩ 浮标液面计、水位标尺是按国标编制的，如设计与国标不符时，可作调整。

⑪ 塑料排水管消声器，其安装费已包含在相应的管道和管件安装定额中，相应的管道按延长米计算。

5.2.2.4 卫生器具

给排水工程中所有卫生器具安装项目，均参照有关标准图集编制，如施工图有特殊要求时，应作以下相应调整：

① 成组安装的卫生器具，以“组”“套”为计量单位，已按标准图集综合了卫生器具与给水管、排水管连接的人工与材料用量，不得另行计算。

② 浴盆安装：适用于搪瓷浴盆、玻璃钢浴盆、塑料浴盆三种类型的各种型号的浴盆安装，分冷水、冷热水、冷热水带喷头等几种形式，以“组”为单位计算。

浴盆安装范围分界点：给水（冷、热）为水平管与支管交接处，排水管垂直方向计算到地面，如图 5-1 所示。

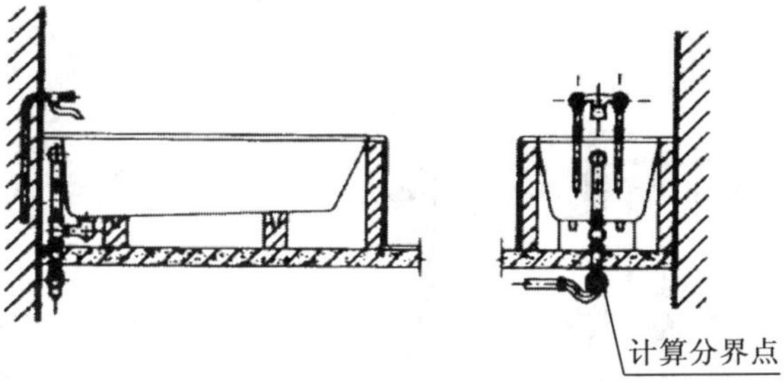

图 5-1　浴盆安装排水分界点

浴盆未计价材料包括浴盆、冷热水嘴或冷热水嘴带喷头、排水配件。浴盆的支架及四周侧面砌砖、粘贴的瓷砖，应按土建定额计算。

③ 按摩浴盆安装以“组”为计量单位，包含相应的水嘴安装费用，材料费另计。

④ 淋浴房组成、安装以“套”为计量单位，包含相应的水嘴安装。

⑤ 洗脸盆、洗手盆安装：分为钢管组成洗脸盆、铜管冷热水洗脸盆、立式冷热水、肘式开关、脚踏开关、台式洗脸盆等安装。

安装范围分界点：给水为水平管与支管交接处；排水管垂直方向计算到地面，如图 5-2 所示。

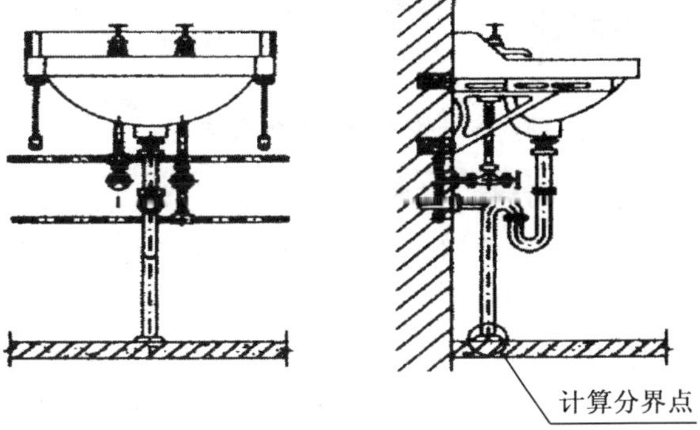

图 5-2　洗脸盆、洗手盆安装排水分界点

定额中已包括存水弯、托架钢管等材料价格，如设计材料品种不同时，可以换算。定额未计价材料包括洗脸盆（或洗手盆）、水嘴、洗脸盆下水口（铜）、角阀、金属软管。

⑥ 洗涤盆、化验盆安装：洗涤盆定额分单嘴、双嘴、肘式开关、脚踏开关、回转龙头、回转混合龙头等项目。化验盆定额分单联、双联、三联、脚踏开关、鹅颈水嘴五个项目。洗涤盆、化验盆均以“组”为单位计算。

安装范围分界点同洗脸盆安装，排水平面计算到排水中心，垂直方向计算到地面，如图 5-3 所示。

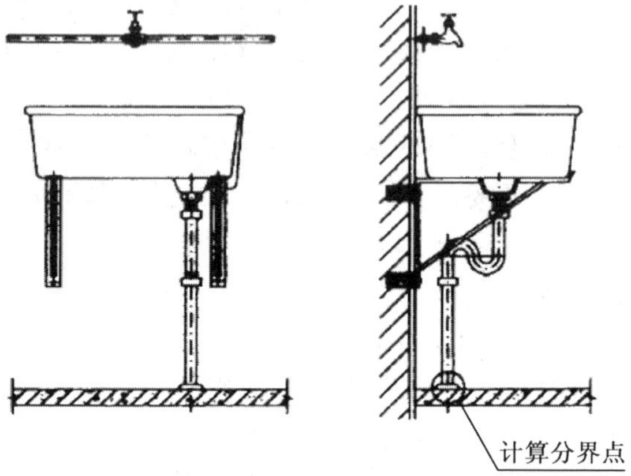

图 5-3　洗涤盆、化验盆安装排水分界点

定额未计价材料：洗涤盆（或化验盆）、水嘴或回转龙头、水嘴或脚踏式开关、排水栓。台式洗脸盆安装，不包括台面安装，台面安装需另计。

⑦ 大便器安装：定额分为蹲式和坐式大便器安装，其中蹲式大便器安装分瓷高水箱、瓷低水箱及不同冲洗方式；坐式大便器分低水箱、带水箱、连体水箱、自闭冲洗阀坐便四种形式。工程量计算应根据大便器形式、冲洗方式、接管种类，分别以“组”为单位计算。

安装范围分界点：蹲式大便器安装排水平面计算到排水中心，垂直方向计算到地面，如图 5-4 所示。坐式大便器安装排水平面计算到排水中心，垂直方向计算到地面，如图 5-5 所示。

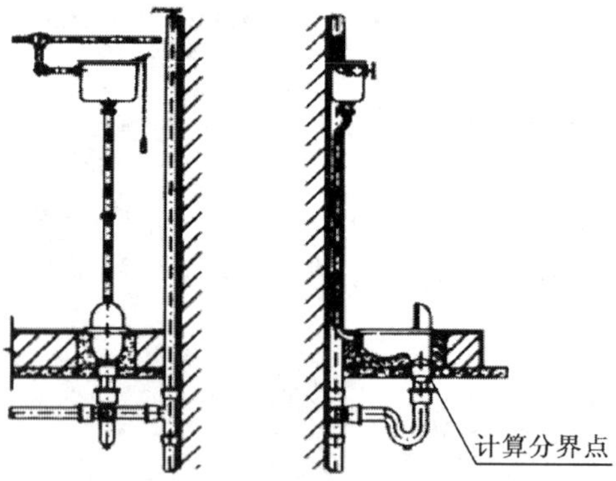

图 5-4　蹲式大便器安装排水分界点

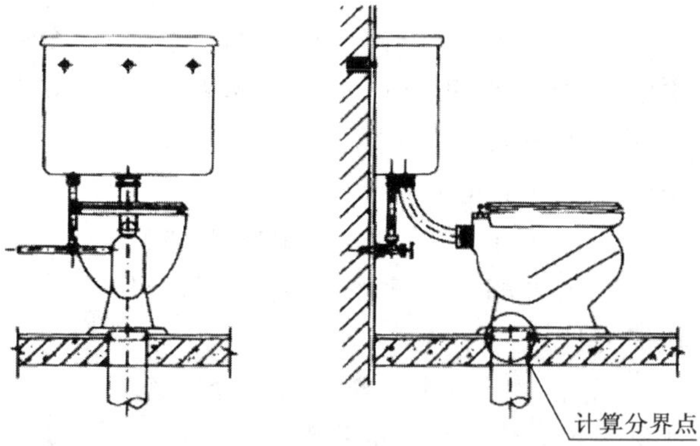

图 5-5　坐式便器安装排水分界点

定额未计价材料：瓷蹲式大便器、坐式大便器、高水箱（低水箱）、水箱配件、角阀、金属软管、自闭式冲洗阀。蹲式大便器安装，已包括固定大便器的垫砖，但不包括大便器蹲台砌筑。

⑧ 小便器安装：定额分挂斗式（普通、自动冲洗）、立式（普通、自动冲洗）小便器安装。工程量计算应根据小便器形式、冲洗方式，分别以“组”为单位计算。

安装范围分界点：挂斗式小便器安装排水平面计算到排水中心，垂直方向计算到地面，如图 5-6 所示；立式小便器安装排水平面计算到排水中心，垂直方向计算到铸铁排水管平面，如图 5-7 所示。

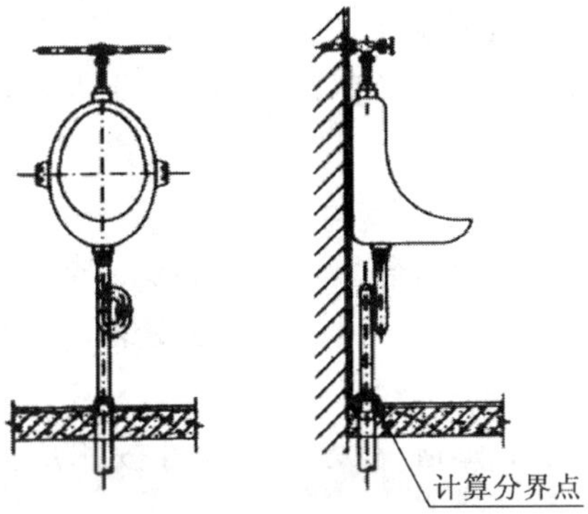

图 5-6 挂斗式小便器安装排水分界点

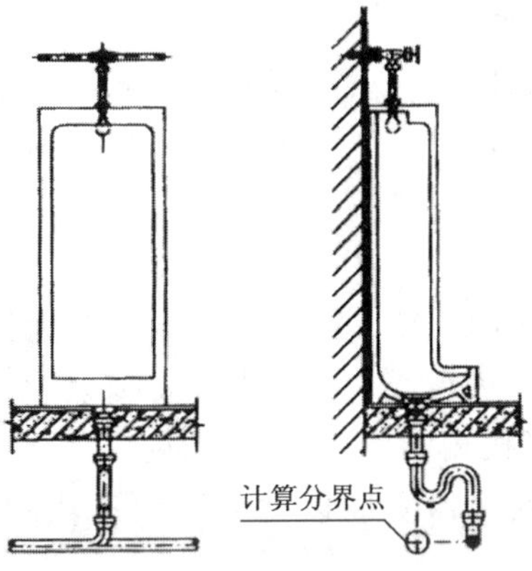

图 5-7 立式小便器安装排水分界点

定额未计价材料：小便器、陶瓷高水箱、自动平便配件（或自动立便配件）、角阀、金属软管、水箱自动冲洗阀。

⑨ 大便槽、小便槽自动冲洗水箱安装以“套”为计量单位，已包括水箱托架的制作安装，不得另行计算。

⑩ 小便槽冲洗管制作与安装以“m”为计量单位，不包括阀门安装，其工程量可按相应定额另行计算。

⑪ 冷热水混合器安装以“套”为计量单位，不包括支架制作安装及阀门安装，其工程量可按相应定额另行计算。

⑫ 蒸汽-水加热器安装以“台”为计量单位，包括莲蓬头安装，不包括支架制作安装及阀门、疏水器安装，其工程量可按相应定额另行计算。

⑬ 容积式水加热器安装以“台”为计量单位，不包括安全阀安装、保温与基础砌筑，可按相应定额另行计算。

⑭ 排水栓、地漏、地面扫除口以“个”或“组”为单位计算。

5.2.2.5 供暖器具

① 铸铁散热器有翼型、M132 型、柱型等几种型号，以“片”为单位计算。

② 光排管散热器使用普通钢管制作的，按不同的结构连接形式和输送介质，分为 A 型和 B 型，如图 5-8 所示。光排管散热器制作安装，应区别不同的公称直径以“m”为单位计算，定额单位每 10 m 是指光排管的长度，联管作为材料已列入定额，不得重复计算。

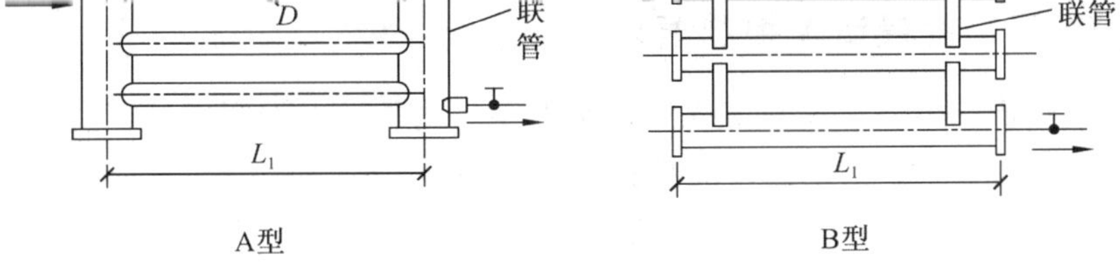

图 5-8 光排管散热器

③ 钢制散热器：钢制闭式散热器按不同型号以“片”为单位计算工程量，散热器型号标注是高度乘以长度，对于宽度尺寸未作要求；钢制壁、板式散热器以“组”为单位计算工程量并套用定额。

④ 暖风机、空气幕根据不同的质量以“台”为计量单位计算工程量。其中，钢支架的制作安装以“t”为单位；与暖风机、空气幕相连的钢管、阀门、疏水器应另列项计算。

5.2.2.6 采暖、给排水设备

① 太阳能热水器安装以“台”为计量单位，包含吊装费用，不再另行计算。

② 电热水器、电开水炉安装以“台”为计量单位，只考虑本体安装，连接管、连接件等可按相应项目另行计算。

③ 饮水器安装以“台”为计量单位，阀门和脚踏开关工程量可按相应定额另行计算。

④ 钢板水箱制作，按施工图纸所示尺寸，不扣除人孔、手孔质量，以“kg”为计量单位，法兰和短管水位计可按相应定额另行计算。

⑤ 钢板水箱安装按《给水排水标准图集》水箱容量“m^3”执行相应定额。各种水箱安装，均以“个”为计量单位。

5.2.2.7 燃气器具及其他

① 燃气表安装按不同规格、型号分别以“块”为计量单位，不包括表托、支架、表底垫层基础，其工程量可根据设计要求另行计算。

② 燃气加热设备、灶具等按不同用途、型号，分别以“台”为计量单位。

③ 气嘴安装按规格型号连接方式，以“个”为计量单位。

④ 调长器及调长器与阀门连接，包括一副法兰安装，螺栓规格和数量以压力为0.6 MPa的法兰装配，如压力不同可按设计要求的数量、规格进行调整。

5.3 给排水、采暖、燃气工程量清单

对给排水、采暖、燃气工程进行工程量清单编制时，首先要熟悉图纸、规范、定额及相关的工程量计算规则；然后确定项目名称、项目编码，计算分部分项工程数量，确定项目特征，形成分部分项工程量清单；编制措施项目清单；编制其他项目清单及规费、税金项目清单，填写总说明和工程量清单封面。

5.3.1 工程量清单编制要求

给排水、采暖、燃气工程的工程量清单编制，应按照《通用安装工程工程量计算规范》（GB 50856—2013）中附录K的相关规定执行。

5.3.1.1 附录K适用范围

《通用安装工程工程量计算规范》（GB 50856—2013）中“附录K　给排水、采暖、

燃气工程”，适用于采用工程量清单计价的新建、扩建的生活用给排水、采暖、燃气工程。附录K共10节101个项目，主要包括暖、卫、燃气的管道安装，管道附件安装，管道支架制作安装，暖、卫、燃气器具安装，采暖、空调水工程系统调试等项目。

5.3.1.2 附录K相关内容

（1）与建筑工程相关的内容

编制本附录K清单项目如涉及管沟及管沟的土石方、垫层、基础、砌筑抹灰、地沟盖板、土石方回填、土石方运输等工程内容时，按《房屋建筑与装饰工程工程量计算规范》规定的相关项目编制工程量清单。路面开挖及修复、管道支墩、井砌筑等工程内容，按《市政工程工程量计算规范》规定的有关项目编制工程量清单。

（2）与刷油、防腐蚀、绝热相关的内容

本附录项目如涉及管道的除锈、刷油，支架的除锈、刷油，管道的绝热、防腐蚀等工程量清单项目，可以参照“附录M 刷油、防腐蚀、绝热工程”的相关内容编制。

5.3.2 给排水、采暖、燃气管道工程量清单

给排水、采暖、燃气管道工程量清单项目设置、项目特征描述的内容、计量单位及工程量计算规则，应按表5-5附录K.1的规定执行。

给排水管道工程量清单

表5-5 附录K.1 给排水、采暖、燃气管道（编码：031001）

项目编码	项目名称	项目特征	计量单位	工程量计算规则	工作内容
031001001	镀锌钢管	1. 安装部位 2. 介质 3. 规格、压力等级 4. 连接形式 5. 压力试验及吹、洗设计要求 6. 警示带形式	m	按设计图示管道中心线以长度计算	1. 管道安装 2. 管件制作、安装 3. 压力试验 4. 吹扫、冲洗 5. 警示带铺设
031001002	钢管				
031001003	不锈钢管				
031001004	铜管				
031001005	铸铁管	1. 安装部位 2. 介质 3. 材质、规格 4. 连接形式 5. 接口材料 6. 压力试验及吹、洗设计要求 7. 警示带形式			1. 管道安装 2. 管件安装 3. 压力试验 4. 吹扫、冲洗 5. 警示带铺设
031001006	塑料管	1. 安装部位 2. 介质 3. 材质、规格 4. 连接形式 5. 阻火圈设计要求 6. 压力试验及吹、洗设计要求 7. 警示带形式			1 管道安装 2. 管件安装 3. 塑料卡固定 4. 阻火圈安装 5. 压力试验 6. 吹扫、冲洗 7. 警示带铺设

续表

项目编码	项目名称	项目特征	计量单位	工程量计算规则	工作内容
031001007	复合管	1. 安装部位 2. 介质 3. 材质、压力等级 4. 连接形式 5. 压力试验及吹、洗设计要求 6. 警示带形式	m	按设计图示管道中心线以长度计算	1. 管道安装 2. 管件安装 3. 塑料卡固定 4. 压力试验 5. 吹扫、冲洗 6. 警示带铺设
031001008	直埋式预制保温管	1. 埋设深度 2. 介质 3. 管道材质、规格 4. 连接形式 5. 接口保温材料 6. 压力试验及吹、洗设计要求 7. 警示带形式			1. 管道安装 2. 管件安装 3. 接口保温 4. 压力试验 5. 吹扫、冲洗 6. 警示带铺设
031001009	承插陶瓷缸瓦管	1. 埋设深度 2. 规格 3. 接口方式及材料 4. 压力试验及吹、洗设计要求 5. 警示带形式			1. 管道安装 2. 管件安装 3. 压力试验 4. 吹扫、冲洗 5. 警示带铺设
031001010	承插水泥管				
031001011	室外管道碰头	1. 介质 2. 碰头形式 3. 材质、规格 4. 连接形式 5. 防腐、绝热设计要求	处	按设计图示以处计算	1. 挖填工作坑或暖气沟拆除及修复 2. 碰头 3. 接口处防腐 4. 接口处绝热及保护层

注：1. 安装部位，指管道安装在室内、室外。

2. 输送介质包括给水、排水、中水、雨水、热媒体、燃气、空调水等。

3. 方形补偿器制作安装应含在管道安装综合单价中。

4. 铸铁管安装适用于承插铸铁管、球墨铸铁管、柔性抗震铸铁管等。

5. 塑料管安装适用于 UPVC、PVC、PP-C、PP-R、PE、PB 管等塑料管材。

6. 复合管安装适用于钢塑复合管、铝塑复合管、钢架复合管等复合型管道安装。

7. 直埋保温管包括直埋保温管件安装及接口保温。

8. 排水管道安装包括立管检查口、透气帽。

9. 室外管道碰头：

① 适用于新建或扩建工程热源、水源、气源管道与原（旧）有管道碰头；

② 室外管道碰头包括挖工作坑、土方回填或暖气沟局部拆除及修复；

③ 带介质管道碰头包括开关闸、临时防水管线铺设等费用；

④ 热源管道碰头每处包括供、回水两个接口；

⑤ 碰头形式指带介质碰头、不带介质碰头。

10. 管道工程量计算不扣除阀门、管件（包括减压器、疏水器、水表、伸缩器等组成安装）及附属构筑物所占长度；方形补偿器以其所占长度列入管道安装工程量。

11. 压力试验按设计要求描述试验方法，如水压试验、气压试验、泄露性试验、闭水试验、通球试验、真空试验等。

12. 吹、洗按设计要求描述吹扫、冲洗方法，如水冲洗、消毒冲洗、空气吹扫等。

给排水、采暖、燃气管道安装，是按安装部位、介质、规格压力等级、连接形式、压力试验及吹洗设计要求、警示带形式等不同特征设置的清单项目。编制工程量清单时，应明确描述各项特征，以便计价。具体应描述以下各项特征：

① 材质应按焊接钢管（镀锌、不镀锌）、无缝钢管、铸铁管（一般铸铁、球墨铸铁）、铜管（T1、T2、T3、H59～96）、不锈钢管（$1C_r18Ni9$、$1C_r18Ni9Ti$、304）、非金属管（PVC、UPVC、PPC、PPR、PE、铝塑复合、水泥、陶土、缸瓦管）等的不同特征分别编制清单项目；

② 连接方式应按不同的接口形式，如螺纹连接、焊接（电弧焊、氧乙炔焊）、承插、卡接、热熔、粘接等的不同特征分别列项。

5.3.3 支架及其他工程量清单

支架及其他工程量清单项目设置、项目特征描述的内容、计量单位及工程量计算规则，应按表5-6附录K.2的规定执行。

表5-6 附录K.2 支架及其他（编码：031002）

项目编码	项目名称	项目特征	计量单位	工程量计算规则	工作内容
031002001	管道支架	1. 材质 2. 管架形式	1. kg 2. 套	1. 以千克计量，按设计图示质量计算 2. 以套计量，按设计图示数量计算	1. 制作 2. 安装
031002002	设备支架	1. 材质 2. 形式			
031002003	套管	1. 名称、类型 2. 材质 3. 规格 4. 填料材质	个	按设计图示数量计算	1. 制作 2. 安装 3. 除锈、刷油

注：1. 单件支架质量100 kg以上的管道支吊架执行设备支吊架制作安装。
2. 成品支架安装执行相应管道支架或设备支架项目，不再计取制作费，支架本身价值含在综合单价中。
3. 套管制作安装，适用于穿基础、墙、楼板等部位的防水套管、填料套管、无填料套管及防火套管等，应分别列项。

DN32以上管道支架的计算，区分固定支架、活动支架，保温管支架、不保温管支架。

5.3.4 管道附件工程量清单

管道附件工程量清单项目设置、项目特征描述的内容、计量单位及工程量计算规则，应按表5-7附录K.3的规定执行。

表 5-7 附录 K.3 管道附件（编码：031003）

项目编码	项目名称	项目特征	计量单位	工程量计算规则	工作内容
031003001	螺纹阀门	1. 类型 2. 材质 3. 规格、压力等级 4. 连接形式 5. 焊接方法	个	按设计图示数量计算	1. 安装 2. 电气接线 3. 调试
031003002	螺纹法兰阀门				
031003003	焊接法兰阀门				
031003004	带短管甲乙阀门	1. 材料 2. 规格、压力等级 3. 连接形式 4. 接口方式及材料			
031003005	塑料阀门	1. 规格 2. 连接形式			1. 安装 2. 调试
031003006	减压器	1. 材质 2. 规格、压力等级 3. 连接形式 4. 附件配置	组		组装
031003007	疏水器				
031003008	除污器（过滤器）	1. 材质 2. 规格、压力等级 3. 连接形式			安装
031003009	补偿器	1. 类型 2. 材质 3. 规格、压力等级 4. 连接形式	个		
031003010	软接头（软管）	1. 材质 2. 规格 3. 连接形式	个（组）		
031003011	法兰	1. 材质 2. 规格、压力等级 3. 连接形式	副（片）		
031003012	倒流防止器	1. 材质 2. 型号、规格 3. 连接形式	套		
031003013	水表	1. 安装部位（室内外） 2. 型号、规格 3. 连接形式 4. 附件配置	组（个）		组装
031003014	热量表	1. 类型 2. 型号、规格 3. 连接形式	块		安装

续表

项目编码	项目名称	项目特征	计量单位	工程量计算规则	工作内容
031003015	塑料排水管消声器	1. 规格 2. 连接形式	个	按设计图示数量计算	安装
031003016	浮标液面计		组		
031003017	浮标水位标尺	1. 用途 2. 规格	套		

注：1. 法兰阀门安装包括法兰连接，不得另计。阀门安装如仅为一侧法兰连接时，应在项目特征中描述。

2. 塑料阀门连接形式需注明热熔连接、粘接、热风焊接等方式。

3. 减压器规格按高压侧管道规格描述。

4. 减压器、疏水器、倒流防止器等项目包括组成与安装内容，项目特征应根据设计要求描述附件配置情况，或根据××图集或××施工图做法描述。

5.3.5 卫生器具工程量清单

卫生器具工程量清单项目设置、项目特征描述的内容、计量单位及工程量计算规则，应按表5-8附录K.4的规定执行。

表5-8 附录K.4 卫生器具（编码：031004）

项目编码	项目名称	项目特征	计量单位	工程量计算规则	工作内容
031004001	浴缸	1. 材质 2. 规格、类型 3. 组装形式 4. 附件名称、数量	组	按设计图示数量计算	1. 器具安装 2. 附件安装
031004002	净身盆				
031004003	洗脸盆				
031004004	洗涤盆				
031004005	化验盆				
031004006	大便器				
031004007	小便器				
031004008	其他成品卫生器具				
031004009	烘手器	1. 材质 2. 型号、规格	个		安装
031004010	淋浴器	1. 材质、规格 2. 组装形式 3. 附件名称、数量	套		1. 器具安装 2. 附件安装
031004011	淋浴间				
031004012	桑拿浴房				

续表

项目编码	项目名称	项目特征	计量单位	工程量计算规则	工作内容
031004013	大、小便槽自动冲洗水箱	1. 材质、类型 2. 规格 3. 水箱配件 4. 支架形式及做法 5. 器具及支架除锈、刷油设计要求	套	按设计图示数量计算	1. 制作 2. 安装 3. 支架制作、安装 4. 除锈、刷油
031004014	给、排水附(配)件	1. 材质 2. 型号、规格 3. 安装方式	个（组）		安装
031004015	小便槽冲洗管	1. 材质 2. 规格	m	按设计图示长度计算	1. 制作 2. 安装
031004016	蒸汽-水加热器	1. 类型 2. 型号、规格 3. 安装方式	套	按设计图示数量计算	
031004017	冷热水混合器				
031004018	饮水器				
031004019	隔油器	1. 类型 2. 型号、规格 3. 安装部位			安装

注：1. 成品卫生器具项目中的附件安装，主要指给水附件，包括水嘴、阀门、喷头等，排水配件包括存水弯、排水栓、下水口等及配备的连接管。

2. 浴缸制作和浴缸周边的砌砖、瓷砖粘贴，应按现行国家标准《房屋建筑与装饰工程工程量计算规范》（GB 50854）相关项目编码列项；功能性浴缸不含电机接线和调试，应按本规范附录D电气设备安装工程相关项目编码列项。

3. 洗脸盆适用于洗脸盆、洗发盆、洗手盆安装。

4. 器具安装中若采用混凝土或砖基础，应按现行国家标准《房屋建筑与装饰工程工程量计算规范》（GB 50854）相关项目编码列项。

5. 给、排水附（配）件是指独立安装的水嘴、地漏、地面扫除口等。

卫生器具的下列各项特征必须在工程量清单中明确描述，以便计价：

① 浴缸的材质（搪瓷、铸铁、玻璃钢、塑料），规格（1400、1650、1800），组装形式（冷水、冷热水、冷热水带喷头）；

② 洗脸盆的类型（立式、台式、普通），组装形式（冷水、冷热水）；

③ 淋浴器的组装形式（钢管组成、铜管成品）；

④ 大便器类型（蹲式、坐式、低水箱、高水箱），组装形式（普通冲洗阀冲洗、手压冲洗、脚踏冲洗、自闭式冲洗）；

⑤ 小便器类型（挂斗式、立式）。

5.3.6 供暖器具工程量清单

供暖器具工程量清单项目设置、项目特征描述的内容、计量单位及工程量计算规则，应按表5-9附录K.5的规定执行。

表5-9 附录K.5供暖器具（编码：031005）

项目编码	项目名称	项目特征	计量单位	工程量计算规则	工作内容
031005001	铸铁散热器	1. 型号、规格 2. 安装方式 3. 托架形式 4. 器具、托架除锈、刷油设计要求	片（组）	按设计图示数量计算	1. 组对、安装 2. 水压试验 3. 托架制作、安装 4. 除锈、刷油
031005002	钢制散热器	1. 结构形式 2. 型号、规格 3. 安装方式 4. 托架刷油设计要求	组（片）		1. 安装 2. 托架安装 3. 托架刷油
031005003	其他成品散热器	1. 材质、类型 2. 型号、规格 3. 托架刷油设计要求			
031005004	光排管散热器	1. 材质、类型 2. 型号、规格 3. 托架形式及做法 4. 器具、托架除锈、刷油设计要求	m	按设计图示排管长度计算	1. 制作、安装 2. 水压试验 3. 除锈、刷油
031005005	暖风机	1. 质量 2. 型号、规格 3. 安装方式	台	按设计图示数量计算	安装
031005006	地板辐射采暖	1. 保温层材质、厚度 2. 钢丝网设计要求 3. 管道材质、规格 4. 压力试验及吹扫设计要求	1. m^2 2. m	1. 以平方米计量，按设计图示采暖房间净面积计算 2. 以米计量，按设计图示管道长度计算	1. 保温层及钢丝网铺设 2. 管道排布、绑扎、固定 3. 与分集水器连接 4. 水压试验、冲洗 5. 配合地面浇筑
031005007	热媒集配装置	1. 材质 2. 规格 3. 附件名称、规格、数量	台	按设计图示数量计算	1. 制作 2. 安装 3. 附件安装
031005008	集气罐	1. 材质 2. 规格	个		1. 制作 2. 安装

注：1. 铸铁散热器，包括拉条制作安装。

2. 钢制散热器结构形式，包括钢制闭式、板式、壁板式、扁管式及柱式散热器等，应分别列项计算。

3. 光排管散热器，包括联管制作安装。

4. 地板辐射采暖，包括与分集水器连接和配合地面浇筑用工。

供暖器具的下列各项特征必须在工程量清单中明确描述，以便计价：

① 铸铁散热器的型号、规格（长翼、圆翼、M132、柱型），光排管散热器的型号（A、B型）。

② 光排管式散热器制作安装，工程量按长度以m为单位计算。在计算工程量长度时，每组光排管之间的连接管长度不能计入光排管制作安装工程量。

5.3.7 采暖、给排水设备工程量清单

采暖、给排水设备工程量清单项目设置、项目特征描述的内容、计量单位及工程量计算规则，应按表5-10附录K.6的规定执行。

表5-10 附录K.6 采暖、给排水设备（编码：031006）

<table>
<tr><th>项目编码</th><th>项目名称</th><th>项目特征</th><th>计量单位</th><th>工程量计算规则</th><th>工作内容</th></tr>
<tr><td>031006001</td><td>变频
给水设备</td><td rowspan="3">1. 设备名称
2. 型号、规格
3. 水泵主要技术参数
4. 附件名称、规格、数量
5. 减震装置形式</td><td rowspan="3">套</td><td rowspan="12">按设计图示数量计算</td><td rowspan="3">1. 设备安装
2. 附件安装
3. 调试
4. 减震装置制作、安装</td></tr>
<tr><td>031006002</td><td>稳压
给水设备</td></tr>
<tr><td>031006003</td><td>无负压
给水设备</td></tr>
<tr><td>031006004</td><td>气压罐</td><td>1. 型号、规格
2. 安装方式</td><td>台</td><td>1. 安装
2. 调试</td></tr>
<tr><td>031006005</td><td>太阳能
集热装置</td><td>1. 型号、规格
2. 安装方式
3. 附件名称、规格、数量</td><td>套</td><td>1. 安装
2. 附件安装</td></tr>
<tr><td>031006006</td><td>地源
（水源、气源）
热泵机组</td><td>1. 型号、规格
2. 安装方式
3. 减震装置形式</td><td>组</td><td>1. 安装
2. 减震装置制作、安装</td></tr>
<tr><td>031006007</td><td>除砂器</td><td>1. 型号、规格
2. 安装方式</td><td rowspan="6">台</td><td rowspan="5">安装</td></tr>
<tr><td>031006008</td><td>水处理器</td><td rowspan="3">1. 类型
2. 型号、规格</td></tr>
<tr><td>031006009</td><td>超声波
灭藻设备</td></tr>
<tr><td>031006010</td><td>水质
净化器</td></tr>
<tr><td>031006011</td><td>紫外线
杀菌设备</td><td>1. 名称
2. 规格</td></tr>
<tr><td>031006012</td><td>热水器、
开水炉</td><td>1. 能源种类
2. 型号、容积
3. 安装方式</td><td>1. 安装
2. 附件安装</td></tr>
</table>

续表

项目编码	项目名称	项目特征	计量单位	工程量计算规则	工作内容
031006013	消毒器、消毒锅	1. 类型 2. 型号、规格	台	按设计图示数量计算	安装
031006014	直饮水设备	1. 名称 2. 规格	套		
031006015	水箱	1. 材质、类型 2. 型号、规格	台		1. 制作 2. 安装

注：1. 变频给水设备、稳压给水设备、无负压给水设备安装，说明：

① 压力容器包括气压罐、稳压罐、无负压罐；

② 水泵包括主泵及备用泵，应注明数量；

③ 附件包括给水装置中配备的阀门、仪表、软接头，应注明数量，含设备、附件之间的管路连接；

④ 泵组底座安装，不包括基础砌（浇）筑，应按现行国家标准《房屋建筑与装饰工程工程量计算规范》（GB 50854）相关项目编码列项。

⑤ 控制柜安装及电气接线、调试应按本规范附录D电气设备安装工程相关项目编码列项。

2. 地源热泵机组，接管及接管上的阀门、软接头、减震装置和基础另行计算，应按相关项目编码列项。

5.3.8 燃气器具及其他工程量清单

燃气器具及其他工程量清单项目设置、项目特征描述的内容、计量单位及工程量计算规则，应按表5-11附录K.7的规定执行。

表5-11 附录K.7 燃气器具及其他（编码：031007）

项目编码	项目名称	项目特征	计量单位	工程量计算规则	工作内容
031007001	燃气开水炉	1. 型号、容量 2. 安装方式 3. 附件型号、规格	台	按设计图示数量计算	1. 安装 2. 附件安装
031007002	燃气采暖炉				
031007003	燃气沸水器、消毒器	1. 类型 2. 型号、容量 3. 安装方式 4. 附件型号、规格			
031007004	燃气热水器				
031007005	燃气表	1. 类型 2. 型号、规格 3. 连接方式 4. 托架设计要求	块（台）		1. 安装 2. 托架制作、安装
031007006	燃气灶具	1. 用途 2. 类型 3. 型号、规格 4. 安装方式 5. 附件型号、规格	台		1. 安装 2. 附件安装

续表

项目编码	项目名称	项目特征	计量单位	工程量计算规则	工作内容
031007007	气嘴	1. 单嘴、双嘴 2. 材质 3. 型号、规格 4. 连接形式	个	按设计图示数量计算	安装
031007008	调压器	1. 类型 2. 型号、规格 3. 安装方式	台		
031007009	燃气抽水缸	1. 材质 2. 规格 3. 连接形式	个		
031007010	燃气管道调长器	1. 规格 2. 压力等级 3. 连接形式	台		
031007011	调压箱、调压装置	1. 类型 2. 型号、规格 3. 安装部位	处		
031007012	引入口砌筑	1. 砌筑形式、材质 2. 保温、保护材料设计要求			1. 保温（保护）台砌筑 2. 填充保温（保护）材料

注：1. 沸水器、消毒器适用于容积式沸水器、自动沸水器、燃气消毒器等。
2. 燃气灶具适用于人工煤气灶具、液化石油气灶具、天然气燃气灶具等，用途应描述民用或公用，类型应描述所采用气源。
3. 调压箱、调压装置安装部位应区分室内、室外。
4. 引入口砌筑形式，应注明地上、地下。

5.3.9 采暖、空调水工程系统调试工程量清单

采暖、空调水工程系统调试工程量清单项目设置、项目特征描述的内容、计量单位及工程量计算规则，应按表5-12附录K.9的规定执行。

表5-12　附录K.9 采暖、空调水工程系统调试（编码：031009）

项目编码	项目名称	项目特征	计量单位	工程量计算规则	工作内容
031009001	采暖工程系统调试	1. 系统形式 2. 采暖（空调水）管道工程量	系统	按采暖工程系统计算	系统调试
031009002	空调水工程系统调试			按空调水工程系统计算	

注：1. 由采暖管道、阀门及供暖器具组成采暖工程系统。
2. 由空调水管道、阀门及冷水机组组成空调水工程系统。
3. 当采暖工程系统、空调水工程系统中管道工程量发生变化时，系统调试费用应作相应调整。

5.4 给排水、采暖、燃气工程计价

对给排水、采暖、燃气工程进行工程量清单计价时，首先要熟悉图纸、规范、定额及相关基础资料。其次，核算招标工程量清单中的工程量；查套定额，确定分部分项工程量清单综合单价。再次，进行分部分项工程和单价措施项目清单计价、总价措施项目清单计价、其他项目清单计价，以及规费、税金项目清单计价；最后汇总得出工程造价。

给排水工程量清单计价

5.4.1 定额有关费用规定

给排水、采暖、燃气工程的工程量清单计价是依据《江苏省安装工程计价定额》(2014 版) 中的“第十册　给排水、采暖、燃气工程”(以下简称“第十册”)来进行计价的，该册定额适用于生活用给水、排水、燃气、采暖热源管道及附件配件安装、小型容器制作安装。

5.4.1.1 与其他册定额的关系

① 工业管道、生产与生活共用管道、锅炉房和泵类配管，以及高层建筑内加压泵间的管道套用计价定额“第八册　工业管道工程”的有关项目。

② 刷油、防腐蚀、绝热工程使用计价定额“第十一册　刷油、防腐蚀、绝热工程”的有关项目。

5.4.1.2 计价费用规定

① 安装（施工）的设计规格与定额子目规格不符时，使用接近规格的项目；规格居中时按大者套；超过第十册定额最大规格时可作补充定额。本条说明适用于第十册定额的其他各章节。

② 脚手架搭拆费：按人工费的 5%计取，其中人工工资占 25%。脚手架搭拆费属于单价措施项目。

【例 5-1】 已知某建筑给排水工程人工费 18000 元，材料费 60000 元，施工机具使用费 2500 元，管理费、利润分别按人工费的 40%、14%计算，脚手架搭拆费按人工费的 5%计算，其中人工工资占 25%，计算脚手架搭拆费。

解：人工费＝18000×5%×25%＝225 元

材料费＝18000×5%×75%＝675 元

施工机具使用费＝0 元

企业管理费＝225×40%＝90 元

利润＝225×14%＝31.5 元

脚手架搭拆费＝225＋675＋90＋31.5＝1021.5 元

③ 高层建筑增加费：指层数在 6 层或 20 m 以上的工业与民用建筑使用机械而增加的费用。高层建筑的高度或层数以室外设计±0.000 至檐口（不包括屋顶水箱间、电梯

间等）高度计算，不包括地下室的高度和层数，半地下室也不计算层数。该费用属于单价措施项目费，以分部分项工程人工费作为计价基础，并拆分为人工费和机械费。其计算公式为

$$高层建筑增加费=人工费\times高层建筑增加费费率 \tag{5-2}$$

注意，这里的人工费是包括 6 层或 20 m 以下的全部人工费，并且包括各章节中所规定的应按系数调整的子目中人工调整部分的费用；同一建筑物部分高度不同时，可分别按高度计算高层建筑增加费。高层建筑增加费费率及拆分比例按表 5-13 计算。

表 5-13　高层建筑增加费费率（第十册）

层数		9 层以下（30 m）	12 层以下（40 m）	15 层以下（50 m）	18 层以下（60m）	21 层以下（70 m）	24 层以下（80 m）	27 层以下（90 m）	30 层以下（100 m）	33 层以下（110 m）
按人工费的%		12	17	22	27	31	35	40	44	48
其中	人工工资（%）	17	18	18	22	26	29	33	36	40
	机械费（%）	83	82	82	78	74	71	68	64	60
层数		36 层以下（120 m）	40 层以下（130 m）	42 层以下（140 m）	45 层以下（150 m）	48 层以下（160 m）	51 层以下（170 m）	54 层以下（180 m）	57 层以下（190 m）	60 层以下（200 m）
按人工费的%		53	58	61	65	68	70	72	73	75
其中	人工工资（%）	42	43	46	48	50	52	56	59	61
	机械费（%）	58	57	54	52	50	48	44	41	39

④ 超高增加费：指施工中操作高度超过 3.6 m 时，其超高部分（指由 3.6 m 至操作物高度）的定额人工费应乘以相应系数。

$$超高增加费=超高部分定额人工费\times超高系数 \tag{5-3}$$

超高增加费可计入相应的分部分项工程综合单价中，而且属于综合单价中的人工费的增加费用。其超高增加费系数见表 5-14。

表 5-14　超高增加费系数（第十册）

标高±（m）	3.6～8	3.6～12	3.6～16	3.6～20
超高系数	1.10	1.15	1.20	1.25

⑤ 采暖系统调整费按采暖工程人工费的 15%计算，其中人工工资占 20%。

⑥ 空调水系统调试，按空调水系统（扣除空调冷凝水系统）人工费的 13% 计算，其中人工工资占 25%。

⑦ 设置于管道间、管廊内的管道、阀门、法兰、支架安装，人工乘以系数 1.3。

⑧ 主体结构为现场浇筑采用钢模施工的工程，内外浇筑的人工乘以系数 1.05，内浇外砌的人工乘以系数 1.03。

5.4.2 给排水、采暖、燃气管道工程计价

（1）管道安装

在定额综合单价中，管道安装的工作内容已经包括打堵洞眼、切管、套丝、上零件、调直、栽钩卡、管件安装、水压试验等，管道安装套用定额时，还需计算钢管、承插铸铁给水管、给水塑料管、给水塑料复合管、燃气铸铁管、塑料排水管、承插铸铁雨水管等主材价格。

在给排水管道安装时，有时需要对管道进行冲洗、消毒、刷油及保温等工作，因此在进行管道工程计价时还应根据实际发生情况，计入相应工作内容的费用。

（2）管件安装

在给排水、采暖管道安装工程中，管件一般不需计算工程量，已包含于管道安装工程费用中，但不锈钢管和铜管除外。不锈钢管和铜管的管件应计算工程量并套用工业管道工程中低压管件安装。

（3）管道消毒、冲洗、压力试验

管道消毒、冲洗定额子目适用于设计和施工有要求的工程，并非所有管道都需要；管道安装定额基价已包括压力试验或灌水试验的费用，需要再次进行管道试验时才可执行管道压力试验定额，不要重复计算。

5.4.3 支架及套管工程计价

（1）支架制作安装

① 支架制作安装的工程量应根据设计图示计算支架质量。单件支架质量 100 kg 以上的管道支架，执行设备支架制作、安装定额。成品支架安装执行相应管道支架或设备支架安装项目，不再计取制作费。

② 管道支架制作安装：室内管道公称直径 DN 32 mm 以下（≤DN 32）的钢管安装，已包括管卡及托钩的制作安装，不得另行计算；公称直径 32 mm 以上的可另行计算。

（2）套管制作安装

① 套管制作安装，适用于穿基础、墙、楼板等部位的防水套管、填料套管、无填料套管及防火套管等，分别套用相应的定额。

② 给排水、采暖、燃气工程中的刚性防水套管制作安装，适用于一般工业及民用建筑中有防水要求的套管制作安装；工业管道、构筑物等有防水要求的套管，执行“第八册　工业管道工程”相应定额。

5.4.4 管道附件工程计价

（1）阀门安装

螺纹阀门安装适用于各种内外螺纹连接的阀门安装；法兰阀门安装适用于各种法兰阀门的安装，如仅为一侧法兰连接时，定额中的法兰、带帽螺栓及垫圈数量减半；各种法兰连接用垫片均按石棉橡胶板计算。如用其他材料，不作调整。

(2) 减压器、疏水器安装

减压器、疏水器是按《采暖通风国家标准图集》(N108) 编制的，安装基价中包括法兰、闸阀、止回阀、安全阀及旁通管的安装费用，法兰、闸阀、止回阀、安全阀为已计价材料，若图纸中设计组成与定额中规定的安装形式不同时，阀门及止回阀数量可按实际调整，其余不变。

(3) 水表安装

水表安装定额是以标准图集以“组”为单位进行计价的，如螺纹水表每组安装包括水表和表前阀门安装，而法兰水表每组安装则包括闸阀、止回阀及旁通管的安装，法兰、闸阀、止回阀为定额中已计价材料。若图纸中设计组成与定额中规定的安装形式不同，阀门及止回阀数量可按设计规定进行调整，如图 5-9、图 5-10 所示。

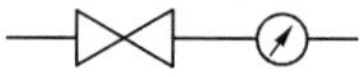

图 5-9 螺纹水表组成

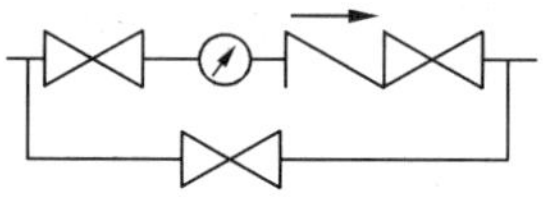

图 5-10 法兰水表组成

5.4.5 卫生器具工程计价

卫生器具安装项目，均参照《给水排水标准图集》中有关标准图集计算，除以下说明者外，设计无特殊要求均不作调整；成组安装的卫生器具，定额均已按标准图集计算与给水、排水管道连接的人工费和材料费。

① 浴盆安装适用于各种型号的浴盆，但浴盆支座和浴盆周边的砌砖、瓷砖粘贴应另行计算。

② 淋浴房安装定额包含相应的龙头安装。

③ 洗脸盆、洗手盆、洗涤盆适用于各种型号。台式洗脸盆定额不包含台面安装，发生时套用相应的定额，已包含支撑台面所需的金属支架制作安装，若设计用量超过定额含量的，可另行增加金属支架的制作安装；洗脸盆肘式开关安装不分单双把均执行同一项目；脚踏开关定额中已经包括弯管和喷头的安装人工费和材料费。

④ 不锈钢洗槽为单槽，若为双槽，按单槽定额的人工乘以 1.20 计算，本子目也适用于瓷洗槽。

⑤ 化验盆安装中的鹅颈水嘴、化验单嘴、双嘴适用于成品件安装。

⑥ 高 (无) 水箱蹲式大便器，低水箱坐式大便器安装，适用于各种型号。

⑦ 小便槽冲洗管制作安装定额中，不包括阀门安装，可按相应项目另行计算。

⑧ 小便器带感应器定额适用于挂式、立式等各种安装形式。

⑨ 淋浴器铜制品安装适用于各种成品淋浴器安装。

⑩ 大、小便槽水箱托架安装已按标准图集计算在定额内，不得另行计算。

⑪ 冷热水带喷头淋浴龙头适用于仅单独安装淋浴龙头；感应龙头不分规格，均套用感应龙头安装定额。

⑫ 容积式水加热器安装，定额内已按标准图集计算其中的附件，但不包括安全阀安装、本体保温、刷油和基础砌筑；蒸汽-水加热器安装项目中，包括莲蓬头安装，但

不包括支架制作安装、阀门和疏水器安装，可按相应项目另行计算；冷热水混合器安装项目中包括温度计安装，但不包括支座制作安装，可按相应项目另行计算。

5.4.6 供暖器具工程计价

供暖器具安装是参照 1993 年《全国通用暖通空调标准图集》T9N112 中的“采暖系统及散热器安装”编制的。

① 各类型散热器不分明装和暗装，均按类型分别编制，柱型散热器为挂装时可执行 M132 项目；柱型和 M132 型铸铁散热器安装用拉条时，拉条另行计算。

② 定额中列出的接口密封材料，除圆翼汽包垫采用橡胶石棉板外，其余均采用成品汽包垫，若采用其他材料，不做换算。

③ 光排管散热器制作、安装项目，单位每 10 m 系指光排管长度，联管作为材料已列入定额，不得重复计算。

④ 板式、壁板式散热器，已计算托钩的安装人工费和材料费；闭式散热器，若主材价不包括托钩，托钩价格另行计算。

⑤ 采暖工程暖气片安装定额中未包含其两端的阀门，可以按其规格另套用阀门安装定额相应子目。

5.4.7 采暖、给排水设备工程计价

采暖、给排水设备安装是参照《全国通用给水排水标准图集》(S151、S342) 及《全国通用采暖通风标准图集》(T905、T906) 编制的，适用于给排水、采暖系统中一般低碳钢容器的制作和安装。

① 电热水器、电开水炉安装定额内只考虑了本体安装，连接管、连接件等可按相应项目另行计算。

② 饮水器安装的阀门和脚踏开关安装，可按相应项目另行计算。

③ 各种水箱连接管，均未包括在定额内，可执行室内管道安装的相应项目；各类水箱均未包括支架制作安装，如为型钢支架，套用第十册第二章相应定额，若为混凝土或砖支座，套用《江苏省建筑与装饰工程计价定额》；水箱制作包括水箱本身及人孔的质量，水位计内外人梯均未包括在定额内，发生时可另行计算；水箱制作不包括除锈与刷漆，必须另列项计算，按“第十一册　刷油、防腐蚀、绝热工程”执行。

5.4.8 燃气器具工程计价

燃气器具安装包括燃气加热设备、燃气表、民用灶具、公用炊事灶具、燃气嘴、燃气附件的安装。

① 沸水器、消毒器适用于容积式沸水器、自动沸水器、燃气消毒器等。

② 燃气计量表安装不包括表托、专架、表底基础。

③ 燃气加热器具只包括器具与燃气管终端阀门连接，其他执行相应定额。

④ 燃气灶具适用于人工煤气灶具、液化石油气灶具、天然气燃气灶具等，用途应描述民用或公用，类型应描述所采用气源。

5.5 给排水工程计价案例

5.5.1 给排水工程识图

图 5-11～图 5-14 所示为某办公楼给排水工程施工图。设计施工说明如下：

① 本工程为 3 层公共建筑，层高为 3.6 m，采用直接供水方式。

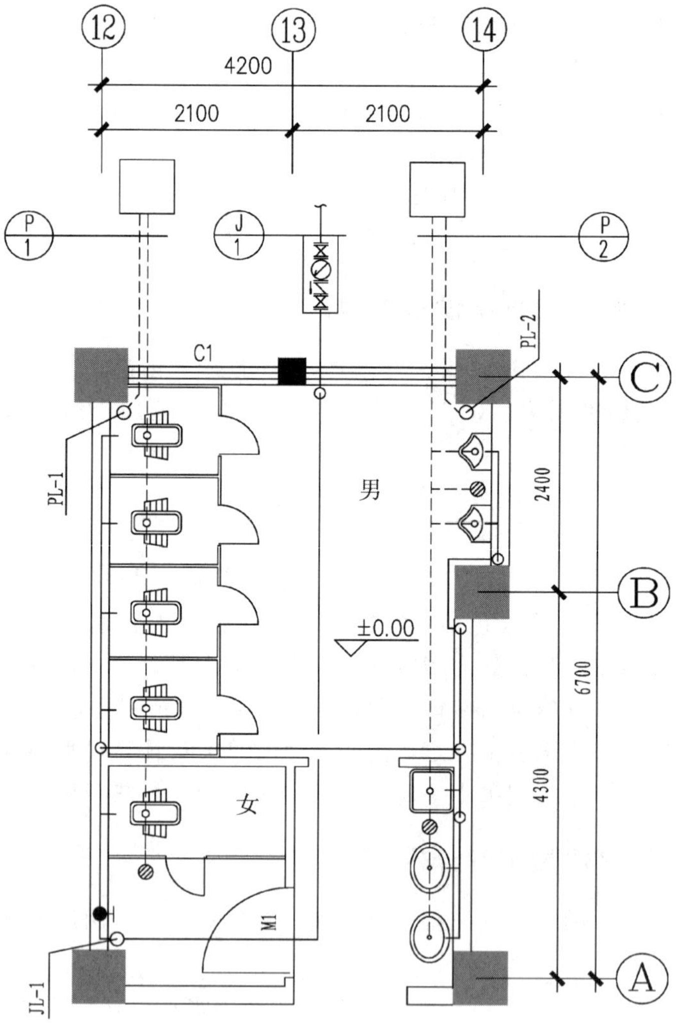

图 5-11 一层给排水平面图

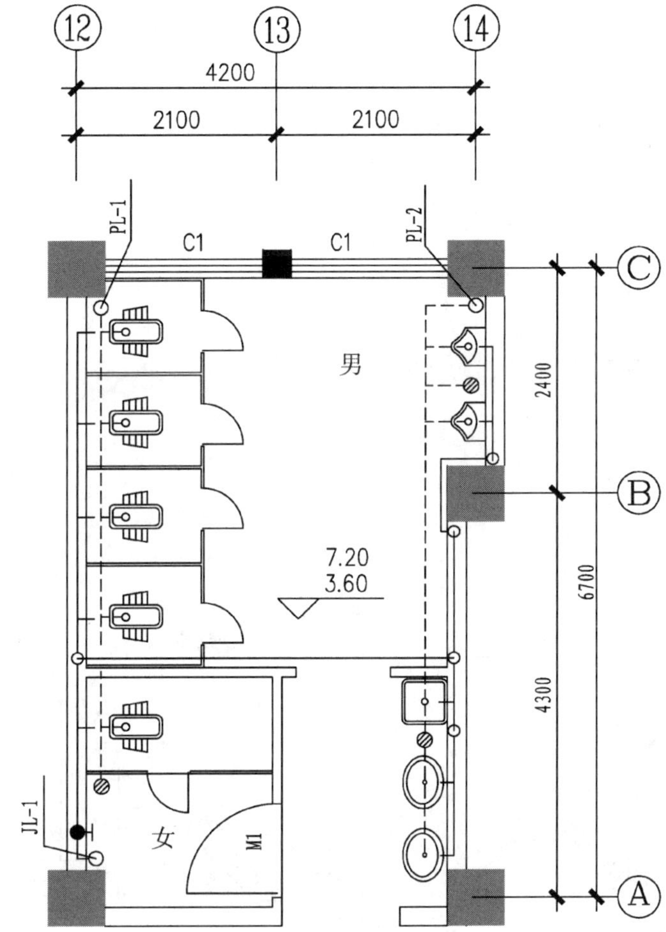

图 5-12 二、三层给排水平面图

② 本设计标高以 m 计，其余以 mm 计。给水管道标高指管中心，排水管道标高指管内底。

③ 生活给水管采用 PP-R 塑料管，热熔连接；排水管采用 UPVC，粘接。

④ 给水管道安装完毕，按规定进行水压试验、消毒冲洗；排水管道安装后进行灌水试验等。

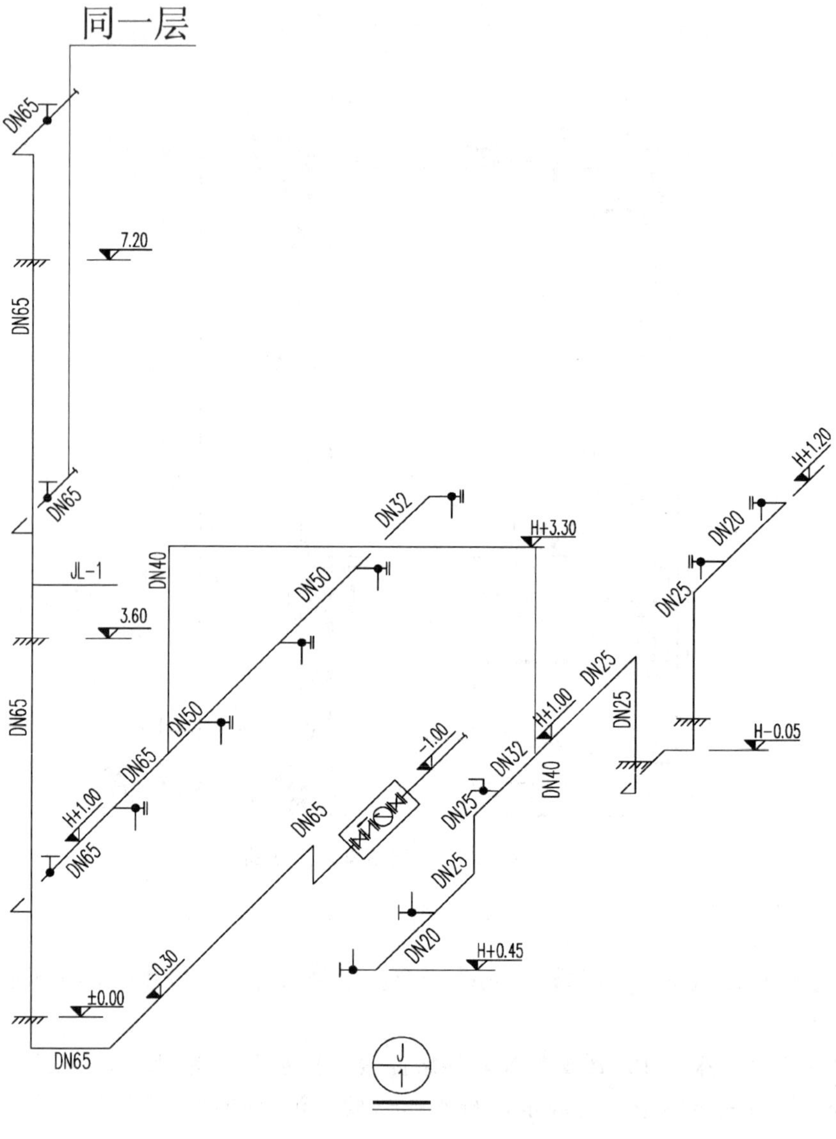
同一层
DN65
7.20
DN65
DN65
JL-1
3.60
DN65
DN32
H+3.30
DN40
DN50
DN50
DN65
H+1.00
DN65
-1.00
DN65
-0.30
±0.00
DN65
H+1.20
DN20
DN25
DN25
H+1.00
DN32
DN25
DN40
DN25
H-0.05
DN25
DN20
H+0.45
J
1

图 5-13　给水系统图

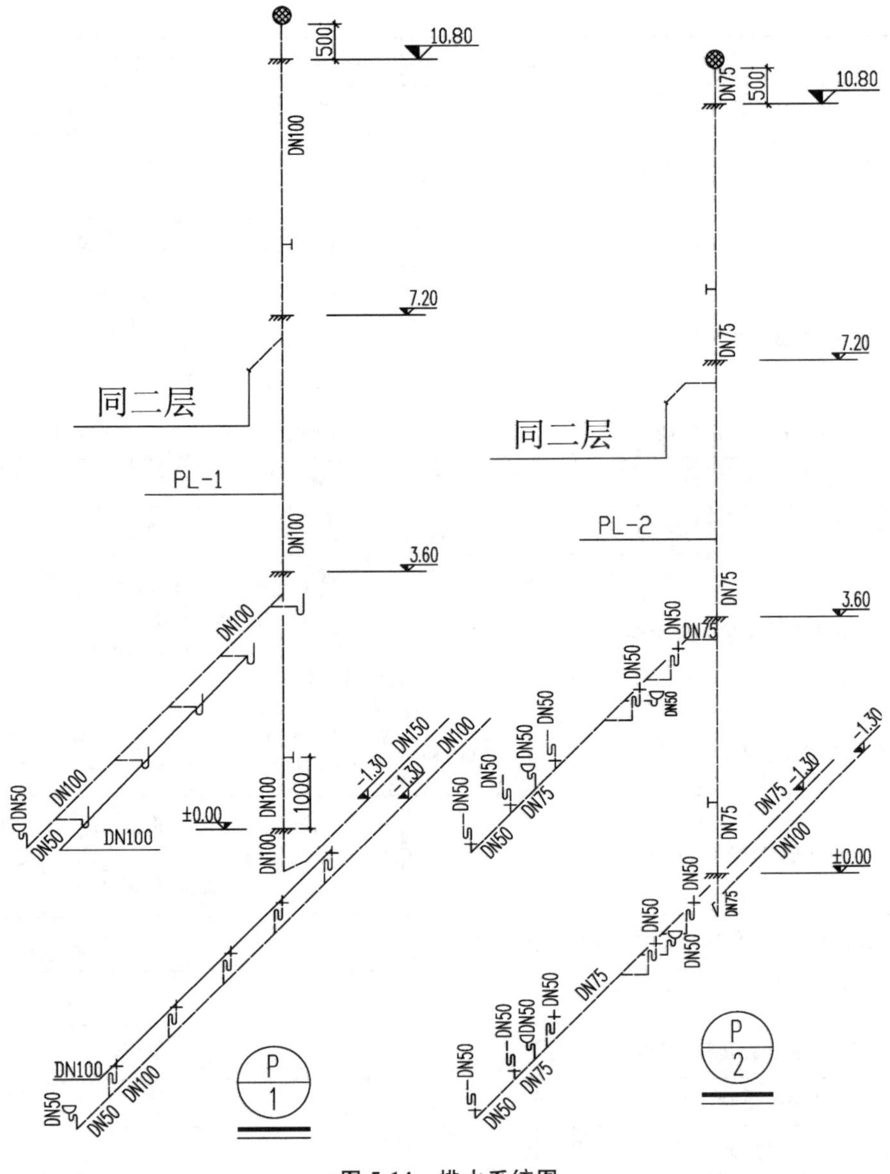

图 5-14 排水系统图

5.5.2 给排水工程计量

工程量计算结果见表 5-15。

表 5-15 工程量计算表

序号	分部分项工程名称及部位	单位	工程量	计算公式
1	给水管 PP-R DN65	m	26.3	(7.9+2.4+2.1)(一层平面)+(0.2+2.15)×2(二层平面)+[-0.3-(-1.0)+0.3+7.2+1](立管)

续表

序号	分部分项工程名称及部位	单位	工程量	计算公式
2	给水管 PP-R DN50	m	7.5	2.5+2.5+2.5(一、二、三层平面)
3	给水管 PP-R DN40	m	25.68	3.96+3.96+3.96(一、二、三层平面)+[(3.3−1)+(3.3−1)]×3(立管)
4	给水管 PP-R DN32	m	4.29	(0.98+0.45)×3(一、二、三层平面)
5	给水管 PP-R DN25	m	22.38	(0.88+1.35+0.15+0.78+0.55+0.4)×3(一、二、三层平面)+[(1−0.45)+(1−(−0.05)+(1.2−(−0.05)]×3(立管)+0.1×5×3(平面垂直管道)
6	给水管 PP-R DN20	m	4.74	(0.78+0.8)×3(一、二、三层平面)
7	给水管 PP-R DN15	m	1.5	0.1×5×3
8	排水管 UPVC DN150	m	2.58	2.33+0.25(一层平面 P1)
9	排水管 UPVC DN100	m	45.49	7(一层平面 P1)+(4.48+0.28×5)×2(二、三层平面 P1)+(2.38+0.25)(一层平面 P2)+(1.3+10.8+0.5)(立管)+0.5×5×2+1.3×5
10	排水管 UPVC DN75	m	31.39	7.55(一层平面 P2)+(0.54+5.08)×2(二、三层平面 P2)+(1.3+10.8+0.5)(立管)
11	排水管 UPVC DN50	m	26.95	0.65×3(一、二、三层平面 P1)+(0.78×3)+(0.46+0.46+0.5)×3(一、二、三层平面 P2)+0.5×8×2(垂直立管)+1.3×8
12	刚性防水套管 DN100	个	1	1
13	穿墙穿楼板套管 DN100	个	6	6
14	穿墙穿楼板套管 DN50	个	3	3
15	螺纹截止阀 DN65	个	3	3
16	法兰截止阀 DN65	个	1	1
17	止回阀 DN65	个	1	1
18	水表 DN65	组	1	1
19	蹲式大便器 自闭冲洗阀 DN25	组	15	15
20	挂式小便器 普通式	组	6	6
21	洗脸盆 冷热水	组	6	6
22	洗涤盆	组	3	3
23	水龙头	个	3	3
24	地漏 DN50	个	9	9

5.5.3 给排水工程量清单

(1) 分部分项工程和单价措施项目清单

分部分项工程和单价措施项目清单见表5-16～表5-19。

表5-16 分部分项工程和单价措施项目清单与计价表(第1页)

工程名称：公共建筑给排水工程　　　　标段：　　　　第1页　共4页

序号	项目编码	项目名称	项目特征描述	计量单位	工程量	金额(元)		
						综合单价	合价	其中 暂估价
0310 给排水、采暖、燃气工程								
1	031001006001	塑料管	1. 安装部位:室内 2. 介质:给水 3. 材质、规格:PP-R DN65 4. 连接形式:热熔连接 5. 阻火圈设计要求:无 6. 压力试验及吹、洗设计要求:水压试验、消毒冲洗 7. 警示带形式:无	m	26.3			
2	031001006002	塑料管	1. 安装部位:室内 2. 介质:给水 3. 材质、规格:PP-R DN50 4. 连接形式:热熔连接 5. 阻火圈设计要求:无 6. 压力试验及吹、洗设计要求:水压试验、消毒冲洗 7. 警示带形式:无	m	7.5			
3	031001006003	塑料管	1. 安装部位:室内 2. 介质:给水 3. 材质、规格:PP-R DN40 4. 连接形式:热熔连接 5. 阻火圈设计要求:无 6. 压力试验及吹、洗设计要求:水压试验、消毒冲洗 7. 警示带形式:无	m	25.68			
4	031001006004	塑料管	1. 安装部位:室内 2. 介质:给水 3. 材质、规格:PP-R DN32 4. 连接形式:热熔连接 5. 阻火圈设计要求:无 6. 压力试验及吹、洗设计要求:水压试验、消毒冲洗 7. 警示带形式:无	m	4.29			
本页小计								

表 5-17　分部分项工程和单价措施项目清单与计价表(第 2 页)

工程名称:公共建筑给排水工程　　　　标段:　　　　第 2 页　共 4 页

<table>
<tr><th rowspan="3">序号</th><th rowspan="3">项目编码</th><th rowspan="3">项目名称</th><th rowspan="3">项目特征描述</th><th rowspan="3">计量单位</th><th rowspan="3">工程量</th><th colspan="3">金额(元)</th></tr>
<tr><th rowspan="2">综合单价</th><th rowspan="2">合价</th><th>其中</th></tr>
<tr><th>暂估价</th></tr>
<tr><td>5</td><td>031001006005</td><td>塑料管</td><td>1. 安装部位:室内
2. 介质:给水
3. 材质、规格:PP-R DN25
4. 连接形式:热熔连接
5. 阻火圈设计要求:无
6. 压力试验及吹、洗设计要求:水压试验、消毒冲洗
7. 警示带形式:无</td><td>m</td><td>22.38</td><td></td><td></td><td></td></tr>
<tr><td>6</td><td>031001006006</td><td>塑料管</td><td>1. 安装部位:室内
2. 介质:给水
3. 材质、规格:PP-R DN20
4. 连接形式:热熔连接
5. 阻火圈设计要求:无
6. 压力试验及吹、洗设计要求:水压试验、消毒冲洗
7. 警示带形式:无</td><td>m</td><td>4.74</td><td></td><td></td><td></td></tr>
<tr><td>7</td><td>031001006007</td><td>塑料管</td><td>1. 安装部位:室内
2. 介质:给水
3. 材质、规格:PP-R DN15
4. 连接形式:热熔连接
5. 阻火圈设计要求:无
6. 压力试验及吹、洗设计要求:水压试验、消毒冲洗
7. 警示带形式:无</td><td>m</td><td>1.5</td><td></td><td></td><td></td></tr>
<tr><td>8</td><td>031001006008</td><td>塑料管</td><td>1. 安装部位:室内
2. 介质:排水
3. 材质、规格:UPVC DN150
4. 连接形式:粘接
5. 阻火圈设计要求:无
6. 压力试验及吹、洗设计要求:通水、通球试验
7. 警示带形式:无</td><td>m</td><td>2.58</td><td></td><td></td><td></td></tr>
<tr><td></td><td></td><td></td><td></td><td></td><td></td><td></td><td></td><td></td></tr>
<tr><td></td><td></td><td></td><td></td><td></td><td></td><td></td><td></td><td></td></tr>
<tr><td></td><td></td><td></td><td></td><td></td><td></td><td></td><td></td><td></td></tr>
<tr><td></td><td></td><td></td><td></td><td></td><td></td><td></td><td></td><td></td></tr>
<tr><td></td><td></td><td></td><td></td><td></td><td></td><td></td><td></td><td></td></tr>
<tr><td colspan="7">本页小计</td><td></td><td></td></tr>
</table>

表 5-18 分部分项工程和单价措施项目清单与计价表(第 3 页)

工程名称：公共建筑给排水工程　　　　标段：　　　　第 3 页　共 4 页

序号	项目编码	项目名称	项目特征描述	计量单位	工程量	金额(元)		
						综合单价	合价	其中 暂估价
9	031001006009	塑料管	1. 安装部位：室内 2. 介质：排水 3. 材质、规格：UPVC DN100 4. 连接形式：粘接 5. 阻火圈设计要求：无 6. 压力试验及吹、洗设计要求：通水、通球试验 7. 警示带形式：无	m	45.49			
10	031001006010	塑料管	1. 安装部位：室内 2. 介质：排水 3. 材质、规格：UPVC DN75 4. 连接形式：粘接 5. 阻火圈设计要求：无 6. 压力试验及吹、洗设计要求：通水、通球试验 7. 警示带形式：无	m	31.39			
11	031001006011	塑料管	1. 安装部位：室内 2. 介质：排水 3. 材质、规格：UPVC DN50 4. 连接形式：粘接 5. 阻火圈设计要求：无 6. 压力试验及吹、洗设计要求：通水、通球试验 7. 警示带形式：无	m	26.95			
12	031002003001	套管	1. 名称、类型：刚性防水套管 2. 材质：焊接钢管 3. 规格：DN100	个	1			
13	031002003002	套管	1. 名称、类型：普通套管 2. 材质：焊接钢管 3. 规格：DN100	个	6			
14	031002003003	套管	1. 名称、类型：普通套管 2. 材质：焊接钢管 3. 规格：DN50	个	3			
15	031003001001	螺纹阀门	1. 类型：截止阀 2. 材质：碳钢 3. 规格、压力等级：DN65 低压 4. 连接形式：螺纹	个	3			
本页小计								

表 5-19　分部分项工程和单价措施项目清单与计价表(第 4 页)

工程名称：公共建筑给排水工程　　　　标段：　　　　第 4 页　共 4 页

序号	项目编码	项目名称	项目特征描述	计量单位	工程量	金额(元)		
						综合单价	合价	其中 暂估价
16	031003002001	螺纹法兰阀门	1. 类型：截止阀 2. 材质：碳钢 3. 规格、压力等级：DN65 3. 连接形式：螺纹法兰	个	1			
17	031003002002	螺纹法兰阀门	1. 类型：止回阀 2. 材质：碳钢 3. 规格、压力等级：DN65 4. 连接形式：螺纹法兰	个	1			
18	031003013001	水表	1. 安装部位(室内外)：室外 2. 型号、规格：DN65 3. 连接形式：螺纹连接	组 (个)	1			
19	031004006001	大便器	1. 材质：陶瓷 2. 规格、类型：蹲式 3. 组装形式：自闭冲洗	组	15			
20	031004003001	洗脸盆	1. 材质：陶瓷 2. 规格、类型：冷水 台式 3. 组装形式：钢管组成	组	6			
21	031004004001	洗涤盆	1. 材质：陶瓷 2. 规格、类型：拖布池 3. 组装形式：冷水	组	3			
22	031004007001	小便器	1. 材质：陶瓷 2. 规格、类型：挂式	组	6			
23	031004014001	给、排水附(配)件	1. 材质：水龙头 铜芯 2. 型号、规格：DN15	个 (组)	3			
24	031004014002	给、排水附(配)件	1. 材质：地漏 不锈钢 2. 型号、规格：DN50	个 (组)	9			
		分部小计						
		分部分项合计						
1	031301017001	脚手架搭拆		项	1			
		单价措施合计						
本页小计								
合计								

（2）总价措施项目清单

总价措施项目清单见表5-20。

表5-20　总价措施项目清单与计价表

工程名称：公共建筑给排水工程　　标段：　　第1页　共1页

序号	项目编码	项目名称	计算基础	费率（%）	金额（元）	调整费率（%）	调整后金额（元）	备注
1	031302001001	安全文明施工费						
1.1		基本费		1.500				
1.2		增加费		0.300				
1.3		扬尘污染防治增加费		0.210				
2	031302002001	夜间施工增加						
3	031302003001	非夜间施工增加						
4	031302004001	二次搬运						
5	031302005001	冬雨季施工增加						
6	031302006001	已完工程及设备保护						
7	031302008001	临时设施	分部分项合计＋单价措施项目合计－除税工程设备费					
8	031302009001	赶工措施						
9	031302010001	工程按质论价		1.100				
10	031302011001	住宅分户验收						
11	031302012001	建筑工人实名制费用						
12	031302090001	地上、地下设施、建筑物的临时保护设施						
13	031302091001	特殊条件下施工增加费						
合计								

（3）其他项目清单

其他项目清单见表 5-21。

表 5-21　其他项目清单与计价汇总表

工程名称：公共建筑给排水工程　　标段：　　第 1 页　共 1 页

序号	项目名称	金额（元）	结算金额（元）	备注
1	暂列金额			
2	暂估价			
2.1	材料暂估价			
2.2	专业工程暂估价			
3	计日工			
4	总承包服务费			
合计				

(4) 规费、税金项目清单

规费、税金项目清单见表5-22。

表5-22 规费、税金项目计价表

工程名称：公共建筑给排水工程　　　　标段：　　　　第1页　共1页

序号	项目名称	计算基础	计算基数（元）	计算费率（%）	金额（元）
1	规费	环境保护税＋社会保险费＋住房公积金		100.000	
1.1	社会保险费	分部分项工程费＋措施项目费＋其他项目费－除税工程设备费		2.400	
1.2	住房公积金	分部分项工程费＋措施项目费＋其他项目费－除税工程设备费		0.420	
1.3	环境保护税	分部分项工程费＋措施项目费＋其他项目费－除税工程设备费		0.100	
2	税金	分部分项工程费＋措施项目费＋其他项目费＋规费－除税甲供材料和甲供设备费/1.01		9.000	
合计					

5.5.4 给排水工程计价

(1) 综合单价计算（部分展示，全部综合单价计算结果见二维码内容）

综合单价计算结果见表5-23～表5-27。

给排水案例
综合单价分析表

表 5-23　综合单价分析表（第 1 页）

工程名称：公共建筑给排水工程　　　　标段：　　　　第 1 页　共 25 页

项目编码	031001006001	项目名称		塑料管				计量单位	m		工程量	26.3	
清单综合单价组成明细													
定额编号	定额项目名称	定额单位	数量	单价					合价				
				人工费	材料费	机械费	管理费	利润	人工费	材料费	机械费	管理费	利润
10-239	室内给排水、采暖管道 室内给水塑料管（热熔、电熔连接）公称直径/管外径 65/75 mm	10 m	0.1	109.61	19.63	3.31	43.84	15.35	10.96	1.96	0.33	4.38	1.54
10-372	管道消毒、冲洗 公称直径 100 mm 以内	100 m	0.01	63.05	37.04		25.22	8.83	0.63	0.37		0.25	0.09
综合人工工日		小计							11.59	2.33	0.33	4.63	1.63
0.1195 工日		未计价材料费							22.62				
清单项目综合单价									43.13				
材料费明细	主要材料名称、规格、型号	单位	数量	单价（元）	合价（元）	暂估单价（元）	暂估合价（元）						
	PP-R 给水管　公称直径/管外径 65/75 mm	m	1.02	22.18	22.62								
	膨胀螺栓 M12×200	套	0.595	3	1.79								
	漂白粉	kg	0.0014	3.43									
	水	m^3	0.08	4.57	0.37								
	其他材料费			—	0.17	—							
	材料费小计			—	24.95	—							

表 5-24　综合单价分析表（第 8 页）

工程名称：公共建筑给排水工程　　　　标段：　　　　第 8 页　共 25 页

项目编码	031001006008	项目名称	塑料管	计量单位	m	工程量	2.58

清单综合单价组成明细													
定额编号	定额项目名称	定额单位	数量	单价					合价				
				人工费	材料费	机械费	管理费	利润	人工费	材料费	机械费	管理费	利润
10-312	室内给排水、采暖管道 承插塑料排水管（零件粘接）公称直径 160 mm 以内	10 m	0.1	301.67	32.09	1.45	120.67	42.23	30.17	3.21	0.15	12.07	4.22
综合人工工日		小计							30.17	3.21	0.15	12.07	4.22
0.3[illegible]1 工日		未计价材料费							19.91				
清单项目综合单价									69.73				

材料费明细	主要材料名称、规格、型号	单位	数量	单价（元）	合价（元）	暂估单价（元）	暂估合价（元）
	承插塑料排水管　公称直径 160 mm 以内	m	0.947	17.75	16.81		
	承插塑料排水管件　公称直径 160 mm 以内	个	0.698	4.44	3.1		
	聚氯乙烯热熔密封胶	kg	0.025	10.72	0.27		
	丙酮	kg	0.037	5.15	0.19		
	钢锯条	根	0.352	0.21	0.07		
	透气帽（铅丝球）DN150	个	0.03	5.11	0.15		
	铁砂布 2#	张	0.09	0.86	0.08		
	棉纱头	kg	0.029	5.57	0.16		
	膨胀螺栓 M18×200	套	0.3	3.43	1.03		
	精制带母镀锌螺栓 M6～12×12～50	套	0.58	0.33	0.19		
	扁钢 <−59	kg	0.113	3.64	0.41		
	水	m^3	0.047	4.57	0.21		
	电焊条 J422 φ3.2	kg	0.002	3.77	0.01		
	镀锌铁丝 13#～17#	kg	0.008	5.15	0.04		
	电	kW·h	0.286	0.76	0.22		
	其他材料费			—	0.18	—	
	材料费小计			—	23.12	—	

表 5-25　综合单价分析表（第 13 页）

工程名称：公共建筑给排水工程　　　　标段：　　　　第 13 页　共 25 页

项目编码	031002003002	项目名称	套管						计量单位	个	工程量	6	
清单综合单价组成明细													
定额编号	定额项目名称	定额单位	数量	单价					合价				
				人工费	材料费	机械费	管理费	利润	人工费	材料费	机械费	管理费	利润
10-399	过墙过楼板钢套管制作、安装套管公称直径 100 mm 以内	10 个	0.1	243.47	152.49	17.85	97.39	34.09	24.35	15.25	1.79	9.74	3.41
综合人工工日		小计							24.35	15.25	1.79	9.74	3.41
0.251 工日		未计价材料费											
清单项目综合单价									54.54				

材料费明细	主要材料名称、规格、型号	单位	数量	单价（元）	合价（元）	暂估单价（元）	暂估合价（元）
	焊接钢管 DN100	m	0.305	43.42	13.24		
	石棉绒	kg	0.285	2.4	0.68		
	油浸麻丝	kg	0.136	8.4	1.14		
	水泥 32.5 级	kg	0.667	0.27	0.18		
	其他材料费			—	0.01	—	
	材料费小计			—	15.25	—	

表 5-26　综合单价分析表（第 15 页）

工程名称：公共建筑给排水工程　　　　标段：　　　　第 15 页　共 25 页

<table>
<tr><td>项目编码</td><td>031003001001</td><td colspan="2">项目名称</td><td colspan="5">螺纹阀门</td><td>计量单位</td><td>个</td><td>工程量</td><td colspan="2">3</td></tr>
<tr><td colspan="14">清单综合单价组成明细</td></tr>
<tr><td rowspan="2">定额编号</td><td rowspan="2">定额项目名称</td><td rowspan="2">定额单位</td><td rowspan="2">数量</td><td colspan="5">单价</td><td colspan="5">合价</td></tr>
<tr><td>人工费</td><td>材料费</td><td>机械费</td><td>管理费</td><td>利润</td><td>人工费</td><td>材料费</td><td>机械费</td><td>管理费</td><td>利润</td></tr>
<tr><td>10-424</td><td>阀门安装 螺纹阀
公称直径 65 mm 以内</td><td>个</td><td>1</td><td>33.95</td><td>30.72</td><td></td><td>13.58</td><td>4.75</td><td>33.95</td><td>30.72</td><td></td><td>13.58</td><td>4.75</td></tr>
<tr><td colspan="2">综合人工工日</td><td colspan="7">小计</td><td>33.95</td><td>30.72</td><td></td><td>13.58</td><td>4.75</td></tr>
<tr><td colspan="2">0.35 工日</td><td colspan="7">未计价材料费</td><td colspan="5">116.5</td></tr>
<tr><td colspan="9">清单项目综合单价</td><td colspan="5">199.5</td></tr>
<tr><td rowspan="14">材料费明细</td><td colspan="5">主要材料名称、规格、型号</td><td colspan="2">单位</td><td>数量</td><td>单价（元）</td><td>合价（元）</td><td>暂估单价（元）</td><td colspan="2">暂估合价（元）</td></tr>
<tr><td colspan="5">螺纹阀门　公称直径 65 mm 以内</td><td colspan="2">个</td><td>1.01</td><td>115.35</td><td>116.5</td><td></td><td colspan="2"></td></tr>
<tr><td colspan="5">镀锌活接头 DN65</td><td colspan="2">个</td><td>1.01</td><td>29.27</td><td>29.56</td><td></td><td colspan="2"></td></tr>
<tr><td colspan="5">厚漆</td><td colspan="2">kg</td><td>0.024</td><td>8.58</td><td>0.21</td><td></td><td colspan="2"></td></tr>
<tr><td colspan="5">机油</td><td colspan="2">kg</td><td>0.02</td><td>7.72</td><td>0.15</td><td></td><td colspan="2"></td></tr>
<tr><td colspan="5">线麻</td><td colspan="2">kg</td><td>0.003</td><td>10.29</td><td>0.03</td><td></td><td colspan="2"></td></tr>
<tr><td colspan="5">橡胶板 δ1～15</td><td colspan="2">kg</td><td>0.016</td><td>7.72</td><td>0.12</td><td></td><td colspan="2"></td></tr>
<tr><td colspan="5">棉纱头</td><td colspan="2">kg</td><td>0.037</td><td>5.57</td><td>0.21</td><td></td><td colspan="2"></td></tr>
<tr><td colspan="5">砂纸</td><td colspan="2">张</td><td>0.37</td><td>0.94</td><td>0.35</td><td></td><td colspan="2"></td></tr>
<tr><td colspan="5">钢锯条</td><td colspan="2">根</td><td>0.42</td><td>0.21</td><td>0.09</td><td></td><td colspan="2"></td></tr>
<tr><td colspan="5"></td><td colspan="2"></td><td></td><td></td><td></td><td></td><td colspan="2"></td></tr>
<tr><td colspan="5"></td><td colspan="2"></td><td></td><td></td><td></td><td></td><td colspan="2"></td></tr>
<tr><td colspan="8">其他材料费</td><td>—</td><td></td><td>—</td><td colspan="2"></td></tr>
<tr><td colspan="8">材料费小计</td><td>—</td><td>147.22</td><td>—</td><td colspan="2"></td></tr>
</table>

表 5-27 综合单价分析表（第 20 页）

工程名称：公共建筑给排水工程　　　　标段：　　　　第 20 页　共 25 页

项目编码	031004003001	项目名称	洗脸盆						计量单位	组		工程量	6
清单综合单价组成明细													
定额编号	定额项目名称	定额单位	数量	单价					合价				
				人工费	材料费	机械费	管理费	利润	人工费	材料费	机械费	管理费	利润
10-672	洗脸盆安装 钢管组成　冷热水	10 组	0.1	536.41	93.43		214.56	75.1	53.64	9.34		21.46	7.51
综合人工工日		小计							53.64	9.34		21.46	7.51
0.553 工日		未计价材料费							358.47				
清单项目综合单价									450.42				

材料费明细	主要材料名称、规格、型号	单位	数量	单价（元）	合价（元）	暂估单价（元）	暂估合价（元）
材料费明细	洗面盆	套	1.01	354.92	358.47		
	立式水嘴 DN15	个	2.02				
	洗脸盆下水口（铜）	个	1.01				
	角阀	个	2.02				
	金属软管	个	2.02				
	橡胶板 δ1～15	kg	0.015	7.72	0.12		
	厚漆	kg	0.064	8.58	0.55		
	机油	kg	0.04	7.72	0.31		
	油灰	kg	0.1	1.29	0.13		
	塑料膨胀管 ϕ6×50	十个	0.624	0.69	0.43		
	自攻螺钉 M6×50	十个	0.624	0.76	0.47		
	硅酮密封胶	L	0.1	68.6	6.86		
	线麻	kg	0.015	10.29	0.15		
	防腐油	kg	0.05	5.15	0.26		
	钢锯条	根	0.3	0.21	0.06		
	其他材料费			—		—	
	材料费小计			—	367.81	—	

(2) 分部分项工程和单价措施项目费

分部分项工程和单价措施项目费列于表 5-28～表 5-31 中。

表 5-28　分部分项工程和单价措施项目清单与计价表(第 1 页)

工程名称：公共建筑给排水工程　　　　标段：　　　　第 1 页　共 4 页

序号	项目编码	项目名称	项目特征描述	计量单位	工程量	金额(元)		
						综合单价	合价	其中 暂估价
0310 给排水、采暖、燃气工程								
1	031001006001	塑料管	1. 安装部位:室内 2. 介质:给水 3. 材质、规格:PPR DN65 4. 连接形式:热熔连接 5. 阻火圈设计要求:无 6. 压力试验及吹、洗设计要求:水压试验、消毒冲洗 7. 警示带形式:无	m	26.3	43.13	1134.32	
2	031001006002	塑料管	1. 安装部位:室内 2. 介质:给水 3. 材质、规格:PPR DN50 4. 连接形式:热熔连接 5. 阻火圈设计要求:无 6. 压力试验及吹、洗设计要求:水压试验、消毒冲洗 7. 警示带形式:无	m	7.5	41.77	313.28	
3	031001006003	塑料管	1. 安装部位:室内 2. 介质:给水 3. 材质、规格:PPR DN40 4. 连接形式:热熔连接 5. 阻火圈设计要求:无 6. 压力试验及吹、洗设计要求:水压试验、消毒冲洗 7. 警示带形式:无	m	25.68	37.13	953.50	
4	031001006004	塑料管	1. 安装部位:室内 2. 介质:给水 3. 材质、规格:PPR DN32 4. 连接形式:热熔连接 5. 阻火圈设计要求:无 6. 压力试验及吹、洗设计要求:水压试验、消毒冲洗 7. 警示带形式:无	m	4.29	29.15	125.05	
本页小计							2526.15	

表 5-29 分部分项工程和单价措施项目清单与计价表(第 2 页)

工程名称：公共建筑给排水工程　　　　标段：　　　　第 2 页　共 4 页

序号	项目编码	项目名称	项目特征描述	计量单位	工程量	金额(元)		
						综合单价	合价	其中 暂估价
5	031001006005	塑料管	1. 安装部位:室内 2. 介质:给水 3. 材质、规格:PPR DN25 4. 连接形式:热熔连接 5. 阻火圈设计要求:无 6. 压力试验及吹、洗设计要求:水压试验、消毒冲洗 7. 警示带形式:无	m	22.38	26.30	588.59	
6	031001006006	塑料管	1. 安装部位:室内 2. 介质:给水 3. 材质、规格:PPR DN20 4. 连接形式:热熔连接 5. 阻火圈设计要求:无 6. 压力试验及吹、洗设计要求:水压试验、消毒冲洗 7. 警示带形式:无	m	4.74	21.58	102.29	
7	031001006007	塑料管	1. 安装部位:室内 2. 介质:给水 3. 材质、规格:PPR DN15 4. 连接形式:热熔连接 5. 阻火圈设计要求:无 6. 压力试验及吹、洗设计要求:水压试验、消毒冲洗 7. 警示带形式:无	m	1.5	20.22	30.33	
8	031001006008	塑料管	1. 安装部位:室内 2. 介质:排水 3. 材质、规格:UPVC DN150 4. 连接形式:粘接 5. 阻火圈设计要求:无 6. 压力试验及吹、洗设计要求:通水、通球试验 7. 警示带形式:无	m	2.58	69.73	179.90	
本页小计							901.11	

表 5-30 分部分项工程和单价措施项目清单与计价表(第 3 页)

工程名称：公共建筑给排水工程　　标段：　　第 3 页　共 4 页

序号	项目编码	项目名称	项目特征描述	计量单位	工程量	金额(元)		
						综合单价	合价	其中 暂估价
9	031001006009	塑料管	1. 安装部位:室内 2. 介质:排水 3. 材质、规格:UPVC DN100 4. 连接形式:粘接 5. 阻火圈设计要求:无 6. 压力试验及吹、洗设计要求:通水、通球试验 7. 警示带形式:无	m	45.49	54.11	2461.46	
10	031001006010	塑料管	1. 安装部位:室内 2. 介质:排水 3. 材质、规格:UPVC DN75 4. 连接形式:粘接 5. 阻火圈设计要求:无 6. 压力试验及吹、洗设计要求:通水、通球试验 7. 警示带形式:无	m	31.39	41.97	1317.44	
11	031001006011	塑料管	1. 安装部位:室内 2. 介质:排水 3. 材质、规格:UPVC DN50 4. 连接形式:粘接 5. 阻火圈设计要求:无 6. 压力试验及吹、洗设计要求:通水、通球试验 7. 警示带形式:无	m	26.95	29.71	800.68	
12	031002003001	套管	1. 名称、类型:刚性防水套管 2. 材质:焊接钢管 3. 规格:DN100	个	1	80.13	80.13	
13	031002003002	套管	1. 名称、类型:普通套管 2. 材质:焊接钢管 3. 规格:DN100	个	6	54.54	327.24	
14	031002003003	套管	1. 名称、类型:普通套管 2. 材质:焊接钢管 3. 规格:DN50	个	3	33.93	101.79	
15	031003001001	螺纹阀门	1. 类型:截止阀 2. 材质:碳钢 3. 规格、压力等级:DN65 低压 4. 连接形式:螺纹	个	3	199.50	598.50	
本页小计							5687.24	

表 5-31　分部分项工程和单价措施项目清单与计价表(第 4 页)

工程名称：公共建筑给排水工程　　　　标段：　　　　第 4 页　共 4 页

序号	项目编码	项目名称	项目特征描述	计量单位	工程量	金额(元)		
						综合单价	合价	其中 暂估价
16	031003002001	螺纹法兰阀门	1. 类型:截止阀 2. 材质:碳钢 3. 规格、压力等级:DN65 4. 连接形式:螺纹法兰	个	1	281.75	281.75	
17	031003002002	螺纹法兰阀门	1. 类型:止回阀 2. 材质:碳钢 3. 规格、压力等级:DN65 4. 连接形式:螺纹法兰	个	1	281.75	281.75	
18	031003013001	水表	1. 安装部位(室内外):室外 2. 型号、规格:DN65 3. 连接形式:螺纹连接	组(个)	1	429.27	429.27	
19	031004006001	大便器	1. 材质:陶瓷 2. 规格、类型:蹲式 3. 组装形式:自闭冲洗	组	15	222.86	3342.90	
20	031004003001	洗脸盆	1. 材质:陶瓷 2. 规格、类型:冷水 台式 3. 组装形式:钢管组成	组	6	450.42	2702.52	
21	031004004001	洗涤盆	1. 材质:陶瓷 2. 规格、类型:拖布池 3. 组装形式:冷水	组	3	286.75	860.25	
22	031004007001	小便器	1. 材质:陶瓷 2. 规格、类型:挂式	组	6	275.31	1651.86	
23	031004014001	给、排水附(配)件	1. 材质:水龙头 铜芯 2. 型号、规格:DN15	个(组)	3	26.54	79.62	
24	031004014002	给、排水附(配)件	1. 材质:地漏 不锈钢 2. 型号、规格:DN50	个(组)	9	56.02	504.18	
		分部小计					19248.60	
		分部分项合计					19248.60	
1	031301017001	脚手架搭拆		项	1	299.63	299.63	
		单价措施合计					299.63	
本页小计							10433.73	
合计							19548.23	

（3）总价措施项目费

总价措施项目费列于表 5-32 中。

表 5-32　总价措施项目清单与计价表

工程名称：公共建筑给排水工程　　　　标段：　　　　第 1 页　共 1 页

序号	项目编码	项目名称	计算基础	费率（%）	金额（元）	调整费率（%）	调整后金额（元）	备注
1	031302001001	安全文明施工费		100.000	392.91			
1.1		基本费	分部分项合计＋单价措施项目合计－除税工程设备费	1.500	393.22			
1.2		增加费		0.300	58.64			
1.3		扬尘污染防治增加费		0.210	41.05			
2	031302002001	夜间施工增加		0.050	9.77			
3	031302003001	非夜间施工增加		0.300	58.64			
4	031302004001	二次搬运						
5	031302005001	冬雨季施工增加		0.075	14.66			
6	031302006001	已完工程及设备保护		0.025	4.89			
7	031302008001	临时设施		1.100	215.03			
8	031302009001	赶工措施		1.300	254.13			
9	031302010001	工程按质论价		1.100	215.13			
10	031302011001	住宅分户验收						
11	031302012001	建筑工人实名制费用		0.030	5.86			
12	031302090001	地上、地下设施、建筑物的临时保护设施						
13	031302091001	特殊条件下施工增加费						
合计					1170.92			

（4）其他项目费

其他项目费列于表 5-33 中。

表 5-33　其他项目清单与计价汇总表

工程名称：公共建筑给排水工程　　　　标段：　　　　第 1 页　共 1 页

序号	项目名称	金额（元）	结算金额（元）	备注
1	暂列金额			
2	暂估价			
2.1	材料暂估价			
2.2	专业工程暂估价			
3	计日工			
4	总承包服务费			
合计				

(5) 规费、税金

规费、税金列于表5-34中。

表5-34 规费、税金项目计价表

工程名称：公共建筑给排水工程　　　　标段：　　　　第1页　共1页

序号	项目名称	计算基础	计算基数（元）	计算费率（%）	金额（元）
1	规费	环境保护税＋社会保险费＋住房公积金	605.00	100.000	605.00
1.1	社会保险费	分部分项工程费＋措施项目费＋其他项目费－除税工程设备费	20719.15	2.400	497.26
1.2	住房公积金	分部分项工程费＋措施项目费＋其他项目费－除税工程设备费	20719.15	0.420	87.02
1.3	环境保护税	分部分项工程费＋措施项目费＋其他项目费－除税工程设备费	20719.15	0.100	20.72
2	税金	分部分项工程费＋措施项目费＋其他项目费＋规费－除税甲供材料和甲供设备费/1.01	21324.15	9.000	1919.17
合计					2524.17

（6）单位工程招标控制价

单位工程招标控制价列于表 5-35 中。

表 5-35　单位工程招标控制价汇总表

工程名称：公共建筑给排水工程　　　　标段：　　　　第 1 页　共 1 页

序号	汇总内容	金额（元）	其中：暂估价（元）
1	分部分项工程费	19248.60	
1.1	人工费	5280.34	
1.2	材料费	11052.19	
1.3	施工机具使用费	64.52	
1.4	企业管理费	2111.96	
1.5	利润	739.65	
2	措施项目费	1470.55	
2.1	单价措施项目费	299.63	
2.2	总价措施项目费	1170.92	
2.2.1	其中：安全文明施工措施费	392.91	
3	其他项目费		
3.1	其中：暂列金额		
3.2	其中：专业工程暂估		
3.3	其中：计日工		
3.4	其中：总承包服务费		
4	规费	605.00	
4.1	社会保险费	497.26	
4.2	住房公积金	87.02	
4.3	环境保护税	20.72	
5	税金	1919.17	
招标控制价合计＝1＋2＋3＋4＋5－甲供材料费_含设备/1.01		23243.32	

5.6 采暖工程计价案例

5.6.1 采暖工程识图

(1) 工程概况

图 5-15～图 5-18 为某办公楼采暖工程施工图纸。本工程为 4 层局部办公楼，层高为 3.0 m，室内一层地面与室外地坪高差为 0.3 m，为三间办公室。外墙及承重墙均为 240 墙。

采暖系统采用上供下回单管垂直顺序式，系统为异程式。热力引入口在－1.0 m 标高进入室内，立管至 4 层顶板下标高 11.5 m 处，供暖干管末端设自动排气阀。回水干管设在地沟内，标高为－0.3 m，在热力引入口标高降至－1.0 m 后出户。整个系统共有 L1、L2 两根立管。

(2) 设计施工说明

① 本设计标高以 m 计，其余以 mm 计。管道标高指管中心标高。

② 采暖管道采用热镀锌钢管，螺纹连接。

③ 散热器采用闭式钢串片散热器，型号为 400 mm（高）×100 mm（宽），L 为长度。散热器支管均为 DN20。

④ 采暖系统安装完毕，按规定压力进行水压试验。

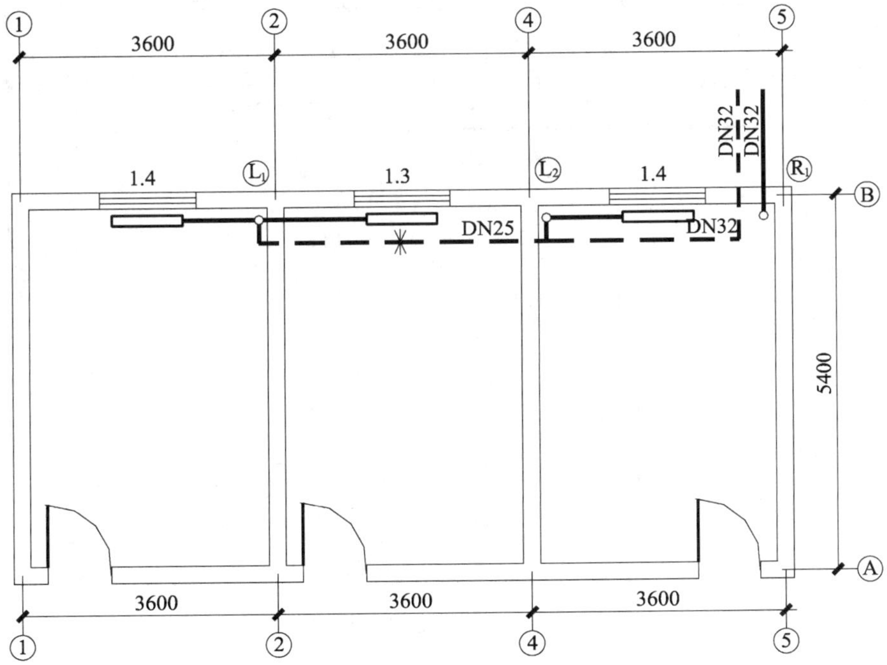

图 5-15　一层采暖平面图

⑤ 采暖系统管道在 0.00 以下均刷红丹防锈漆 2 遍，厚 30 mm 岩棉管保温，外包玻璃丝布一道。

⑥ 本说明未述及之处，按国家有关施工验收规范执行。

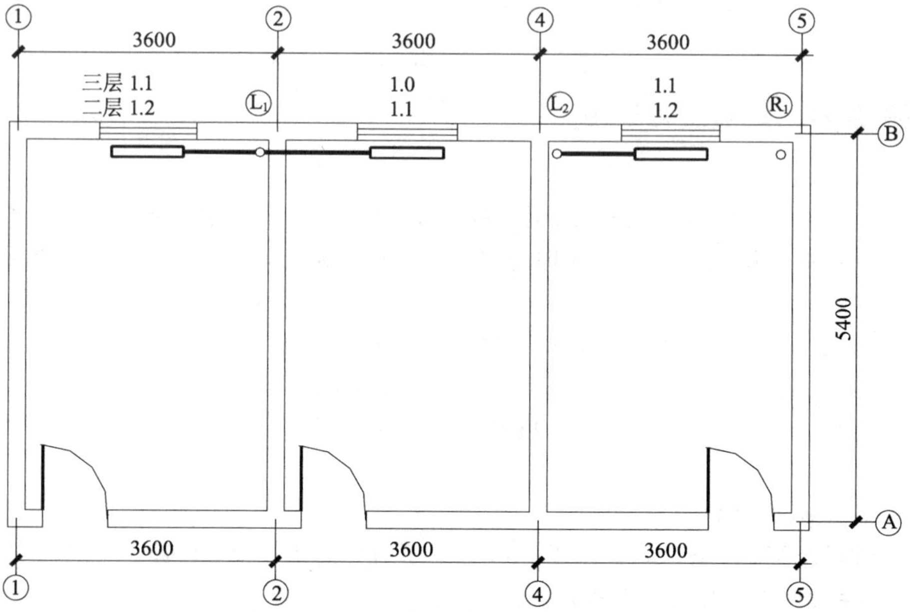

图 5-16　二至三层采暖平面图

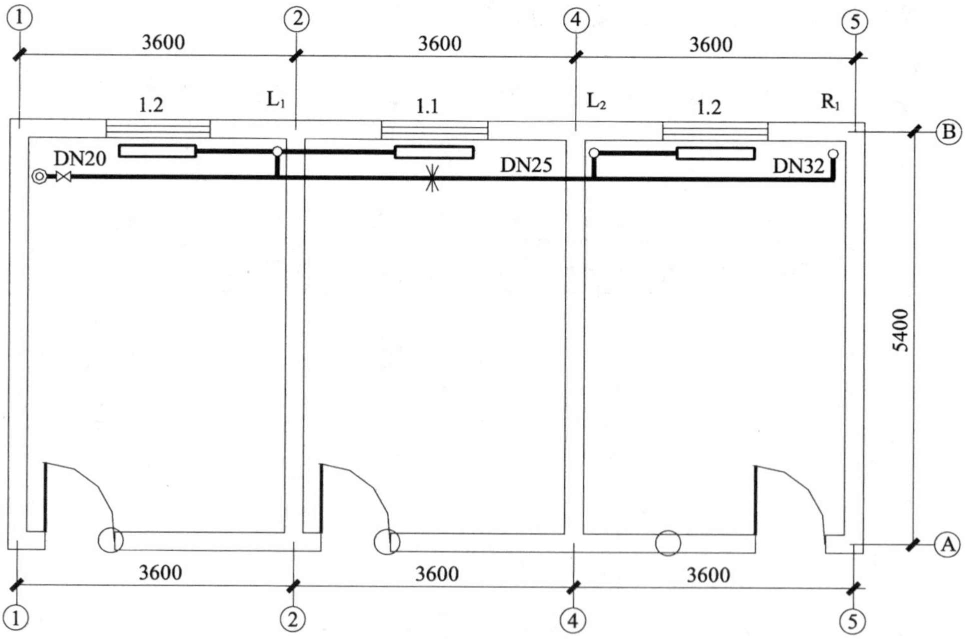

图 5-17　四层采暖平面图

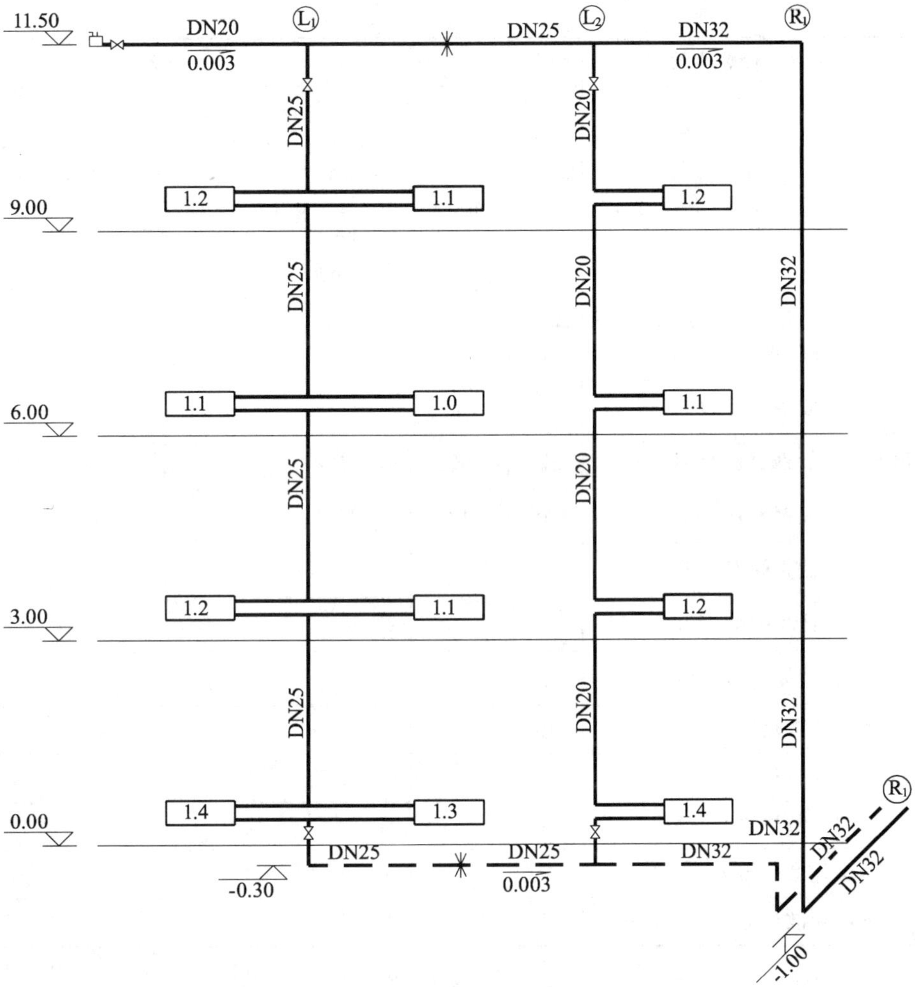

图 5-18 采暖系统图

5.6.2 采暖工程计量

工程量计算结果见表 5-36。

表 5-36 工程量计算表

序号	分部分项工程名称及部位	单位	工程量	计算公式
1	镀锌钢管螺纹连接 DN32(埋地)	m	8.5	1.5+0.3+0.1+1.0+(3.6−0.15×2−0.1×3)+(1.0−0.3)+0.1+0.3+1.5
2	镀锌钢管螺纹连接 DN32(室内)	m	14.6	11.5+(3.6−0.15×2−0.1×2)
3	镀锌钢管螺纹连接 DN25(埋地)	m	4.4	0.3+(3.6+0.15×2+0.1×2)
4	镀锌钢管螺纹连接 DN25(室内)	m	14.4	(3.6+0.15×2+0.1×2)+(11.5−0.3×4)
5	镀锌钢管螺纹连接 DN20(埋地)	m	0.3	0.3

续表

序号	分部分项工程名称及部位	单位	工程量	计算公式
6	镀锌钢管螺纹连接 DN20(室内)	m	40.3	(3.6－0.15×2－0.1×2)＋(11.5－0.3×4)＋[(3.6/2－1.2/2－0.3/2－0.1)＋(3.6/2－1.1/2－0.3/2－0.1)＋(3.6/2－1.2/2－0.3/2－0.1)＋(3.6/2－1.4/2－0.3/2－0.1)＋(3.6－1.2/2－1.1/2)＋(3.6－1.1/2－1.0/2)＋(3.6－1.2/2－1.1/2)＋(3.6－1.4/2－1.3/2)]×2
7	刚性防水套管 DN50	个	2	2
8	一般钢套管 DN50	个	4	4
9	一般钢套管 DN40	个	8	4＋2×2
10	一般钢套管 DN32	个	12	4＋2×4
11	截止阀 DN25	个	2	2
12	截止阀 DN20	个	3	2＋1
13	自动排气阀 DN20	个	1	1
14	钢串片散热器 L＝1.0 m	片	1	1
15	钢串片散热器 L＝1.1 m	片	4	4
16	钢串片散热器 L＝1.2 m	片	4	4
17	钢串片散热器 L＝1.3 m	片	1	1
18	钢串片散热器 L＝1.4 m	片	2	2
19	红丹防锈漆	m^2	1.62	8.5×13.28/100＋4.4×10.52/100＋0.3×8.42/100
20	岩棉保温 30 mm 厚	m^3	0.09	8.5×0.71/100＋4.4×0.63/100＋0.3×0.56/100
21	玻璃丝布	m^2	4.57	8.5×35.64/100＋4.4×32.88/100＋0.3×30.77/100
22	采暖系统调试	系统	1	1

5.6.3 采暖工程量清单

(1)分部分项工程和单价措施项目清单

分部分项工程和单价措施项目清单见表 5-37～表 5-39。

表 5-37 分部分项工程和单价措施项目清单与计价表(第 1 页)

工程名称：某办公楼采暖工程　　　　　　标段：　　　　　　第 1 页　共 3 页

序号	项目编码	项目名称	项目特征描述	计量单位	工程量	金额(元)		
						综合单价	合价	其中 暂估价
1	031001001001	镀锌钢管	1. 安装部位:埋地 2. 介质:热媒体 3. 规格、压力等级:DN32 保温 4. 连接形式:螺纹连接 5. 压力试验及吹、洗设计要求:水压试验 6. 警示带形式:无	m	8.5			
2	031001001002	镀锌钢管	1. 安装部位:室内 2. 介质:热媒体 3. 规格、压力等级:DN32 不保温 4. 连接形式:螺纹连接 5. 压力试验及吹、洗设计要求:水压试验 6. 警示带形式:无	m	14.6			
3	031001001003	镀锌钢管	1. 安装部位:室内 2. 介质:热媒体 3. 规格、压力等级:DN25 不保温 4. 连接形式:螺纹连接 5. 压力试验及吹、洗设计要求:水压试验 6. 警示带形式:无	m	14.4			
4	031001001004	镀锌钢管	1. 安装部位:埋地 2. 介质:热媒体 3. 规格、压力等级:DN25 保温 4. 连接形式:螺纹连接 5. 压力试验及吹、洗设计要求:水压试验 6. 警示带形式:无	m	4.4			
本页小计								

表 5-38　分部分项工程和单价措施项目清单与计价表(第 2 页)

工程名称：某办公楼采暖工程　　　　标段：　　　　第 2 页　共 3 页

序号	项目编码	项目名称	项目特征描述	计量单位	工程量	金额(元)		
						综合单价	合价	其中 暂估价
5	031001001005	镀锌钢管	1. 安装部位：室内 2. 介质：热媒体 3. 规格、压力等级：DN20 不保温 4. 连接形式：螺纹连接 5. 压力试验及吹、洗设计要求：水压试验 6. 警示带形式：无	m	40.3			
6	031001001006	镀锌钢管	1. 安装部位：埋地 2. 介质：热媒体 3. 规格、压力等级：DN20 保温 4. 连接形式：螺纹连接 5. 压力试验及吹、洗设计要求：水压试验 6. 警示带形式：无	m	0.3			
7	031002003001	套管	1. 名称、类型：刚性防水套管 2. 材质：钢管 3. 规格：DN50 4. 填料材质：油麻	个	2			
8	031002003002	套管	1. 名称、类型：过墙过楼板钢套管 2. 材质：钢管 3. 规格：DN50 4. 填料材质：油麻	个	4			
9	031002003003	套管	1. 名称、类型：过墙过楼板钢套管 2. 材质：钢管 3. 规格：DN40 4. 填料材质：油麻	个	8			
10	031002003004	套管	1. 名称、类型：过墙过楼板钢套管 2. 材质：钢管 3. 规格：DN32 4. 填料材质：油麻	个	12			
11	031003001001	螺纹阀门	1. 类型：截止阀 2. 材质：铜 3. 规格、压力等级：DN25 4. 连接形式：螺纹连接	个	2			
12	031003001002	螺纹阀门	1. 类型：截止阀 2. 材质：铜 3. 规格、压力等级：DN20 4. 连接形式：螺纹连接	个	3			
本页小计								

表 5-39 分部分项工程和单价措施项目清单与计价表(第 3 页)

工程名称：某办公楼采暖工程　　标段：　　第 3 页　共 3 页

序号	项目编码	项目名称	项目特征描述	计量单位	工程量	金额(元)		
						综合单价	合价	其中 暂估价
13	031003001003	螺纹阀门	1. 类型：自动排气阀 2. 材质：铜 3. 规格、压力等级：DN20 4. 连接形式：螺纹连接	个	1			
14	031005002001	钢制散热器	1. 结构形式：钢串片散热器 2. 型号、规格：400 mm×100 mm，$L=1.0$ m	组(片)	1			
15	031005002002	钢制散热器	1. 结构形式：钢串片散热器 2. 型号、规格：400 mm×100 mm，$L=1.1$ m	组(片)	4			
16	031005002003	钢制散热器	1. 结构形式：钢串片散热器 2. 型号、规格：400 mm×100 mm，$L=1.2$ m	组(片)	4			
17	031005002004	钢制散热器	1. 结构形式：钢串片散热器 2. 型号、规格：400 mm×100 mm，$L=1.3$ m	组(片)	1			
18	031005002005	钢制散热器	1. 结构形式：钢串片散热器 2. 型号、规格：400 mm×100 mm，$L=1.4$ m	组(片)	2			
19	031201001001	管道刷油	1. 油漆品种：红丹防锈漆 2. 涂刷遍数、漆膜厚度：两遍	m^2	1.62			
20	031208002001	管道绝热	1. 绝热材料品种：岩棉 2. 绝热厚度：30 mm	m^3	0.09			
21	031208007001	防潮层、保护层	1. 材料：玻璃丝布 2. 层数：一层	m^2	4.57			
		分部分项合计						
1	031301012001	采暖系统检测、检验		项	1			
2	031301017001	脚手架搭拆		项	1			
		单价措施合计						
本页小计								
合计								

(2)总价措施项目清单

总价措施项目清单见表5-40。

表5-40 总价措施项目清单与计价表

工程名称：某办公楼采暖工程　　标段：　　第1页　共1页

序号	项目编码	项目名称	计算基础	费率（%）	金额（元）	调整费率（%）	调整后金额（元）	备注
1	031302001001	安全文明施工费						
1.1		基本费	分部分项合计＋单价措施项目合计－除税工程设备费	1.500				
1.2		增加费		0.300				
1.3		扬尘污染防治增加费		0.210				
2	031302002001	夜间施工增加						
3	031302003001	非夜间施工增加						
4	031302004001	二次搬运						
5	031302005001	冬雨季施工增加						
6	031302006001	已完工程及设备保护						
7	031302008001	临时设施						
8	031302009001	赶工措施						
9	031302010001	工程按质论价						
10	031302011001	住宅分户验收						
11	031302012001	建筑工人实名制费用						
12	031302090001	地上、地下设施、建筑物的临时保护设施						
13	031302091001	特殊条件下施工增加费						
合计								

(3) 其他项目清单

其他项目清单见表5-41。

表5-41 其他项目清单与计价汇总表

工程名称：某办公楼采暖工程　　　　标段：　　　　第1页　共1页

序号	项目名称	金额（元）	结算金额（元）	备注
1	暂列金额			
2	暂估价			
2.1	材料暂估价			
2.2	专业工程暂估价			
3	计日工			
4	总承包服务费			
合计				

（4）规费、税金项目清单

规费、税金项目清单见表 5-42。

表 5-42　规费、税金项目计价表

工程名称：某办公楼采暖工程　　　　标段：　　　　第 1 页　共 1 页

序号	项目名称	计算基础	计算基数（元）	计算费率（%）	金额（元）
1	规费	环境保护税＋社会保险费＋住房公积金		100.000	
1.1	社会保险费	分部分项工程费＋措施项目费＋其他项目费－除税工程设备费		2.400	
1.2	住房公积金	分部分项工程费＋措施项目费＋其他项目费－除税工程设备费		0.420	
1.3	环境保护税	分部分项工程费＋措施项目费＋其他项目费－除税工程设备费		0.100	
2	税金	分部分项工程费＋措施项目费＋其他项目费＋规费－除税甲供材料和甲供设备费/1.01		9.000	
合计					

5.6.4　采暖工程计价

（1）综合单价计算（部分展示，全部综合单价计算结果见二维码内容）

综合单价计算结果见表 5-43～表 5-45。

采暖案例综合单价分析表

表 5-43　综合单价分析表（第 1 页）

工程名称：某办公楼采暖工程　　　　标段：　　　　第 1 页　共 23 页

项目编码	031001001001	项目名称	镀锌钢管					计量单位	m		工程量	8.5	
清单综合单价组成明细													
定额编号	定额项目名称	定额单位	数量	单价					合价				
				人工费	材料费	机械费	管理费	利润	人工费	材料费	机械费	管理费	利润
10-162	室内给排水、采暖管道 镀锌钢管（螺纹连接）　公称直径 32 mm 以内	10 m	0.1	170.2	45.25	0.83	68.08	23.83	17.02	4.53	0.08	6.81	2.38
综合人工工日		小计							17.02	4.53	0.08	6.81	2.38
0.23 工日		未计价材料费							18.96				
清单项目综合单价									49.78				

材料费明细	主要材料名称、规格、型号	单位	数量	单价（元）	合价（元）	暂估单价（元）	暂估合价（元）
	热镀锌钢管 DN32	m	1.02	18.59	18.96		
	室内镀锌钢管接头零件 DN32	个	0.803	4.19	3.36		
	钢锯条	根	0.241	0.21	0.05		
	尼龙砂轮片 ϕ400	片	0.005	8.66	0.04		
	机油	kg	0.016	7.72	0.12		
	厚漆	kg	0.012	8.58	0.1		
	线麻	kg	0.0012	10.29	0.01		
	管子托钩 DN25	个	0.116	1.31	0.15		
	单管卡子 DN50	个	0.206	1.24	0.26		
	水泥 32.5 级	kg	0.45	0.27	0.12		
	黄砂	m^3	0.001	120.46	0.12		
	镀锌铁丝 13＃～17＃	kg	0.015	5.15	0.08		
	破布	kg	0.01	6	0.06		
	水	m^3	0.009	4.57	0.04		
	其他材料费			—	0.02	—	
	材料费小计			—	23.49	—	

表 5-44　综合单价分析表（第 11 页）

工程名称：某办公楼采暖工程　　　　标段：　　　　第 11 页　共 23 页

<table>
<tr><td>项目编码</td><td>031003001001</td><td colspan="2">项目名称</td><td colspan="5">螺纹阀门</td><td>计量单位</td><td>个</td><td>工程量</td><td colspan="2">2</td></tr>
<tr><td colspan="14">清单综合单价组成明细</td></tr>
<tr><td rowspan="2">定额编号</td><td rowspan="2">定额项目名称</td><td rowspan="2">定额单位</td><td rowspan="2">数量</td><td colspan="5">单价</td><td colspan="5">合价</td></tr>
<tr><td>人工费</td><td>材料费</td><td>机械费</td><td>管理费</td><td>利润</td><td>人工费</td><td>材料费</td><td>机械费</td><td>管理费</td><td>利润</td></tr>
<tr><td>10-420</td><td>阀门安装 螺纹阀
公称直径 25 mm 以内</td><td>个</td><td>1</td><td>8.14</td><td>7.97</td><td></td><td>3.26</td><td>1.14</td><td>8.14</td><td>7.97</td><td></td><td>3.26</td><td>1.14</td></tr>
<tr><td colspan="2">综合人工工日</td><td colspan="7">小计</td><td>8.14</td><td>7.97</td><td></td><td>3.26</td><td>1.14</td></tr>
<tr><td colspan="2">0.11 工日</td><td colspan="7">未计价材料费</td><td colspan="5">30.81</td></tr>
<tr><td colspan="9">清单项目综合单价</td><td colspan="5">51.32</td></tr>
<tr><td rowspan="13">材料费明细</td><td colspan="5">主要材料名称、规格、型号</td><td colspan="2">单位</td><td colspan="2">数量</td><td>单价（元）</td><td>合价（元）</td><td>暂估单价（元）</td><td>暂估合价（元）</td></tr>
<tr><td colspan="5">螺纹阀门 DN25</td><td colspan="2">个</td><td colspan="2">1.01</td><td>30.5</td><td>30.81</td><td></td><td></td></tr>
<tr><td colspan="5">镀锌活接头 DN25</td><td colspan="2">个</td><td colspan="2">1.01</td><td>7.42</td><td>7.49</td><td></td><td></td></tr>
<tr><td colspan="5">厚漆</td><td colspan="2">kg</td><td colspan="2">0.012</td><td>8.58</td><td>0.1</td><td></td><td></td></tr>
<tr><td colspan="5">机油</td><td colspan="2">kg</td><td colspan="2">0.012</td><td>7.72</td><td>0.09</td><td></td><td></td></tr>
<tr><td colspan="5">线麻</td><td colspan="2">kg</td><td colspan="2">0.001</td><td>10.29</td><td>0.01</td><td></td><td></td></tr>
<tr><td colspan="5">橡胶板 δ1～15</td><td colspan="2">kg</td><td colspan="2">0.004</td><td>7.72</td><td>0.03</td><td></td><td></td></tr>
<tr><td colspan="5">棉纱头</td><td colspan="2">kg</td><td colspan="2">0.015</td><td>5.57</td><td>0.08</td><td></td><td></td></tr>
<tr><td colspan="5">砂纸</td><td colspan="2">张</td><td colspan="2">0.15</td><td>0.94</td><td>0.14</td><td></td><td></td></tr>
<tr><td colspan="5">钢锯条</td><td colspan="2">根</td><td colspan="2">0.12</td><td>0.21</td><td>0.03</td><td></td><td></td></tr>
<tr><td colspan="5"></td><td colspan="2"></td><td colspan="2"></td><td></td><td></td><td></td><td></td></tr>
<tr><td colspan="8">其他材料费</td><td>—</td><td></td><td>—</td><td></td></tr>
<tr><td colspan="8">材料费小计</td><td>—</td><td>38.78</td><td>—</td><td></td></tr>
</table>

表 5-45　综合单价分析表（第 14 页）

工程名称：某办公楼采暖工程　　　标段：　　　第 14 页　共 23 页

项目编码	031005002001	项目名称	钢制散热器						计量单位	组（片）		工程量	1
清单综合单价组成明细													
定额编号	定额项目名称	定额单位	数量	单价					合价				
				人工费	材料费	机械费	管理费	利润	人工费	材料费	机械费	管理费	利润
10-812	钢制闭式散热器安装 型号 H300/400×1000	片	1	17.76	0.51		7.1	2.49	17.76	0.51		7.1	2.49
综合人工工日		小计							17.76	0.51		7.1	2.49
0.24 工日		未计价材料费							280				
清单项目综合单价									307.86				

材料费明细	主要材料名称、规格、型号	单位	数量	单价（元）	合价（元）	暂估单价（元）	暂估合价（元）
	钢制闭式散热器	片	1	280	280		
	水泥 32.5 级	kg	0.31	0.27	0.08		
	黄砂	m^3	0.002	120.46	0.24		
	厚漆	kg	0.01	8.58	0.09		
	线麻	kg	0.01	10.29	0.1		
	其他材料费			—		—	
	材料费小计			—	280.51	—	

（2）分部分项工程和单价措施项目费

分部分项工程和单价措施项目费列于表 5-46～表 5-48 中。

表 5-46　分部分项工程和单价措施项目清单与计价表(第 1 页)

工程名称：某办公楼采暖工程　　　　标段：　　　　第 1 页　共 3 页

序号	项目编码	项目名称	项目特征描述	计量单位	工程量	金额(元)		
						综合单价	合价	其中 暂估价
1	031001001001	镀锌钢管	1. 安装部位:埋地 2. 介质:热媒体 3. 规格、压力等级:DN32 保温 4. 连接形式:螺纹连接 5. 压力试验及吹、洗设计要求:水压试验 6. 警示带形式:无	m	8.5	49.78	423.13	
2	031001001002	镀锌钢管	1. 安装部位:室内 2. 介质:热媒体 3. 规格、压力等级:DN32 不保温 4. 连接形式:螺纹连接 5. 压力试验及吹、洗设计要求:水压试验 6. 警示带形式:无	m	14.6	49.78	726.79	
3	031001001003	镀锌钢管	1. 安装部位:室内 2. 介质:热媒体 3. 规格、压力等级:DN25 不保温 4. 连接形式:螺纹连接 5. 压力试验及吹、洗设计要求:水压试验 6. 警示带形式:无	m	14.4	44.75	644.40	
4	031001001004	镀锌钢管	1. 安装部位:埋地 2. 介质:热媒体 3. 规格、压力等级:DN25 保温 4. 连接形式:螺纹连接 5. 压力试验及吹、洗设计要求:水压试验 6. 警示带形式:无	m	4.4	44.75	196.90	
本页小计							1991.22	

表 5-47 分部分项工程和单价措施项目清单与计价表(第 2 页)

工程名称：某办公楼采暖工程　　　　　标段：　　　　　第 2 页　共 3 页

序号	项目编码	项目名称	项目特征描述	计量单位	工程量	金额(元)		
						综合单价	合价	其中 暂估价
5	031001001005	镀锌钢管	1. 安装部位:室内 2. 介质:热媒体 3. 规格、压力等级:DN20 不保温 4. 连接形式:螺纹连接 5. 压力试验及吹、洗设计要求:水压试验 6. 警示带形式:无	m	40.3	35.40	1426.62	
6	031001001006	镀锌钢管	1. 安装部位:埋地 2. 介质:热媒体 3. 规格、压力等级:DN20 保温 4. 连接形式:螺纹连接 5. 压力试验及吹、洗设计要求:水压试验 6. 警示带形式:无	m	0.3	35.40	10.62	
7	031002003001	套管	1. 名称、类型:刚性防水套管 2. 材质:钢管 3. 规格:DN50 4. 填料材质:油麻	个	2	48.74	97.48	
8	031002003002	套管	1. 名称、类型:过墙过楼板钢套管 2. 材质:钢管 3. 规格:DN50 4. 填料材质:油麻	个	4	28.05	112.20	
9	031002003003	套管	1. 名称、类型:过墙过楼板钢套管 2. 材质:钢管 3. 规格:DN40 4. 填料材质:油麻	个	8	26.77	214.16	
10	031002003004	套管	1. 名称、类型:过墙过楼板钢套管 2. 材质:钢管 3. 规格:DN32 4. 填料材质:油麻	个	12	25.85	310.20	
11	031003001001	螺纹阀门	1. 类型:截止阀 2. 材质:铜 3. 规格、压力等级:DN25 4. 连接形式:螺纹连接	个	2	51.32	102.64	
12	031003001002	螺纹阀门	1 类型.截止阀 2. 材质:铜 3. 规格、压力等级:DN20 4. 连接形式:螺纹连接	个	3	39.29	117.87	
		本页小计					2391.79	

表 5-48　分部分项工程和单价措施项目清单与计价表(第 3 页)

工程名称：某办公楼采暖工程　　　　　　　　　　　　标段：　　　　　　　　　　　　第 3 页　共 3 页

序号	项目编码	项目名称	项目特征描述	计量单位	工程量	金额(元)		
						综合单价	合价	其中 暂估价
13	031003001003	螺纹阀门	1. 类型：自动排气阀 2. 材质：铜 3. 规格、压力等级：DN20 4. 连接形式：螺纹连接	个	1	101.09	101.09	
14	031005002001	钢制散热器	1. 结构形式：钢串片散热器 2. 型号、规格：400 mm×100 mm，$L=1.0$ m	组(片)	1	307.86	307.86	
15	031005002002	钢制散热器	1. 结构形式：钢串片散热器 2. 型号、规格：400 mm×100 mm，$L=1.1$ m	组(片)	4	332.42	1329.68	
16	031005002003	钢制散热器	1. 结构形式：钢串片散热器 2. 型号、规格：400 mm×100 mm，$L=1.2$ m	组(片)	4	352.42	1409.68	
17	031005002004	钢制散热器	1. 结构形式：钢串片散热器 2. 型号、规格：400 mm×100 mm，$L=1.3$ m	组(片)	1	372.42	372.42	
18	031005002005	钢制散热器	1. 结构形式：钢串片散热器 2. 型号、规格：400 mm×100 mm，$L=1.4$ m	组(片)	2	392.42	784.84	
19	031201001001	管道刷油	1. 油漆品种：红丹防锈漆 2. 涂刷遍数、漆膜厚度：两遍	m^2	1.62	8.79	14.24	
20	031208002001	管道绝热	1. 绝热材料品种：岩棉 2. 绝热厚度：30 mm	m^3	0.09	878.97	79.11	
21	031208007001	防潮层、保护层	1. 材料：玻璃丝布 2. 层数：一层	m^2	4.57	12.52	57.22	
		分部分项合计					8839.15	
1	031301012001	采暖系统检测、检验		项	1	40.84	40.84	
2	031301017001	脚手架搭拆		项	1	119.82	119.82	
		单价措施合计					160.66	
本页小计							4616.80	
合计							8999.81	

（3）总价措施项目费

总价措施项目费列于表 5-49 中。

表 5-49　总价措施项目清单与计价表

工程名称：某办公楼采暖工程　　　　标段：　　　　第 1 页　共 1 页

序号	项目编码	项目名称	计算基础	费率（%）	金额（元）	调整费率（%）	调整后金额（元）	备注
1	031302001001	安全文明施工费		100.000	180.90			
1.1		基本费	分部分项合计＋单价措施项目合计－除税工程设备费	1.500	135.00			
1.2		增加费		0.300	27.00			
1.3		扬尘污染防治增加费		0.210	18.90			
2	031302002001	夜间施工增加						
3	031302003001	非夜间施工增加		0.300	27.00			
4	031302004001	二次搬运						
5	031302005001	冬雨季施工增加						
6	031302006001	已完工程及设备保护		0.025	2.25			
7	031302008001	临时设施		1.100	99.00			
8	031302009001	赶工措施						
9	031302010001	工程按质论价						
10	031302011001	住宅分户验收		0.100	9.00			
11	031302012001	建筑工人实名制费用		0.030	2.70			
12	031302090001	地上、地下设施、建筑物的临时保护设施						
13	031302091001	特殊条件下施工增加费						
合计					320.85			

(4) 其他项目费

其他项目费列于表 5-50 中。

表 5-50　其他项目清单与计价汇总表

工程名称：某办公楼采暖工程　　　　标段：　　　　第 1 页　共 1 页

序号	项目名称	金额（元）	结算金额（元）	备注
1	暂列金额			
2	暂估价			
2.1	材料暂估价			
2.2	专业工程暂估价			
3	计日工			
4	总承包服务费			
合计				

（5）规费、税金

规费、税金列于表5-51中。

表5-51 规费、税金项目计价表

工程名称：某办公楼采暖工程　　　　标段：　　　　第1页　共1页

序号	项目名称	计算基础	计算基数（元）	计算费率（%）	金额（元）
1	规费	环境保护税＋社会保险费＋住房公积金	272.17	100.000	272.17
1.1	社会保险费	分部分项工程费＋措施项目费＋其他项目费－除税工程设备费	9320.66	2.400	223.70
1.2	住房公积金	分部分项工程费＋措施项目费＋其他项目费－除税工程设备费	9320.66	0.420	39.15
1.3	环境保护税	分部分项工程费＋措施项目费＋其他项目费－除税工程设备费	9320.66	0.100	9.32
2	税金	分部分项工程费＋措施项目费＋其他项目费＋规费－除税甲供材料和甲供设备费/1.01	9592.83	9.000	863.35
合计					1135.52

（6）单位工程招标控制价

单位工程招标控制价列于表 5-52 中。

表 5-52　单位工程招标控制价汇总表

工程名称：某办公楼采暖工程　　　　标段：　　　　第 1 页　共 1 页

序号	汇总内容	金额（元）	其中：暂估价（元）
1	分部分项工程费	8839.15	
1.1	人工费	1976.09	
1.2	材料费	5744.95	
1.3	施工机具使用费	51.03	
1.4	企业管理费	790.45	
1.5	利润	276.62	
2	措施项目费	481.51	
2.1	单价措施项目费	160.66	
2.2	总价措施项目费	320.85	
2.2.1	其中：安全文明施工措施费	180.90	
3	其他项目费		
3.1	其中：暂列金额		
3.2	其中：专业工程暂估		
3.3	其中：计日工		
3.4	其中：总承包服务费		
4	规费	272.17	
5	税金	863.35	
招标控制价合计＝1＋2＋3＋4＋5－甲供材料费 _ 含设备/1.01		10456.18	

第6章

消防工程计量与计价

知识目标

1. 熟悉消防工程的工程量计算规则；

2. 掌握消防工程的工程量清单项目设置，项目编码、项目特征描述；

3. 掌握消防工程计价费用构成、计算方法。

能力目标

1. 能熟练运用《通用安装工程工程量计算规范》计算消防工程的工程量，编制工程量清单；

2. 能熟练运用《建设工程工程量清单计价规范》《江苏省安装工程计价定额》等查套定额，编制消防工程招标控制价、投标报价；

3. 能熟练运用计价软件编制消防工程量清单，进行工程计价。

素质目标

1. 培养学生的专业意识和社会责任感：即在造价计算过程中要遵循各项计价规范、计价定额的规定，尤其是强制性条文的规定；

2. 培养学生的成本意识：即在计价过程中要尽量减少消防工程的人工、材料、机械费用，有效进行造价控制，为创建节约型社会贡献一份力；

3. 培养学生踏实严谨、精益求精的工作作风：即在进行消防工程计量时合理控制误差，清单列项齐全不漏项，综合单价组价内容完整。

6.1 消防工程识图

6.1.1 消防工程常用图例

消防工程常用图例见表6-1。

表 6-1　消防工程常用图例

序号	名称	图例	序号	名称	图例
1	消火栓给水管		10	侧喷闭式洒水头	
2	自喷给水管	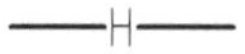	11	湿式报警阀	
3	消火栓给水立管		12	信号阀	
4	自喷给水立管		13	水流指示器	
5	室内单口消火栓		14	水力警铃	
6	室内双口消火栓		15	消防水泵接合器	
7	闭式自动洒水头（上喷）	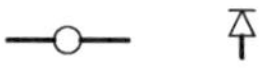	16	消火栓给水引入管	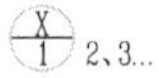
8	闭式自动洒水头（下喷）		17	自喷给水引入管	
9	闭式自动洒水头（上下喷）	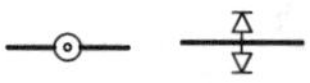	18	手提式干粉灭火器	

6.1.2　建筑消防给水工程平面图的识读

建筑消防给水工程平面布置图主要反映下列内容：

① 消防给水管道走向与平面布置，管材的名称、规格、型号、尺寸，管道支架的平面位置。

② 消防设备的平面位置，引用大样图的索引号，立管位置及编号。通过平面图，可以看出立管等前后、左右关系，相距尺寸。

③ 管道的敷设方式、连接方式、坡度及坡向。

④ 管道剖面图的剖切符号、投影方向。

⑤ 底层平面图应有引入管、水泵接合器等，以及建筑物的定位尺寸、穿建筑外墙管道的标高、防水套管形式等，还应有指北针。

⑥ 消防水池、消防水箱的位置与技术参数，消防水泵、消防气压罐的位置、型号、规格与技术参数。

⑦ 自动喷水灭火系统中的喷头类型与布置尺寸、水力警铃位置等。

⑧ 当有屋顶水箱时，屋顶给水排水平面图应反映出水箱容量、平面位置、进出水箱的各种管道的平面位置、管道支架、保温等内容。

识读建筑消防给水工程平面布置图时要查明消火栓的布置、口径大小及消防箱的形式与位置。消火栓一般装在消防箱内，但也可以装在消防箱外面。当装在消防箱外面时，消火栓应靠近消防箱安装。消防箱底距地面 1.10 m，有明装、暗装和单门、双门之分，识图时要注意弄清楚。

除了普通消防系统外，在物资仓库、厂房和公共建筑等重要部位，往往设有自动喷洒灭火系统或水幕灭火系统，如果遇到这类系统，除了要弄清管路布置、管径、连接方法外，还要查明喷头及其他设备的型号、构造和安装要求。

6.1.3 建筑消防给水工程系统图的识读

建筑消防给水工程系统图的识读方法与建筑给水工程系统图的识读方法相同。在识读室内消火栓给水系统原理图时，可按由下而上，沿着水流方向，先干管、后支管的原则识读；也可以按其系统的组成来识读。

在识读室内消火栓给水系统原理图时，应注意与平面图和相应的大样图对照起来识读，以明确消火栓箱的方向与位置，横干管的具体走法，消防水池、消防水箱的具体接管位置与标高等，另外还要注意图面文字说明的阅读。

6.2 消防工程计量

6.2.1 水灭火系统工程量计算

① 水喷淋、消火栓钢管等，不扣除阀门、管件及各种组件所占长度，按设计图示管道中心线长度以“m”计算。

② 水喷淋（雾）喷头，安装部位区分有吊顶、无吊顶，按材质、规格等以“个”计算。

③ 报警装置、温感式水幕装置，按型号、规格以“组”计算。报警装置适用于湿式、干湿两用、电动雨淋、预作用报警装置的安装。报警装置安装包括装配管（除水力警铃进水管）的安装，水力警铃进水管并入消防管道工程量。其中：

a. 湿式报警装置，包括湿式阀、蝶阀、装配管、供水压力表、装置压力表、试验阀、泄放试验阀、泄放试验管、试验管流量计、过滤器、延时器、水力警铃、报警截止阀、漏斗、压力开关等。

b. 干湿两用报警装置，包括两用阀、蝶阀、装配管、加速器、加速器压力表、供水压力表、试验阀、泄放试验阀（湿式、干式）、挠性接头、泄放试验管、试验管流量计、排气阀、截止阀、漏斗、过滤器、延时器、水力警铃、压力开关等。

c. 电动雨淋报警装置，包括雨淋阀、蝶阀、装配管、压力表、泄放试验阀、流量表、截止阀、注水阀、止回阀、电磁阀、排水阀、手动应急球阀、报警试验阀、漏斗、压力开关、过滤器、水力警铃等。

d. 预作用报警装置，包括报警阀、控制蝶阀、压力表、流量表、截止阀、排放阀、注水阀、止回阀、泄放阀、报警试验阀、液压切断阀、装配管、供水检验管、气压开关、试压电磁阀、空压机、应急手动试压器、漏斗、过滤器、水力警铃等。

e. 温感式水幕装置，包括给水三通至喷头、阀门间的管道、管件、阀门、喷头等全部内容的安装。

④ 水流指示器、减压孔板，按连接形式及型号、规格以“个”计算。减压孔板若在法兰盘内安装，其法兰计入组价。

⑤ 末端试水装置，按规格、组装形式以“组”计算。末端试水装置，包括压力表、控制阀等附件安装。末端试水装置安装中不含连接管及排水管安装，其工程并入消防管道。

⑥ 集热板制作安装，按材质、支架形式以“个”计算。

⑦ 室内外消火栓，按安装方式、型号、规格，附件的材质和规格以“套”计算。

a. 室内消火栓，包括消火栓箱、消火栓、水枪、水龙头、水龙带接扣、自救卷盘、挂架、消防按钮；落地消火栓箱包括箱内手提灭火器。

b. 室外消火栓，安装分地上式和地下式。地上式消火栓安装包括地上式消火栓、法兰接管、弯管底座；地下式消火栓安装包括地下式消火栓、法兰接管、弯管底座或消火栓三通。

⑧ 消防水泵接合器，按安装部位，型号、规格，附件的材质、规格以“套”计算。消防水泵接合器，包括法兰接管及弯头安装，接合器井内阀门、弯管底座、标牌等附件安装。

⑨ 灭火器，按型号和规格以“具（组）”计算。

⑩ 消防水炮，分普通手动水炮、智能控制水炮，按水炮类型、压力等级、保护半径、设计图示数量以“台”计算。

6.2.2 气体灭火系统工程量计算

① 无缝钢管、不锈钢管，不扣除阀门、管件及各种组件所占长度，按设计图示管道中心线长度以“m”计算。

② 不锈钢管管件，按设计图示数量以“个”计算。

③ 气体驱动装置管道，包括卡、套连接件，按设计图示管道中心线长度以“m”计算。

④ 选择阀、气体喷头，按设计图示数量以“个”计算。

⑤ 贮存装置、称重检漏装置、无管网气体灭火装置，按设计图示数量以“套”计算。

a. 贮存装置安装，包括灭火剂存储器、驱动气瓶、支框架、集流阀、容器阀、单向阀、高压软管和安全阀等贮存装置和阀驱动装置、减压装置、压力指示仪等。

b. 无管网气体灭火系统，由柜式预制灭火装置、火灾探测器、火灾自动报警灭火控制器等组成，具有自动控制和手动控制两种启动方式。

c. 无管网气体灭火装置安装，包括气瓶柜装置（内设气瓶、电磁阀、喷头）和自动报警控制装置（包括控制器，烟、温感探测器，声光报警器，手动报警器，手/自动控制按钮）等。

6.2.3 泡沫灭火系统工程量计算

① 碳钢管、不锈钢管、铜管，不扣除阀门、管件及各种组件所占长度，按设计图示管道中心线长度以“m”计算。

② 不锈钢管管件、铜管管件，按设计图示数量以“个”计算。

③ 泡沫发生器、泡沫比例混合器、泡沫液贮罐，按设计图示数量以“台”计算。

6.2.4 火灾自动报警系统工程量计算

① 点型探测器、按钮、消防警铃、声光报警器、消防报警电话插孔（电话）、消防广播（扬声器）、模块（模块箱）、区域报警控制箱、联动控制箱、远程控制箱（柜）、火灾报警系统控制主机、联动控制主机、消防广播及对讲电话主机（柜）、火灾报警控制微机（CRT）、备用电源及电池主机（柜）、报警联动一体机，按设计图示数量以“个（部、台）”计算。

② 线型探测器按设计图示长度以“m”计算。几点说明：

a. 消防报警系统配管、配线、接线盒均应按电气设备安装工程相关项目编码列项。

b. 消防广播及对讲电话主机包括功放、录音机、分配器、控制柜等设备

c. 点型探测器包括火焰、烟感、温感、红外光束、可燃气体探测器等。

6.2.5 消防系统调试工程量计算

① 自动报警系统调试，包括各种探测器、报警器、报警按钮、报警控制器、消防广播、消防电话等组成的报警系统，按不同点数以“系统”计算，其点数按多线制与总线制报警器的点数计算。

② 水灭火控制装置调试，按控制装置的点数计算。自动喷洒系统按水流指示器数量以“点（支路）”计算，消火栓系统按消火栓启泵按钮数量以“点”计算，消防水炮系统按水炮数量以“点”计算。

③ 防火控制装置调试，按设计图示数量以“个”或“部”计算。防火控制装置包括电动防火门、防火卷帘门、正压送风阀、排烟阀、防火控制阀、消防电梯等防火控制装置。电动防火门、防火卷帘门、正压送风阀、排烟阀、防火控制阀等调试以 个”计算，消防电梯以“部”计算。

④ 气体灭火系统装置调试，按调试、检验和验收所消耗的试验容器总数计算。气体灭火系统是由七氟丙烷、IG541、二氧化碳等组成的灭火系统，按气体灭火系统装置的瓶头阀以“点”计算。

6.3 消防工程量清单

消防工程量清单项目设置可参见《通用安装工程工程量计算规范》（GB 50856—2013）中的附录J。

6.3.1 水灭火系统工程量清单

水灭火系统工程量清单项目设置、项目特征描述的内容、计量单位及工程量计算规则，应按表 6-2 附录 J.1 的规定执行。

表 6-2 附录 J.1 水灭火系统（编码：030901）

<table>
<tr><th>项目编码</th><th>项目名称</th><th>项目特征</th><th>计量单位</th><th>工程量计算规则</th><th>工作内容</th></tr>
<tr><td>030901001</td><td>水喷淋钢管</td><td rowspan="2">1. 安装部位
2. 材质、规格
3. 连接形式
4. 钢管镀锌设计要求
5. 压力试验及冲洗设计要求
6. 管道标识设计要求</td><td rowspan="2">m</td><td rowspan="2">按设计图示管道中心线以长度计算</td><td rowspan="2">1. 管道及管件安装
2. 钢管镀锌
3. 压力试验
4. 冲洗
5. 管道标识</td></tr>
<tr><td>030901002</td><td>消火栓钢管</td></tr>
<tr><td>030901003</td><td>水喷淋（雾）喷头</td><td>1. 安装部位
2. 材质、规格、型号
3. 连接形式
4. 装饰盘设计要求</td><td>个</td><td rowspan="7">按设计图示数量计算</td><td>1. 安装
2. 装饰盘安装
3. 严密性试验</td></tr>
<tr><td>030901004</td><td>报警装置</td><td>1. 名称
2. 型号、规格</td><td rowspan="2">组</td><td rowspan="5">1. 安装
2. 电气接线
3. 调试</td></tr>
<tr><td>030901005</td><td>温感式水幕装置</td><td>1. 型号、规格
2. 连接形式</td></tr>
<tr><td>030901006</td><td>水流指示器</td><td>1. 型号、规格
2. 连接形式</td><td rowspan="2">个</td></tr>
<tr><td>030901007</td><td>减压孔板</td><td>1. 材质、规格
2. 连接形式</td></tr>
<tr><td>030901008</td><td>末端试水装置</td><td>1. 规格
2. 组装形式</td><td>组</td></tr>
<tr><td>030901009</td><td>集热板制作安装</td><td>1. 材质
2. 支架形式</td><td>个</td><td>1. 制作、安装
2. 支架制作、安装</td></tr>
<tr><td>030901010</td><td>室内消火栓</td><td rowspan="2">1. 安装方式
2. 型号、规格
3. 附件材质、规格</td><td rowspan="3">套</td><td rowspan="3">按设计图示数量计算</td><td>1. 箱体及消火栓安装
2. 配件安装</td></tr>
<tr><td>030901011</td><td>室外消火栓</td><td>1. 安装
2. 配件安装</td></tr>
<tr><td>030901012</td><td>消防水泵接合器</td><td>1. 安装部位
2. 型号、规格
3. 附件材质、规格</td><td>1. 安装
2. 附件安装</td></tr>
</table>

续表

项目编码	项目名称	项目特征	计量单位	工程量计算规则	工作内容
030901013	灭火器	1. 形式 2. 规格、型号	具 （组）	按设计图示数量计算	设置
030901014	消防水炮	1. 水炮类型 2. 压力等级 3. 保护半径	台		1. 本体安装 2. 调试

注：1. 水灭火管道工程量计算，不扣除阀门、管件及各种组件所占长度以延长米计算。

2. 水喷淋（雾）喷头安装部位应区分有吊顶、无吊顶。

3. 报警装置适用于湿式报警装置、干湿两用报警装置、电动雨淋报警装置、预作用报警装置等报警装置安装。报警装置安装包括装配管（除水力警铃进水管）的安装，水力警铃进水泵并入消防管道工程量。其中：

① 湿式报警装置包括内容：湿式阀、蝶阀、装配管、供水压力表、试验阀、泄放试验阀、泄放试验管、试验管流量计、过滤器、延时器、水力警铃、报警截止阀、漏斗、压力开关等。

② 干湿两用报警装置包括内容：两用阀、蝶阀、装配管、加速器、加速器压力表、供水压力表、试验阀、泄放试验阀（湿式、干式）、挠性接头、泄放试验管、试验管流量计、排气阀、截止阀、漏斗、过滤器、延时器、水力警铃、压力开关等。

③ 电动雨淋报警装置包括内容：雨淋阀、蝶阀、装配管、压力表、泄放试验阀、流量表、截止阀、注水阀、止回阀、电磁阀、排水阀、手动应急球阀、报警试验阀、漏斗、压力开关、过滤器、水力警铃等。

④ 预作用报警装置包括内容：报警阀、控制蝶阀、压力表、流量表、截止阀、排放阀、注水阀、止回阀、泄放阀、报警试验阀、液压切断阀、装配管、供水检验管、气压开关、试压电磁阀、空压机、应急手动试压器、漏斗、过滤器、水力警铃等。

4. 温感式水幕装置，包括给水三通至喷头、阀门间的管道、管件、阀门、喷头等全部内容的安装。

5. 末端试水装置，包括压力表、控制阀等附件安装。末端试水装置安装中不含连接管及排水管安装，其工程量并入消防管道。

6. 室内消火栓，包括消火栓箱、消火栓、水枪、水龙头、水龙带接扣、自救卷盘、挂架、消防按钮；落地消火栓箱包括箱内手提灭火器。

7. 室外消火栓，安装方式分地上式、地下式；地上式消火栓安装包括地上式消火栓、法兰接管、弯管底座；地下式消火栓安装包括地下式消火栓、法兰接管、弯管底座或消火栓三通。

8. 消防水泵接合器，包括法兰接管及弯头安装，接合器井内阀门、弯管底座、标牌等附件安装。

9. 减压孔板若在法兰盘内安装，其法兰计入组价中。

10. 消防水炮：分普通手动水炮、智能控制水炮。

6.3.2 气体灭火系统工程量清单

气体灭火系统工程量清单项目设置、项目特征描述的内容、计量单位及工程量计算规则，应按表 6-3 附录 J.2 的规定执行。

表 6-3 附录 J. 2 气体灭火系统（编码：030902）

项目编码	项目名称	项目特征	计量单位	工程量计算规则	工作内容
030902001	无缝钢管	1. 介质 2. 材质、压力等级 3. 规格 4. 焊接方法 5. 钢管镀锌设计要求 6. 压力试验及吹扫设计要求 7. 管道标识设计要求	m	按设计图示管道中心线以长度计算	1. 管道安装 2. 管件安装 3. 钢管镀锌 4. 压力试验 5. 吹扫 6. 管道标识
030902002	不锈钢管	1. 材质、压力等级 2. 规格 3. 焊接方法 4. 充氩保护方式、部位 5. 压力试验及吹扫设计要求 6. 管道标识设计要求	m	按设计图示管道中心线以长度计算	1. 管道安装 2. 焊口充氩保护 3. 压力试验 4. 吹扫 5. 管道标识
030902003	不锈钢管管件	1. 材质、压力等级 2. 规格 3. 焊接方法 4. 充氩保护方式、部位	个	按设计图示数量计算	1. 管件安装 2. 管件焊口充氩保护
030902004	气体驱动装置管道	1. 材质、压力等级 2. 规格 3. 焊接方法 4. 压力试验及吹扫设计要求 5. 管道标识设计要求	m	按设计图示管道中心线以长度计算	1. 管道安装 2. 压力试验 3. 吹扫 4. 管道标识
030902005	选择阀	1. 材质 2. 型号、规格 3. 连接形式	个	按设计图示数量计算	1. 安装 2. 压力试验
030902006	气体喷头	1. 材质 2. 型号、规格 3. 连接形式	个	按设计图示数量计算	喷头安装
030902007	贮存装置	1. 介质、类型 2. 型号、规格 3. 气体增压设计要求	套	按设计图示数量计算	1. 贮存装置安装 2. 系统组件安装 3. 气体增压
030902008	称重检漏装置	1. 型号 2. 规格	套	按设计图示数量计算	1. 安装 2. 调试

续表

项目编码	项目名称	项目特征	计量单位	工程量计算规则	工作内容
030902009	无管网气体灭火装置	1. 类型 2. 型号、规格 3. 安装部位 4. 调试要求	套	按设计图示数量计算	1. 安装 2. 调试

注：1. 气体灭火管道工程量计算，不扣除阀门、管件及各种组件所占长度以延长米计算。

2. 气体灭火介质，包括七氟丙烷灭火系统、IG541灭火系统、二氧化碳灭火系统等。

3. 气体驱动装置管道安装，包括卡、套连接件。

4. 贮存装置安装，包括灭火剂存储器、驱动气瓶、支框架、集流阀、容器阀、单向阀、高压软管和安全阀等贮存装置和阀驱动装置、减压装置、压力指示仪等。

5. 无管网气体灭火系统由柜式预制灭火装置、火灾探测器、火灾自动报警灭火控制器等组成，具有自动控制和手动控制两种启动方式。无管网灭火装置安装，包括气瓶柜装置（内设气瓶、电磁阀、喷头）和自动报警控制装置（包括控制器，烟、温感，声光报警器，手动报警器，手/自动控制按钮）等。

6.3.3 泡沫灭火系统工程量清单

泡沫灭火系统工程量清单项目设置、项目特征描述的内容、计量单位及工程量计算规则，应按表6-4附录J.3的规定执行。

表6-4 附录J.3泡沫灭火系统（编码：030903）

项目编码	项目名称	项目特征	计量单位	工程量计算规则	工作内容
030903001	碳钢管	1. 材质、压力等级 2. 规格 3. 焊接方法 4. 无缝钢管镀锌设计要求 5. 压力试验及吹扫设计要求 6. 管道标识设计要求	m	按设计图示管道中心线以长度计算	1. 管道安装 2. 管件安装 3. 无缝钢管镀锌 4. 压力试验 5. 吹扫 6. 管道标识
030903002	不锈钢管	1. 材质、压力等级 2. 规格 3. 焊接方法 4. 充氩保护方式、部位 5. 压力试验及吹扫设计要求 6. 管道标识设计要求			1. 管道安装 2. 焊口充氩保护 3. 压力试验 4. 吹扫 5. 管道标识
030903003	铜管	1. 材质、压力等级 2. 规格 3. 焊接方法 4. 压力试验、吹扫设计要求 5. 管道标识设计要求			1. 管道安装 2. 压力试验 3. 吹扫 4. 管道标识

续表

项目编码	项目名称	项目特征	计量单位	工程量计算规则	工作内容
030903004	不锈钢管管件	1. 材质、压力等级 2. 规格 3. 焊接方法 4. 充氩保护方式、部位	个	按设计图示数量计算	1. 管件安装 2. 管件焊口充氩保护
030903005	铜管管件	1. 材质、压力等级 2. 规格 3. 焊接方法			管件安装
030903006	泡沫发生器	1. 类型 2. 型号、规格 3. 二次灌浆材料	台		1. 安装 2. 调试 3. 二次灌浆
030903007	泡沫比例混合器				
030903008	泡沫液贮罐	1. 质量/容量 2. 型号、规格 3. 二次灌浆材料			

注：1. 泡沫灭火管道工程量计算，不扣除阀门、管件及各种组件所占长度以延长米计算。

2. 泡沫发生器、泡沫比例混合器安装，包括整体安装、焊接法兰、单体调试及配合管道试压时隔离本体所消耗的工料。

3. 泡沫液贮罐内如需充装泡沫液，应明确描述泡沫灭火剂品种、规格。

6.3.4 火灾自动报警系统工程量清单

火灾自动报警系统工程量清单项目设置、项目特征描述的内容、计量单位及工程量计算规则，应按表 6-5 附录 J.4 的规定执行。

表 6-5 附录 J.4 火灾自动报警系统（编码：030904）

项目编码	项目名称	项目特征	计量单位	工程量计算规则	工作内容
030904001	点型探测器	1. 名称 2. 规格 3. 线制 4. 类型	个	按设计图示数量计算	1. 底座安装 2. 探头安装 3. 校接线 4. 编码 5. 探测器调试
030904002	线型探测器	1. 名称 2. 规格 3. 安装方式	m	按设计图示长度计算	1. 探测器安装 2. 接口模块安装 3. 报警终端安装 4. 校接线

续表

项目编码	项目名称	项目特征	计量单位	工程量计算规则	工作内容
030904003	按钮	1. 名称 2. 规格	个	按设计图示数量计算	1. 安装 2. 校接线 3. 编码 4. 调试
030904004	消防警铃				
030904005	声光报警器				
030904006	消防报警电话插孔（电话）	1. 名称 2. 规格 3. 安装方式	个(部)		
030904007	消防广播（扬声器）	1. 名称 2. 功率 3. 安装方式	个		
030904008	模块（模块箱）	1. 名称 2. 规格 3. 类型 4. 输出形式	个(台)		
030904009	区域报警控制箱	1. 多线制 2. 总线制 3. 安装方式 4. 控制点数量 5. 显示器类型	台		1. 本体安装 2. 校接线、摇测绝缘电阻 3. 排线、绑扎、导线标识 4. 显示器安装 5. 调试
030904010	联动控制箱				
030904011	远程控制箱(柜)	1. 规格 2. 控制回路			
030904012	火灾报警系统控制主机	1. 规格、线制 2. 控制回路 3. 安装方式			1. 安装 2. 校接线 3. 调试
030904013	联动控制主机				
030904014	消防广播及对讲电话主机(柜)				
030904015	火灾报警控制微机（CRT）	1. 规格 2. 安装方式			1. 安装 2. 调试
030904016	备用电源及电池主机(柜)	1. 名称 2. 容量 3. 安装方式	套		
030904017	报警联动一体机	1. 规格、线制 2. 控制回路 3. 安装方式	台		1. 安装 2. 校接线 3. 调试

注：1. 消防报警系统配管、配线、接线盒均应按本规范附录D电气设备安装工程相关项目编码列项。

2. 消防广播及对讲电话主机包括功放、录音机、分配器、控制柜等设备。

3. 点型探测器包括火焰、烟感、温感、红外光束、可燃气体探测器等。

6.3.5 消防系统调试工程量清单

消防系统调试工程量清单项目设置、项目特征描述的内容、计量单位及工程量计算规则，应按表 6-6 附录 J.5 的规定执行。

表 6-6 附录 J.5 消防系统调试（编码：030905）

项目编码	项目名称	项目特征	计量单位	工程量计算规则	工作内容
030905001	自动报警系统调试	1. 点数 2. 线制	系统	按系统计算	系统调试
030905002	水灭火控制装置调试	系统形式	点	按控制装置的点数计算	调试
030905003	防火控制装置调试	1. 名称 2. 类型	个（部）	按设计图示数量计算	
030905004	气体灭火系统装置调试	1. 试验容器规格 2. 气体试喷	点	按调试、检验和验收所消耗的试验容器总数计算	1. 模拟喷气试验 2. 备用灭火器贮存容器切换操作试验 3. 气体试喷

注：1. 自动报警系统，包括各种探测器、报警器、报警按钮、报警控制器、消防广播、消防电话等组成的报警系统；按不同点数以系统计算。

2. 水灭火控制装置，自动喷洒系统按水流指示器数量以点（支路）计算；消火栓系统按消火栓启泵按钮数量以点计算；消防水炮系统按水炮数量以点计算。

3. 防火控制装置，包括电动防火门、防火卷帘门、正压送风阀、排烟阀、防火控制阀、消防电梯等防火控制装置；电动防火门、防火卷帘门、正压送风阀、排烟阀、防火控制阀等调试以个计算，消防电梯以部计算。

4. 气体灭火系统调试，是由七氟丙烷、IG541、二氧化碳等组成的灭火系统；按气体灭火系统装置的瓶头阀以点计算。

6.3.6 相关问题及说明

① 管道界线的划分：

a. 喷淋系统水灭火管道：室内外界线应以建筑物外墙皮 1.5 m 为界，入口处设阀门者应以阀门为界；设在高层建筑物内的消防泵间管道应以泵间外墙皮为界。

b. 消火栓管道：给水管道室内外界线划分应以外墙皮 1.5 m 为界，入口处设阀门者以阀门为界。

c. 与市政给水管道的界线：以与市政给水管道碰头点（井）为界。

② 消防管道如需进行探伤，应按《通用安装工程工程量计算规范》（GB 50856—2013）中“附录 H　工业管道工程”相关项目编码列项。

③ 消防管道上的阀门、管道及设备支架、套管制作安装，应按《通用安装工程工程量计算规范》（GB 50856—2013）中“附录 K　给排水、采暖、燃气工程”相关项目

编码列项。

④ 消防管道及设备除锈、刷油、保温除注明者外，均应按《通用安装工程工程量计算规范》（GB 50856—2013）中“附录M　刷油、防腐蚀、绝热工程”相关项目编码列项。

⑤ 消防工程措施项目，应按《通用安装工程工程量计算规范》（GB 50856—2013）中“附录N　措施项目”相关项目编码列项。

6.4 消防工程计价

6.4.1 消防工程计价定额说明

《江苏省安装工程计价定额》（2014 版）“第九册　消防工程”适用于工业与民用建筑中的新建、扩建和整体更新改造工程。

（1）执行其他册相应定额的内容

① 电缆敷设、桥架安装、配管配线、接线盒、动力、应急照明控制设备、应急照明器具、电动机检查接线、防雷接地装置等安装，均执行“第四册　电气设备安装工程”相应定额。

② 阀门、法兰安装，各种套管的制作安装，不锈钢管和管件，铜管和管件及泵间管道安装，管道系统强度试验、严密性试验和冲洗等，执行“第八册　工业管道工程”相应定额。

③ 消火栓管道、室外给水管道安装，管道支吊架制作、安装及水箱制作安装，执行“第十册　给排水、采暖、燃气工程”相应定额。

④ 各种消防泵、稳压泵等机械设备安装及二次灌浆，执行“第一册　机械设备安装工程”相应定额。

⑤ 各种仪表的安装及带电信号的阀门、水流指示器、压力开关、驱动装置及泄漏报警开关、消防水炮的接线、校线等，执行“第六册　自动化控制仪表安装工程”相应定额。

⑥ 泡沫液储罐、设备支架制作、安装等，执行“第三册　静置设备与工艺金属结构制作安装工程”相应定额。

⑦ 设备及管道除锈、刷油及绝热工程，执行“第十一册　刷油、防腐蚀、绝热工程”相应定额。

（2）消防工程各项费用规定

① 脚手架搭拆费按人工费的 5%计算，其中人工工资占 25%。

② 高层建筑增加费（指高度在 6 层或 20 m 以上的工业与民用建筑）费率及拆分比例按表 6-7 计算。

表 6-7　高层建筑增加费费率（第九册）

层数		9 层以下（30 m）	12 层以下（40 m）	15 层以下（50 m）	18 层以下（60 m）	21 层以下（70 m）	24 层以下（80 m）	27 层以下（90 m）	30 层以下（100 m）	33 层以下（110 m）
按人工费的%		10	15	19	23	27	31	36	40	44
其中	人工工资（%）	10	14	21	21	26	29	31	35	39
	机械费（%）	90	86	79	79	74	71	69	65	61
层数		36 层以下（120 m）	40 层以下（130 m）	42 层以下（140 m）	45 层以下（150 m）	48 层以下（160 m）	51 层以下（170 m）	54 层以下（180 m）	57 层以下（190 m）	60 层以下（200 m）
按人工费的%		48	54	56	60	63	65	67	68	70
其中	人工工资（%）	41	43	46	48	51	53	57	60	63
	机械费（%）	59	57	54	52	49	47	43	40	37

③ 安装与生产同时进行增加的费用，按人工费的 10%计算。

④ 在有害身体健康环境中施工增加的费用，按人工费的 10%计算。

⑤ 超高增加费：指操作物高度距离楼地面 5 m 以上的工程，按其超过部分的定额人工乘以表 6-8 的系数。

表 6-8　超高增加费系数（第九册）

标高±（m）	8	12	16	20
超高系数	1.10	1.15	1.20	1.25

6.4.2 水灭火系统工程计价

①《江苏省安装工程计价定额》(2014 版）第九册“第一章　水灭火系统”定额适用于工业和民用建（构）筑物设置的自动喷水灭火系统的管道、各种组件、消火栓、气压水罐的安装。

② 界线划分：

a. 室内外界线，以建筑物外墙皮 1.5 m 为界，入口处设阀门者以阀门为界。

b. 设在高层建筑内的消防泵间管道与本章界线，以泵间外墙皮为界。

③ 管道安装定额：

a. 包括工序内一次性水压试验。

b. 镀锌钢管法兰连接定额，管件是按成品、弯头两端是按接短管焊法兰考虑的，定额中包括直管、管件、法兰等全部安装工序内容，但管件、法兰及螺栓的主材数量应按设计规定另行计算。

c. 定额也适用于镀锌无缝钢管的安装。

④ 喷头、报警装置及水流指示器安装定额均按管网系统试压、冲洗合格后安装考虑的，定额中已包括丝堵、临时短管的安装、拆除及其摊销。

⑤ 其他报警装置适用于雨淋、干湿两用及预作用报警装置。

⑥ 温感式水幕装置安装定额中已包括给水三通至喷头、阀门间的管道、管件、阀

门、喷头等全部安装内容。但管道的主材数量按设计管道中心长度另加损耗计算；喷头数量按设计数量另加损耗计算。

⑦ 集热板的安装位置：当高架仓库分层板上方有孔洞、缝隙时，应在喷头上方设置集热板。

⑧ 隔膜式气压水罐安装定额中地脚螺栓是按设备自带考虑的，定额中包括指导二次灌浆用工，但二次灌浆费用另计。

⑨ 管网冲洗定额是按水冲洗考虑的，若采用水压气动冲洗法时，可按施工方案另行计算。定额只适用于自动喷水灭火系统。

⑩ 定额中不包括以下工作内容：

a. 阀门、法兰安装，各种套管的制作安装，泵房间管道安装及管道系统强度试验、严密性试验。

b. 消火栓管道、室外给水管道安装及水箱制作安装。

c. 各种消防泵、稳压泵安装及设备二次灌浆等。

d. 各种仪表的安装及带电信号的阀门、水流指示器、压力开关的接线、校线。

e. 各种设备支架的制作安装。

f. 管道、设备、支架、法兰焊口除锈刷油。

g. 系统调试。

⑪ 其他有关规定：

a. 设置于管道间、管廊内的管道，其定额人工乘以系数 1.3。

b. 主体结构为现场浇筑采用钢模施工的工程：内外浇筑的定额人工乘以系数 1.05，内浇外砌的定额人工乘以系数 1.03。

6.4.3 气体灭火系统工程计价

①《江苏省安装工程计价定额》(2014 版) 第九册“第二章　气体灭火系统”定额适用于工业和民用建筑中设置的七氟丙烷灭火系统、IG541 灭火系统、二氧化碳灭火系统等的管道、管件、系统组件等的安装。

② 管道及管件安装定额：

a. 无缝钢管和钢制管件内外镀锌及场外运输费用另行计算。

b. 安装螺纹连接的不锈钢管、铜管及管件时，按安装无缝钢管和钢制管件安装相应定额乘以系数 1.20。

c. 无缝钢管连接定额中不包括钢制管件连接内容，应按设计用量执行钢制管件连接定额。

d. 无缝钢管法兰连接定额：管件是按成品、弯头两端是按短管焊接法兰考虑的，定额中包括直管、管件、法兰等全部安装工序内容，但管件、法兰及螺栓的主材数量应按设计规定另行计算。

e. 气动驱动装置管道安装定额中卡套连接件的数量按设计用量另行计算。

③ 喷头安装定额中包括管件安装及配合水压试验安装拆除丝堵的工作内容。

④ 贮存装置安装定额中包括灭火剂贮存容器和驱动气瓶的安装，固定支框架、系

统组件（集流管、容器阀、气液单向阀、高压软管）、安全阀等贮存装置和阀驱动装置的安装及氮气增压。二氧化碳贮存装置安装时，不须增压，执行定额时，扣除高纯氮气，其余不变。

⑤ 二氧化碳称重检漏装置包括泄漏报警开关、配重及支架。

⑥ 系统组件包括选择阀、气液单向阀和高压软管。

⑦ 定额中不包括的工作内容：

a. 管道支吊架的制作安装。

b. 不锈钢管、铜管及管件的焊接或法兰连接，各种套管的制作安装、管道系统强度试验、严密性试验和吹扫。

c. 管道及支吊架的防腐刷油。

d. 系统调试。

e. 阀驱动装置与泄漏报警开关的电气接线。

6.4.4 泡沫灭火系统工程计价

①《江苏省安装工程计价定额》(2014 版) 第九册“第三章　泡沫灭火系统”定额适用于高、中、低倍数固定式或半固定式泡沫灭火系统的发生器及泡沫比例混合器安装。

② 泡沫发生器及泡沫比例混合器安装中包括整体安装、焊法兰、单体调试及配合管道试压时隔离本体所消耗的人工和材料；但不包括支架的制作、安装和二次灌浆的工作内容。地脚螺栓按本体自带考虑。

③ 定额中不包括的内容：

a. 泡沫灭火系统的管道、管件、法兰、阀门、管道支架等的安装及管道系统水冲洗、强度试验、严密性试验。

b. 泡沫喷淋系统的管道、组件、气压水罐安装。

c. 消防泵等机械设备安装及二次灌浆。

d. 泡沫液贮罐、设备支架制作安装。

e. 油罐上安装的泡沫发生器及化学泡沫室。

f. 除锈、刷油、保温。

6.4.5 火灾自动报警系统工程计价

①《江苏省安装工程计价定额》(2014 版) 第九册“第四章　火灾自动报警系统”包括探测器、按钮、模块（接口）、报警控制器、联动控制器、报警联动一体机、重复显示器、警报装置、远程控制器、火灾事故广播、消防通信、报警备用电源、火灾报警控制微机（CRT）安装等项目。

② 定额中包括以下工作内容：

a. 施工技术准备、施工机械准备、标准仪器准备、施工安全防护措施、安装位置的清理。

b. 设备和箱、机及元件的搬运，开箱检查，清点，杂物回收，安装就位，接地，密封，箱、机内的校线、接线，挂锡，编码，测试，清洗，记录整理等。

③ 定额中均包括校线、接线和本体调试。

④ 定额中箱、机是以成套装置编制的；柜式及琴台式安装均执行落地式安装相应项目。

⑤ 定额中不包括以下工作内容：

a. 设备支架、底座、基础的制作与安装。

b. 构件加工制作。

c. 电机检查、接线及调试。

d. 事故照明及疏散指示控制装置安装。

6.4.6 消防系统调试工程计价

①《江苏省安装工程计价定额》(2014 版) 第九册“第五章 消防系统调试”包括自动报警系统装置调试、水灭火系统控制装置调试、防火控制装置调试（包括火灾事故广播、消防通信、消防电梯系统装置调试，电动防火门、防火卷帘门、正压送风阀、排烟阀、防火阀控制系统装置调试)，气体灭火系统装置调试等项目。

② 系统调试是指消防报警和灭火系统安装完毕且联通，并达到国家有关消防施工验收规范、标准所进行的全系统的检测、调整和试验。

③ 自动报警系统包括各种探测器、手动报警按钮和报警控制器，灭火系统控制装置包括消火栓、自动喷水及卤代烷、二氧化碳等固定灭火系统的控制装置。

④ 其他灭火系统调试试验时采取的安全措施，应按施工组织设计另行计算。

⑤ 消防系统调试安装定额执行时，安装单位只调试，则定额基价乘以系数 0.7。安装单位只配合检测、验收，基价乘以系数 0.3。

6.5 消防工程计价案例

6.5.1 消防工程识图

① 工程概况：本工程为 6 层商业建筑，层高 5 m，如图 6-1～图 6-3 所示。

② 本设计标高以 m 计，其余以 mm 计，图纸比例为 1∶100。

③ 消火栓管道采用热镀锌钢管，管径≤DN80 螺纹连接，管径＞DN80 卡箍连接；管道安装完毕，按规定进行水压试验、水冲洗。

④ 消防管道安装完毕，先刷红丹防锈漆两遍，再刷调和漆两遍。

⑤ 管道支架除锈后，先刷红丹防锈漆两遍，再刷调和漆两遍。

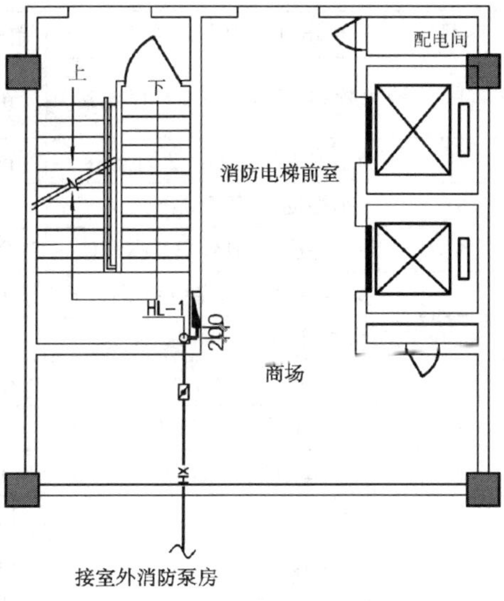

图 6-1 一层消火栓平面图

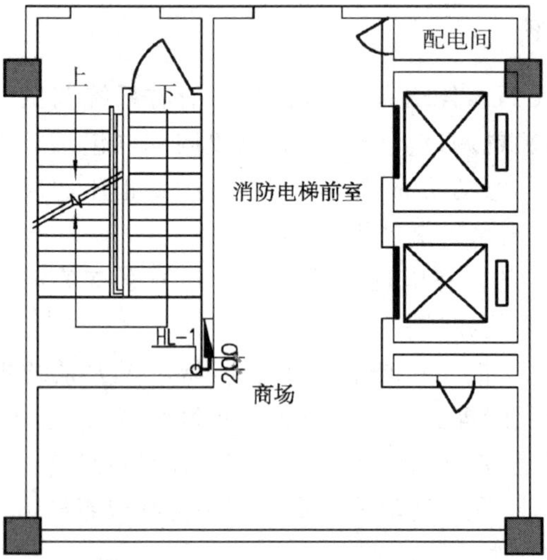

图 6-2　二至六层、屋顶消火栓平面图

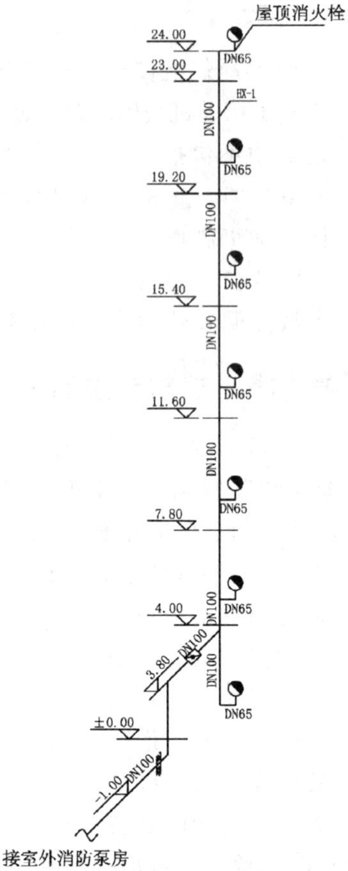

图 6-3　消火栓给水系统

6.5.2 消防工程计量

工程量计算结果见表 6-9。

表 6-9　工程量计算表

序号	分部分项工程名称及部位	单位	工程量	工程量计算公式
1	消火栓钢管 DN100(卡箍连接)	m	32.4	(1.5＋2.9)(一层平面)＋[1＋3.8＋24－(1.1－0.3)](立管)
2	消火栓钢管 DN65(螺纹连接)	m	5.18	(0.24＋0.2＋0.3)×7
3	刚性防水套管 DN150	个	1	1
4	穿墙穿楼板钢套管 DN150	个	6	6
5	穿墙穿楼板套管 DN100	个	6	6
6	室内消火栓 DN65 单栓	套	7	7
7	蝶阀 DN100	个	1	1
8	管道刷油 DN100	m^2	13.53	3.14×0.133×32.4
9	管道刷油 DN65	m^2	1.23	3.14×0.0755×5.18
10	管道支架	kg	15	32.4/6.5×3
11	金属结构除锈刷油	kg	15	15
12	水灭火系统控制装置调试	点	7	7

6.5.3 消防工程量清单

(1) 分部分项工程和单价措施项目清单

分部分项工程和单价措施项目清单见表6-10和表6-11。

表6-10 分部分项工程和单价措施项目清单与计价表(第1页)

工程名称：某办公楼消防工程　　　　标段：　　　　第1页　共2页

序号	项目编码	项目名称	项目特征描述	计量单位	工程量	金额(元)		
						综合单价	合价	其中 暂估价
1	030901002001	消火栓钢管	1. 安装部位：室内 2. 材质、规格：热镀锌钢管、DN100 3. 连接形式：卡箍连接 4. 钢管镀锌设计要求：热镀锌 5. 压力试验及冲洗设计要求：水压试验及水冲洗 6. 管道标识设计要求：消火栓管道标识	m	32.4			
2	030901002002	消火栓钢管	1. 安装部位：室内 2. 材质、规格：热镀锌钢管、DN65 3. 连接形式：螺纹连接 4. 钢管镀锌设计要求：热镀锌 5. 压力试验及冲洗设计要求：水压试验及水冲洗 6. 管道标识设计要求：消火栓管道标识	m	5.18			
3	030901010001	室内消火栓	1. 安装方式：暗装 2. 型号、规格：单栓、DN65 3. 附件材质、规格：DN65消火栓、QZ19直流水枪、25 m长麻织衬胶水龙带、消火栓按钮	套	7			
4	031002003001	套管	1. 名称、类型：刚性防水套管 2. 材质：焊接钢管 3. 规格：DN150	个	1			
5	031002003002	套管	1. 名称、类型：穿墙穿楼板套管 2. 材质：焊接钢管 3. 规格：DN100	个	6			
6	031002003003	套管	1. 名称、类型：过墙过楼板钢套管 2. 材质：焊接钢管 3. 规格：DN150	个	6			
7	031002001001	管道支架	1. 材质：型钢 2. 管架形式：T形	kg	15			
8	031003003001	焊接法兰阀门	1. 类型：消防蝶阀 2. 材质：碳钢 3. 规格、压力等级：DN100低压 4. 连接形式：焊接法兰 5. 焊接方法：电焊	个	1			
本页小计								

表 6-11　分部分项工程和单价措施项目清单与计价表(第 2 页)

工程名称：某办公楼消防工程　　　　　　　　　标段：　　　　　　　　　　第 2 页　共 2 页

序号	项目编码	项目名称	项目特征描述	计量单位	工程量	金额(元)		
						综合单价	合价	其中 暂估价
9	031201001001	管道刷油	1. 油漆品种:红丹防锈漆 2. 涂刷遍数、漆膜厚度:两遍	m^2	14.76			
10	031201003001	金属结构刷油	1. 除锈级别:轻锈 2. 油漆品种:红丹防锈漆 3. 结构类型:管道支架 4. 涂刷遍数、漆膜厚度:红丹防锈漆两遍,调和漆两遍	kg	15			
11	030905002001	水灭火控制装置调试	1. 系统形式:水灭火系统	点	6			
		分部分项合计						
1	031301017001	脚手架搭拆		项	1			
		单价措施合计						
本页小计								
合计								

（2）总价措施项目清单

总价措施项目清单见表 6-12。

表 6-12　总价措施项目清单与计价表

工程名称：某办公楼消防工程　　　　标段：　　　　第 1 页　共 1 页

序号	项目编码	项目名称	计算基础	费率（%）	金额（元）	调整费率（%）	调整后金额（元）	备注
1	031302001001	安全文明施工费						
1.1		基本费	分部分项合计＋单价措施项目合计－除税工程设备费	1.500				
1.2		增加费		0.300				
1.3		扬尘污染防治增加费		0.210				
2	031302002001	夜间施工增加						
3	031302003001	非夜间施工增加						
4	031302004001	二次搬运						
5	031302005001	冬雨季施工增加						
6	031302006001	已完工程及设备保护						
7	031302008001	临时设施						
8	031302009001	赶工措施						
9	031302010001	工程按质论价						
10	031302011001	住宅分户验收						
11	031302012001	建筑工人实名制费用						
12	031302090001	地上、地下设施、建筑物的临时保护设施						
13	031302091001	特殊条件下施工增加费						
合计								

（3）其他项目清单

其他项目清单见表 6-13。

表 6-13　其他项目清单与计价汇总表

工程名称：某办公楼消防工程　　　　标段：　　　　第 1 页　共 1 页

序号	项目名称	金额（元）	结算金额（元）	备注
1	暂列金额			
2	暂估价			
2.1	材料暂估价			
2.2	专业工程暂估价			
3	计日工			
4	总承包服务费			
合计				

（4）规费、税金项目清单

规费、税金项目清单见表 6-14。

表 6-14　规费、税金项目计价表

工程名称：某办公楼消防工程　　　　　　　　　　标段：　　　　　　　　　　第 1 页　共 1 页

序号	项目名称	计算基础	计算基数（元）	计算费率（%）	金额（元）
1	规费	环境保护税＋社会保险费＋住房公积金		100.000	
1.1	社会保险费	分部分项工程费＋措施项目费＋其他项目费－除税工程设备费		2.400	
1.2	住房公积金	分部分项工程费＋措施项目费＋其他项目费－除税工程设备费		0.420	
1.3	环境保护税	分部分项工程费＋措施项目费＋其他项目费－除税工程设备费		0.100	
2	税金	分部分项工程费＋措施项目费＋其他项目费＋规费－除税甲供材料和甲供设备费/1.01		9.000	
合计					

6.5.4 消防工程计价

（1）综合单价计算（部分展示，全部综合单价计算结果见二维码内容）

综合单价计算结果见表 6-15～表 6-18。

消防案例综合单价分析表

表 6-15　综合单价分析表（第 1 页）

工程名称：某办公楼消防工程　　　　标段：　　　　第 1 页　共 13 页

项目编码	030901002001	项目名称	消火栓钢管					计量单位	m	工程量	32.4		
清单综合单价组成明细													
定额编号	定额项目名称	定额单位	数量	单价					合价				
				人工费	材料费	机械费	管理费	利润	人工费	材料费	机械费	管理费	利润
10-372	管道消毒、冲洗 公称直径 100 mm 以内	100 m	0.01	63.05	38.16		25.22	8.83	0.63	0.38		0.25	0.09
9-17	镀锌钢管安装（沟槽式管件连接） 公称直径 100 mm 以内	10 m	0.1	226.01	4.51	13.91	90.4	31.64	22.6	0.45	1.39	9.04	3.16
综合人工工日		小计							23.23	0.83	1.39	9.29	3.25
0.2395 工日		未计价材料费							16.32				
清单项目综合单价									54.31				

	主要材料名称、规格、型号	单位	数量	单价（元）	合价（元）	暂估单价（元）	暂估合价（元）
材料费明细	漂白粉	kg	0.0014	4	0.01		
	水	m^3	0.08	4.7	0.38		
	热镀锌钢管　公称直径 100 mm 以内	m	1.022	15.97	16.32		
	砂轮片 ϕ 200	片	0.001	11.15	0.01		
	尼龙砂轮片 ϕ 100×16×3	片	0.008	3.26	0.03		
	氧气	m^3	0.024	2.83	0.07		
	乙炔气	kg	0.0086	15.44	0.13		
	水	m^3	0.031	4.57	0.14		
	其他材料费			—	0.06	—	
	材料费小计			—	17.15	—	

表 6-16　综合单价分析表（第 3 页）

工程名称：某办公楼消防工程　　　　标段：　　　　第 3 页　共 13 页

项目编码	030901010001			项目名称	室内消火栓				计量单位	套		工程量	7
清单综合单价组成明细													
定额编号	定额项目名称	定额单位	数量	单价					合价				
				人工费	材料费	机械费	管理费	利润	人工费	材料费	机械费	管理费	利润
9-53	室内消火栓安装 单栓 公称直径 65 mm 以内	套	1	69.84	8.41	0.35	27.94	9.78	69.84	8.41	0.35	27.94	9.78
综合人工工日		小计							69.84	8.41	0.35	27.94	9.78
0.72 工日		未计价材料费							300				
清单项目综合单价									416.32				

材料费明细	主要材料名称、规格、型号	单位	数量	单价（元）	合价（元）	暂估单价（元）	暂估合价（元）
	室内消火栓　单栓 65	套	1	300	300		
	棉纱头	kg	0.1	6.5	0.65		
	木方材	m^3	0.003	1800	5.4		
	砂轮片ϕ400	片	0.038	13.5	0.51		
	聚四氟乙烯生料带　宽 20	m	1.68	0.35	0.59		
	水泥 32.5 级	kg	1.43	0.31	0.44		
	其他材料费			—	0.82	—	
	材料费小计			—	308.41	—	

表 6-17　综合单价分析表（第 4 页）

工程名称：某办公楼消防工程　　　　标段：　　　　第 4 页　共 13 页

<table>
<tr><td>项目编码</td><td>031002003001</td><td colspan="2">项目名称</td><td colspan="5">套管</td><td>计量单位</td><td>个</td><td colspan="2">工程量</td><td>1</td></tr>
<tr><td colspan="14">清单综合单价组成明细</td></tr>
<tr><td rowspan="2">定额编号</td><td rowspan="2">定额项目名称</td><td rowspan="2">定额单位</td><td rowspan="2">数量</td><td colspan="5">单价</td><td colspan="5">合价</td></tr>
<tr><td>人工费</td><td>材料费</td><td>机械费</td><td>管理费</td><td>利润</td><td>人工费</td><td>材料费</td><td>机械费</td><td>管理费</td><td>利润</td></tr>
<tr><td>10-391</td><td>刚性防水套管制作、安装
公称直径 150mm 以内</td><td>10 个</td><td>0.1</td><td>470.45</td><td>345.3</td><td>20</td><td>188.18</td><td>65.86</td><td>47.05</td><td>34.53</td><td>2</td><td>18.82</td><td>6.59</td></tr>
<tr><td colspan="2">综合人工工日</td><td colspan="7">小计</td><td>47.05</td><td>34.53</td><td>2</td><td>18.82</td><td>6.59</td></tr>
<tr><td colspan="2">0.485 工日</td><td colspan="7">未计价材料费</td><td colspan="5"></td></tr>
<tr><td colspan="9">清单项目综合单价</td><td colspan="5">108.99</td></tr>
<tr><td rowspan="12">材料费明细</td><td colspan="5">主要材料名称、规格、型号</td><td colspan="2">单位</td><td>数量</td><td>单价（元）</td><td>合价（元）</td><td colspan="2">暂估单价（元）</td><td>暂估合价（元）</td></tr>
<tr><td colspan="5">焊接钢管 DN150</td><td colspan="2">m</td><td>0.305</td><td>84.99</td><td>25.92</td><td colspan="2"></td><td></td></tr>
<tr><td colspan="5">石棉绒</td><td colspan="2">kg</td><td>0.427</td><td>2.8</td><td>1.2</td><td colspan="2"></td><td></td></tr>
<tr><td colspan="5">油浸麻丝</td><td colspan="2">kg</td><td>0.204</td><td>9.8</td><td>2</td><td colspan="2"></td><td></td></tr>
<tr><td colspan="5">水泥 32.5 级</td><td colspan="2">kg</td><td>1</td><td>0.31</td><td>0.31</td><td colspan="2"></td><td></td></tr>
<tr><td colspan="5">钢板 δ3.0 Q235</td><td colspan="2">kg</td><td>0.4</td><td>4.16</td><td>1.66</td><td colspan="2"></td><td></td></tr>
<tr><td colspan="5">氧气</td><td colspan="2">m^3</td><td>0.257</td><td>3.3</td><td>0.85</td><td colspan="2"></td><td></td></tr>
<tr><td colspan="5">乙炔气</td><td colspan="2">kg</td><td>0.1117</td><td>18</td><td>2.01</td><td colspan="2"></td><td></td></tr>
<tr><td colspan="5">电焊条</td><td colspan="2">kg</td><td>0.1</td><td>5.8</td><td>0.58</td><td colspan="2"></td><td></td></tr>
<tr><td colspan="5"></td><td colspan="2"></td><td></td><td></td><td></td><td colspan="2"></td><td></td></tr>
<tr><td colspan="8">其他材料费</td><td>—</td><td></td><td colspan="2">—</td><td></td></tr>
<tr><td colspan="8">材料费小计</td><td>—</td><td>34.53</td><td colspan="2">—</td><td></td></tr>
</table>

表 6-18　综合单价分析表（第 11 页）

工程名称：某办公楼消防工程　　　　标段：　　　　第 11 页　共 13 页

项目编码	031201003001			项目名称		金属结构刷油			计量单位	kg	工程量	15	
清单综合单价组成明细													
定额编号	定额项目名称	定额单位	数量	单价					合价				
				人工费	材料费	机械费	管理费	利润	人工费	材料费	机械费	管理费	利润
11-7	手工除锈 一般钢结构 轻锈	100 kg	0.01	28.13	2.07	7.92	11.25	3.94	0.28	0.02	0.08	0.11	0.04
11-117	一般钢结构 红丹防锈漆 第一遍	100 kg	0.01	19.4	2.74	7.92	7.76	2.72	0.19	0.03	0.08	0.08	0.03
11-118	一般钢结构 红丹防锈漆 第二遍	100 kg	0.01	18.43	2.37	7.92	7.37	2.58	0.18	0.02	0.08	0.07	0.03
11-126	一般钢结构 调和漆 第一遍	100 kg	0.01	18.43	0.82	7.92	7.37	2.58	0.18	0.01	0.08	0.07	0.03
11-127	一般钢结构 调和漆 第二遍	100 kg	0.01	18.43	0.73	7.92	7.37	2.58	0.18	0.01	0.08	0.07	0.03
综合人工工日				小计					1.01	0.09	0.4	0.4	0.16
0.0105 工日				未计价材料费					0.41				
清单项目综合单价									2.47				
材料费明细	主要材料名称、规格、型号					单位		数量	单价（元）	合价（元）	暂估单价（元）	暂估合价（元）	
	钢丝刷子					把		0.0015	1.54				
	铁砂布 2#					张		0.0109	0.86	0.01			
	破布					kg		0.0015	6	0.01			
	醇酸防锈漆 C53-1					kg		0.0211	8.87	0.19			
	汽油					kg		0.0073	9.12	0.07			
	调和漆					kg		0.015	15	0.23			
	其他材料费								—	−0.01	—		
	材料费小计								—	0.5	—		

（2）分部分项工程和单价措施项目费

分部分项工程和单价措施项目费列于表 6-19 和表 6-20 中。

表 6-19　分部分项工程和单价措施项目清单与计价表(第 1 页)

工程名称：某办公楼消防工程　　　　标段：　　　　第 1 页　共 2 页

序号	项目编码	项目名称	项目特征描述	计量单位	工程量	金额(元)		
						综合单价	合价	其中 暂估价
1	030901002001	消火栓钢管	1. 安装部位：室内 2. 材质、规格：热镀锌钢管、DN100 3. 连接形式：卡箍连接 4. 钢管镀锌设计要求：热镀锌 5. 压力试验及冲洗设计要求：水压试验及水冲洗 6. 管道标识设计要求：消火栓管道标识	m	32.4	54.31	1759.64	
2	030901002002	消火栓钢管	1. 安装部位：室内 2. 材质、规格：热镀锌钢管、DN65 3. 连接形式：螺纹连接 4. 钢管镀锌设计要求：热镀锌 5. 压力试验及冲洗设计要求：水压试验及水冲洗 6. 管道标识设计要求：消火栓管道标识	m	5.18	64.05	331.78	
3	030901010001	室内消火栓	1. 安装方式：暗装 2. 型号、规格：单栓、DN65 3. 附件材质、规格：DN65 消火栓、QZ19 直流水枪、25 m 长麻织衬胶水龙带、消火栓按钮	套	7	416.32	2914.24	
4	031002003001	套管	1. 名称、类型：刚性防水套管 2. 材质：焊接钢管 3. 规格：DN150	个	1	108.99	108.99	
5	031002003002	套管	1. 名称、类型：穿墙穿楼板套管 2. 材质：焊接钢管 3. 规格：DN100	个	6	57.28	343.68	
6	031002003003	套管	1. 名称、类型：过墙过楼板钢套管 2. 材质：焊接钢管 3. 规格：DN150	个	6	82.51	495.06	
7	031002001001	管道支架	1. 材质：型钢 2. 管架形式：T 形	kg	15	17.57	263.55	
8	031003003001	焊接法兰阀门	1. 类型：消防蝶阀 2. 材质：碳钢 3. 规格、压力等级：DN100 低压 4. 连接形式：焊接法兰 5. 焊接方法：电焊	个	1	442.22	442.22	
本页小计							6659.16	

表 6-20 分部分项工程和单价措施项目清单与计价表(第 2 页)

工程名称：某办公楼消防工程　　　　标段：　　　　第 2 页　共 2 页

序号	项目编码	项目名称	项目特征描述	计量单位	工程量	金额(元)		
						综合单价	合价	其中
								暂估价
9	031201001001	管道刷油	1. 油漆品种：红丹防锈漆 2. 涂刷遍数、漆膜厚度：两遍	m^2	14.76	20.57	303.61	
10	031201003001	金属结构刷油	1. 除锈级别：轻锈 2. 油漆品种：红丹防锈漆 3. 结构类型：管道支架 4. 涂刷遍数、漆膜厚度：红丹防锈漆两遍，调和漆两遍	kg	15	2.47	37.05	
11	030905002001	水灭火控制装置调试	1. 系统形式：水灭火系统	点	6	1445.72	8674.32	
		分部分项合计					15674.14	
1	031301017001	脚手架搭拆		项	1	417.80	417.80	
		单价措施合计					417.80	
本页小计							9432.78	
合计							16091.94	

(3) 总价措施项目费

总价措施项目费列于表 6-21 中。

表 6-21　总价措施项目清单与计价表

工程名称：某办公楼消防工程　　　　标段：　　　　第 1 页　共 1 页

序号	项目编码	项目名称	计算基础	费率（%）	金额（元）	调整费率（%）	调整后金额（元）	备注
1	031302001001	安全文明施工费		100.000	323.45			
1.1		基本费	分部分项合计＋单价措施项目合计－除税工程设备费	1.500	241.38			
1.2		增加费		0.300	48.28			
1.3		扬尘污染防治增加费		0.210	33.79			
2	031302002001	夜间施工增加		0.050	8.05			
3	031302003001	非夜间施工增加		0.300	48.28			
4	031302004001	二次搬运						
5	031302005001	冬雨季施工增加		0.075	12.07			
6	031302006001	已完工程及设备保护		0.025	4.02			
7	031302008001	临时设施		1.100	177.01			
8	031302009001	赶工措施		1.300	209.20			
9	031302010001	工程按质论价		1.100	177.01			
10	031302011001	住宅分户验收		0.100	16.09			
11	031302012001	建筑工人实名制费用		0.030	4.83			
12	031302090001	地上、地下设施、建筑物的临时保护设施						
13	031302091001	特殊条件下施工增加费						
合计					980.01			

（4）其他项目费

其他项目费列于表6-22中。

表6-22　其他项目清单与计价汇总表

工程名称：某办公楼消防工程　　　　标段：　　　　第1页　共1页

序号	项目名称	金额（元）	结算金额（元）	备注
1	暂列金额			
2	暂估价			
2.1	材料暂估价			
2.2	专业工程暂估价			
3	计日工			
4	总承包服务费			
合计				

（5）规费、税金

规费、税金列于表6-23中。

表6-23 规费、税金项目计价表

工程名称：某办公楼消防工程　　标段：　　第1页　共1页

序号	项目名称	计算基础	计算基数（元）	计算费率（%）	金额（元）
1	规费	环境保护税＋社会保险费＋住房公积金	498.50	100.000	498.50
1.1	社会保险费	分部分项工程费＋措施项目费＋其他项目费－除税工程设备费	17071.95	2.400	409.73
1.2	住房公积金	分部分项工程费＋措施项目费＋其他项目费－除税工程设备费	17071.95	0.420	71.70
1.3	环境保护税	分部分项工程费＋措施项目费＋其他项目费－除税工程设备费	17071.95	0.100	17.07
2	税金	分部分项工程费＋措施项目费＋其他项目费＋规费－除税甲供材料和甲供设备费/1.01	17570.45	9.000	1581.34
合计					2079.84

（6）单位工程招标控制价

单位工程招标控制价列于表6-24中。

表6-24 单位工程招标控制价表

工程名称：某办公楼消防工程　　　　标段：　　　　第1页 共1页

序号	汇总内容	金额（元）	其中：暂估价（元）
1	分部分项工程费	15674.14	
1.1	人工费	7278.41	
1.2	材料费	3866.95	
1.3	施工机具使用费	598.49	
1.4	企业管理费	2911.20	
1.5	利润	1019.11	
2	措施项目费	1397.81	
2.1	单价措施项目费	417.80	
2.2	总价措施项目费	980.01	
2.2.1	其中：安全文明施工措施费	323.45	
3	其他项目费		
3.1	其中：暂列金额		
3.2	其中：专业工程暂估		
3.3	其中：计日工		
3.4	其中：总承包服务费		
4	规费	498.50	
5	税金	1581.34	
招标控制价合计＝1＋2＋3＋4＋5－甲供材料费_含设备/1.01		19151.79	

第7章

通风空调工程计量与计价

知识目标

1. 熟悉通风空调工程的工程量计算规则；
2. 掌握通风空调工程的工程量清单项目设置，项目编码、项目特征描述；
3. 掌握通风空调工程计价费用构成、计算方法。

能力目标

1. 能熟练运用《通用安装工程工程量计算规范》计算通风空调工程的工程量，编制工程量清单；

2. 能熟练运用《建设工程工程量清单计价规范》《江苏省安装工程计价定额》等查套定额，编制通风空调工程招标控制价、投标报价；

3. 能熟练运用计价软件编制通风空调工程量清单，进行工程计价。

素质目标

1. 培养学生的专业意识和社会责任感，即在造价计算过程中要遵循各项计价规范、计价定额的规定，尤其是强制性条文的规定；

2. 培养学生的成本意识，即在计价过程中要尽量减少通风空调工程的人工、材料、机械费用，有效进行造价控制，为创建节约型社会贡献自己的一份力量；

3. 培养学生踏实严谨、精益求精的工作作风，即在进行通风空调工程计量时要合理控制误差，清单列项齐全不漏项，综合单价组价内容完整。

7.1 通风空调工程识图

7.1.1 通风空调工程常用图例

通风空调工程常用图例见表 7-1。

通风空调工程识图

表 7-1　通风空调工程常用图例

序号	名称	图例	序号	名称	图例
1	矩形风管	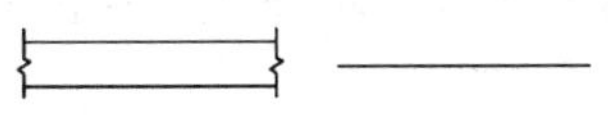	10	风机盘管	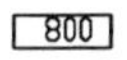
2	圆形风管	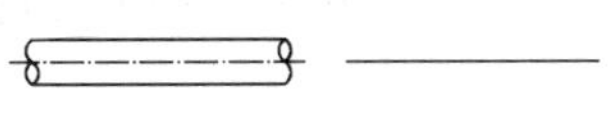	11	电热风幕	
3	风管法兰	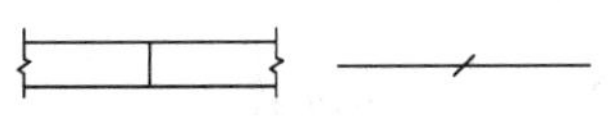	12	百叶风口	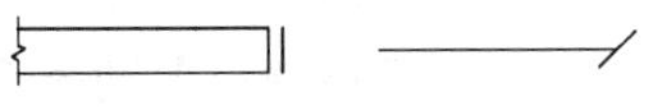
4	方变圆风管	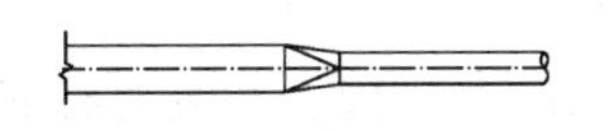	13	散流器	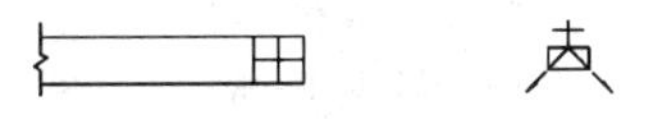
5	手动对开多叶调节阀		14	手动蝶阀	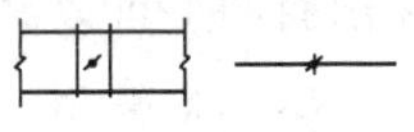
6	电动对开多叶调节阀		15	风管止回阀	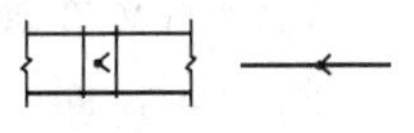
7	防火调节阀（70 ℃熔断）		16	风管软接头	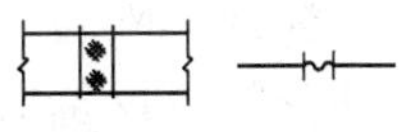
8	防火调节阀（280 ℃熔断）		17	消声器	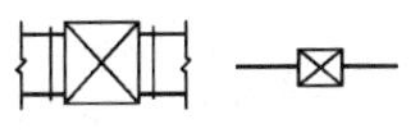
9	轴流风机（排气扇）		18	消声弯头	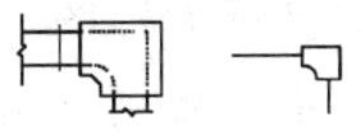

7.1.2 通风空调工程施工图组成

通风空调工程施工图是由基本图、详图及设计说明等组成的。基本图包括系统原理图、平面图、立面图、剖面图及系统轴测图。详图包括部件的加工制作和安装的节点图、大样图及标准图。

（1）设计说明

设计说明中应包括以下内容：

① 工程性质、规模、服务对象及系统工作原理。

② 通风空调系统的工作方式、系统划分和组成，以及系统总送风、排风量和各风口的送、排风量。

③ 通风空调系统的设计参数，如室外气象参数、室内温湿度、室内含尘浓度、换气次数及空气状态参数等。

④ 施工质量要求和特殊的施工方法。

⑤ 保温、油漆等的施工要求。

（2）系统原理图

系统原理图是综合性的示意图，它将空气处理设备、通风管路、冷热源管路、自动调节及检测系统连接成一个整体，构成一个整体的通风空调系统。它表达了系统的工作原理及各环节的有机联系。通风空调系统一般无须绘制这种图样，只有在比较复杂的通风空调工程中才需绘制。

(3) 系统平面图

在通风空调系统中，平面图表明风管、部件及设备在建筑物内的平面坐标位置。其中包括以下几项：

① 风管、送风口、回（排）风口、风量调节阀、测孔等部件和设备的平面位置、与建筑物墙面的距离及各部位尺寸。

② 送、回（排）风口的空气流动方向。

③ 通风空调设备的外形轮廓、规格型号及平面坐标位置。

(4) 系统剖面图

剖面图表明通风管路及设备在建筑物中的垂直位置、相互之间的关系、标高及尺寸。在剖面图上可以看出风机、风管及部件、风帽的安装高度。

(5) 系统轴测图

系统轴测图又称透视图。通风、空调系统管路纵横交错，平面图和剖面图难以表达管线的空间走向，而采用轴测投影绘制出管路系统单线条的立体图，可以完整而形象地将风管、部件及附属设备之间的相对位置的空间关系表示出来。系统轴测图上还注明风管、部件及附属设备的标高，各段风管的断面尺寸，送、回（排）风口的形式和风量值等。

(6) 详图

详图又称大样图，包括制作加工详图和安装详图。如果是国家通用标准图，则只标明图号，不再将图画出，需要时直接查标准图即可。如果没有标准图，必须画出大样图，以便加工、制作和安装。

通风空调详图表明风管、部件及设备制作和安装的具体形式、方法和详细构造及加工尺寸。对于一般性的通风空调工程，通常都使用国家标准图册；对于一些有特殊要求的工程，则由设计部门根据工程的特殊情况设计施工详图。

7.1.3 通风空调工程施工图的识读方法

阅读通风空调工程施工图，要从平面图开始，将平面图、剖面图、系统透视图结合起来对照阅读，一般情况下可以沿着介质的流动方向逐段阅读。对于排风系统，可以从吸风口看起，沿着管路直到室外排风口。图 7-1 所示为某通风系统的平面图、剖面图和系统轴测图。

(1) 平面图的识读

通过对平面图的识读，可以了解到，图 7-2 所示通风系统有一台空调器，空调器是用冷（热）水冷却（加）空气的。空气从进风口进入空调机，经冷却或加热后，由空调器内风机从顶部送出，再分为两路送往各送风点。

(2) 剖面图、轴测图的识读

从剖面图和轴测图可知，风管是 600 mm×1000 mm 的矩形风管。风管上装 6 号蝶阀 2 个，型号为 T302-7。风管系统中共有 7 号送风口 10 个。从剖面图上可以知道，风管安装高度为 3.5 m。

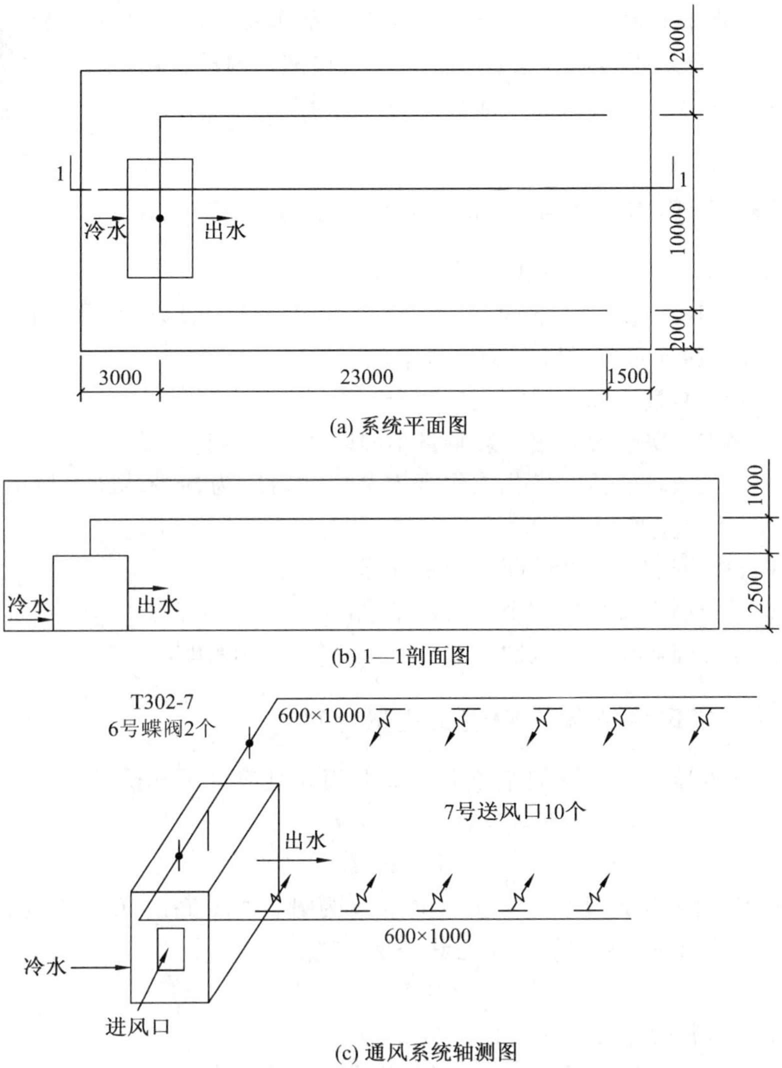

图 7-1　某通风系统施工图

实际工作中，在识读通风空调工程施工图时往往将平面图、剖面图、系统轴测图等几种图样结合起来，可以随时对照，一种图有未表达清楚的地方可以立即看另一种图，这样既可以节省看图时间，又能将图纸看得深透，还能发现图纸中存在的问题。

7.2 通风空调工程计量

通风空调工程的工程量计算执行《通用安装工程工程量计算规范》(GB 50856—2013) 中关于通风空调工程“工程量计算规则”“计量单位”的规定，依据工程设计图纸、施工组织设计或施工方案及有关技术经济文件进行工程量计算。

通风空调工程主要包括通风空调设备及部件制作安装，通风管道制作安装，通风管道部件制作安装，通风工程检测、调试等内容；适用于工业与民用通风空调设备及部件、通风管道及部件制作安装工程。

通风空调工程计量

7.2.1 通风空调设备及部件制作安装工程量计算

① 风机安装按设计不同型号以“台”为计量单位。

② 整体式空调机组安装，空调器按不同质量和安装方式以“台”为计量单位；分段组装式空调器，按质量以“kg”为计量单位。

③ 风机盘管安装按不同安装方式以“台”为计量单位。

④ 空气加热器、除尘设备按安装重量不同以“台”为计量单位。

⑤ 高、中、低效过滤器、净化工作台安装以“台”为计量单位，风淋室安装按不同质量以“台”为计量单位。

⑥ 挡水板制作安装按空调器断面面积计算。

⑦ 钢板密闭门制作安装以“个”为计量单位。

⑧ 电加热器外壳制作安装按图示尺寸以“kg”为计量单位。

7.2.2 通风管道制作安装工程量计算

① 风管制作安装以施工图规格不同按展开面积计算，不扣除检查孔、测定孔、吸风口等所占面积。圆形风管按下式计算：

$$F=\pi DL \tag{7-1}$$

式中，F 为圆形风管展开面积（以 m^2 为单位）；D 为圆形风管直径；L 为管道中心线长度。

矩形风管按图示周长乘以管道中心线长度计算：

$$F=2(A+B)\cdot L \tag{7-2}$$

式中，A 为矩形风管的宽度；B 为风管高度。

② 风管长度一律以施工图示中心线长度为准（主管与支管以其中心线交点划分），包括弯头、三通、变径管、天圆地方等管件的长度，但不包括部件所占长度。直径和周长按图示尺寸为准展开。咬口重叠部分已包括在计价表内，不得另行增加。圆形风管面积计算如图 7-2 所示。

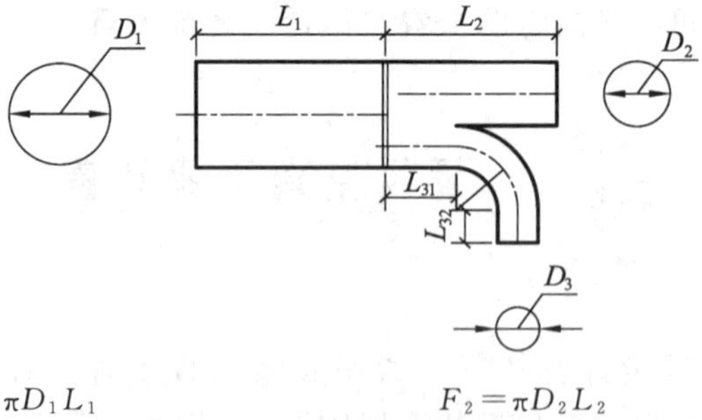

$F_1=\pi D_1 L_1$　　$F_2=\pi D_2 L_2$

$F_3=\pi D_3(L_{31}+L_{32}+2\pi r\theta)$　　$\theta=$角度$\times 0.01745$

图 7-2　风管面积计算示意图

③ 在计算风管长度时，应该减除的部分通风部件长度 L 如下：

a. 蝶阀：$L=150$ mm。

b. 止回阀：$L=300$ mm。

c. 密闭式对开多叶调节阀：$L=210$ mm。

d. 圆形风管防火阀：$L=D+240$ mm。

e. 矩形风管防火阀：$L=B+240$ mm。

f. 密闭式斜插板阀：风管外径 D 及长度 L 见表 7-2。

表 7-2 密闭式斜插板阀的风管外径 D mm

型号	1	2	3	4	5	6	7	8	9	10	11	12	13	14	15	16
D	80	85	90	95	100	105	110	115	120	125	130	135	140	145	150	155
L	280	285	290	300	305	310	315	320	325	330	335	340	345	350	355	360
型号	17	18	19	20	21	22	23	24	25	26	27	28	29	30	31	32
D	160	165	170	175	180	185	190	195	200	205	210	215	220	225	230	235
L	365	370	375	380	385	390	395	400	405	410	415	420	425	430	435	440
型号	33	34	35	36	37	38	39	40	41	42	43	44	45	46	47	48
D	240	245	250	255	260	265	270	275	280	285	290	300	310	320	330	340
L	440	445	450	455	460	465	470	475	480	485	490	500	510	520	530	540

g. 塑料手柄式蝶阀：圆形风管外径 D 和方形风管外边长 A 见表 7-3。

表 7-3 塑料手柄式蝶阀圆形风管外径 D 和方形风管外边长 A mm

型号		1	2	3	4	5	6	7	8	9	10	11	12	13	14
圆形	D	100	120	140	160	180	200	220	250	280	320	360	400	450	500
	L	160	160	160	180	200	220	240	270	300	340	380	420	470	520
方形	A	120	160	200	250	320	400	500							
	L	160	180	220	270	340	420	520							

h. 塑料拉链式蝶阀：圆形风管外径 D 和方形风管外边长 A 见表 7-4。

表 7-4 塑料拉链式蝶阀圆形风管外径 D 和方形风管外边长 A mm

型号		1	2	3	4	5	6	7	8	9	10	11
圆形	D	200	220	250	280	320	360	400	450	500	560	630
	L	240	240	270	300	340	380	420	470	520	580	650
方形	A	200	250	320	400	500	630					
	L	240	270	340	420	520	650					

i. 塑料圆形插板阀：圆形风管外径 D 和方形风管外边长 A 见表 7-5。

表 7-5 塑料圆形插板阀（圆形风管）外径 D 和方形风管外边长 A mm

型号		1	2	3	4	5	6	7	8	9	10	11
圆形	D	200	220	250	280	320	360	400	450	500	560	630
	L	200	200	200	200	300	300	300	300	300	300	300
方形	A	200	250	320	400	500	630					
	L	200	200	200	200	300	300					

④ 风管导流叶片制作安装按图示叶片的面积计算。

⑤ 整个通风系统设计采用渐缩管均匀送风者，圆形风管按平均直径、矩形风管按平均周长计算。

⑥ 薄钢板通风管道、净化通风管道、玻璃钢通风管道、复合型材料通风管道的制作安装中已包括法兰、加固框和吊托支架，不得另行计算。

⑦ 塑料通风管道制作安装子目中，包括管件、法兰、加固框的安装，但不包括吊托支架的安装，可按相应定额以“kg”为计量单位另行计算。

⑧ 不锈钢通风管道、铝板通风管道的制作安装包括管件的安装，但不包括法兰和吊托支架，可按相应定额以“kg”为计量单位另行计算。

⑨ 柔性软风管安装，按图示管道中心线长度以“m”为计量单位，柔性软风管阀门安装以“个”为计量单位。

⑩ 软管（帆布接口）制作安装，按图示尺寸以“m^2”为计量单位。

⑪ 塑料风管、复合型材料风管制作安装定额所列规格直径为内径，周长为内周长。

⑫ 风管检查孔质量，按“第七册　通风空调工程”计价定额附录二“国标通风部件标准重量表”计算。

⑬ 风管测定孔制作安装，按其型号以“个”为计量单位。

7.2.3 通风管道部件制作安装工程量计算

① 标准部件的制作，按其成品质量以“kg”为计量单位，根据设计型号、规格，按“第七册　通风空调工程”计价定额附录二“国标通风部件标准重量表”计算质量，非标准部件按图示成品质量计算。部件的安装按图示规格尺寸（周长或直径）以“个”为计量单位，分别执行相应定额。

② 钢百叶窗及活动金属百叶风口的制作以“m^2”为计量单位，安装按规格尺寸以“个”为计量单位。

③ 风帽筝绳制作安装按图示规格、长度以“kg”为计量单位。

④ 风帽泛水制作安装按图示展开面积以“m^2”为计量单位。

7.3 通风空调工程量清单

通风空调工程量清单编制

通风空调工程工程量清单项目设置参见《通用安装工程工程量计算规范》(GB 50856—2013) 中“附录G 通风空调工程”。

7.3.1 适用范围

①“附录G 通风空调工程”适用于采用工程量清单计价的新建、扩建项目中的通风、空调工程。本附录共有4节，共52个清单项目，包括通风空调设备及部件的制作安装、通风管道制作安装、通风管道部件制作安装和通风工程检测、调试。

② 通风工程中包括通风及空调设备安装、各种材质的通风管道的制作安装、管道部件（阀类、风口、风帽及消声器等）制作安装项目。

③ 本附录的通风设备、除尘设备、专供为通风工程配套的各种风机及除尘设备、其他工业用风机（如热力设备用风机）及除尘设备应按附录A及附录B的相关项目编制工程量清单。

7.3.2 相关问题及说明

① 通风空调工程适用于通风（空调）设备及部件、通风管道及部件的制作安装工程。

② 冷冻机组站内的设备安装、通风机安装及人防两用通风机安装，应按《通用安装工程工程量计算规范》(GB 50856—2013) 中“附录A 机械设备安装工程”相关项目编码列项。

③ 冷冻机组站内的管道安装，应按《通用安装工程工程量计算规范》(GB 50856—2013) 中“附录H 工业管道工程”相关项目编码列项。

④ 冷冻站外墙皮以外通往通风空调设备的供热、供冷、供水等管道，应按《通用安装工程工程量计算规范》(GB 50856—2013) 中“附录K 给排水、采暖、燃气工程”相关项目编码列项。

⑤ 设备和支架除锈、刷漆、保温及保护层安装，应按《通用安装工程工程量计算规范》(GB 50856—2013) 中“附录M 刷油、防腐蚀、绝热工程”相关项目编码列项。

7.3.3 通风空调设备及部件制作安装工程量清单

(1) 通风及空调设备及部件制作安装工程量清单项目内容

通风及空调设备及部件制作安装工程量清单项目设置见表7-6，包括空气加热器、通风机、除尘设备、空调器（各式空调机、风机盘管等）、过滤器、净化工作台、风淋室、洁净室及空调机的配件制作安装项目。

表 7-6　附录 G.1 通风及空调设备及部件制作安装（编码：030701）

项目编码	项目名称	项目特征	计量单位	工程量计算规则	工作内容
030701001	空气加热器（冷却器）	1. 名称 2. 型号 3. 规格 4. 质量 5. 安装形式 6. 支架形式、材质	台	按设计图示数量计算	1. 本体安装、调试 2. 设备支架制作、安装 3. 补刷（喷）油漆
030701002	除尘设备				
030701003	空调器	1. 名称 2. 型号 3. 规格 4. 安装形式 5. 质量 6. 隔振垫（器）、支架形式、材质	台（组）		1. 本体安装或组装、调试 2. 设备支架制作、安装 3. 补刷（喷）油漆
030701004	风机盘管	1. 名称 2. 型号 3. 规格 4. 安装形式 5. 减振器、支架形式、材质 6. 试压要求	台		1. 本体安装、调试 2. 设备支架制作、安装 3. 试压 4. 补刷（喷）油漆
030701005	表冷器	1. 名称 2. 型号 3. 规格			1. 本体安装 2. 型钢制作、安装 3. 过滤器安装 4. 挡水板安装 5. 调试及运行 6. 补刷（喷）油漆
030701006	密闭门	1. 名称 2. 型号 3. 规格 4. 形式 5. 支架形式、材质	个		1. 本体制作 2. 本体安装 3. 支架制作、安装
030701007	挡水板				
030701008	滤水器、溢水盘				
030701009	金属壳体				
030701010	过滤器	1. 名称 2. 型号 3. 规格 4. 类型 5. 框架形式、材质	1. 台 2. m^2	1. 以台计量，按设计图示数量计算 2. 以面积计算，按设计图示尺寸以过滤面积计算	1. 本体安装 2. 框架制作、安装 3. 补刷（喷）油漆

续表

<table>
<tr><th>项目编码</th><th>项目名称</th><th>项目特征</th><th>计量单位</th><th>工程量计算规则</th><th>工作内容</th></tr>
<tr><td>030701011</td><td>净化工作台</td><td>1. 名称
2. 型号
3. 规格
4. 类型</td><td rowspan="5">台</td><td rowspan="5">按设计图示数量计算</td><td rowspan="3">1. 本体安装
2. 补刷(喷)油漆</td></tr>
<tr><td>030701012</td><td>风淋室</td><td rowspan="2">1. 名称
2. 型号
3. 规格
4. 类型
5. 质量</td></tr>
<tr><td>030701013</td><td>洁净室</td></tr>
<tr><td>030701014</td><td>除湿机</td><td>1. 名称
2. 型号
3. 规格
4. 类型</td><td>本体安装</td></tr>
<tr><td>030701015</td><td>人防过滤吸收器</td><td>1. 名称
2. 规格
3. 形式
4. 材质
5. 支架材质、形式</td><td>1. 过滤吸收器安装
2. 支架制作、安装</td></tr>
</table>

注：通风空调设备安装的地脚螺栓按设备自带考虑。

(2) 项目特征

通风空调设备应按不同的项目特征编制工程量清单，例如，风机安装的形式应按离心式、轴流式、屋顶式、卫生间通风器等进行描述，规格为风机叶轮直径 4＃、5＃等；除尘器需标出每台的质量；空调器的安装位置还应描述出吊顶式、落地式、墙上式、窗式、分段组装式，并标明每台空调器的质量；风机盘管的安装应标出吊顶式、落地式；过滤器的安装应描述初效过滤器、中效过滤器、高效过滤器。

7.3.4 通风管道制作安装工程量清单

(1) 通风管道制作安装工程量清单项目内容

通风管道制作安装工程量清单项目设置见表 7-7，包括碳钢通风管道制作安装、净化通风管道制作安装、不锈钢板通风管道制作安装、铝板通风管道制作安装、塑料通风管道制作安装、复合型风管制作安装、柔性软风管制作安装等。

表 7-7　附录 G.2 通风管道制作安装（编码：030702）

<table>
<tr><th>项目编码</th><th>项目名称</th><th>项目特征</th><th>计量单位</th><th>工程量计算规则</th><th>工作内容</th></tr>
<tr><td>030702001</td><td>碳钢
通风管道</td><td rowspan="2">1. 名称
2. 材质
3. 形状
4. 规格
5. 板材厚度
6. 管件、法兰等附件及支架设计要求
7. 接口形式</td><td rowspan="7">m^2</td><td rowspan="5">按设计图示内径尺寸以展开面积计算</td><td rowspan="2">1. 风管、管件、法兰、零件、支吊架制作、安装
2. 过跨风管落地支架制作、安装</td></tr>
<tr><td>030702002</td><td>净化
通风管道</td></tr>
<tr><td>030702003</td><td>不锈钢板
通风管道</td><td rowspan="3">1. 名称
2. 形状
3. 规格
4. 板材厚度
5. 管件、法兰等附件及支架设计要求
6. 接口形式</td><td rowspan="3">1. 风管、管件、法兰、零件、支吊架制作、安装
2. 过跨风管落地支架制作、安装</td></tr>
<tr><td>030702004</td><td>铝板
通风管道</td></tr>
<tr><td>030702005</td><td>塑料
通风管道</td></tr>
<tr><td>030702006</td><td>玻璃钢
通风管道</td><td>1. 名称
2. 形状
3. 规格
4. 板材厚度
5. 支架形式、材质
6. 接口形式</td><td rowspan="2">按设计图示外径尺寸以展开面积计算</td><td rowspan="2">1. 风管、管件安装
2. 支吊架制作、安装
3. 过跨风管落地支架制作、安装</td></tr>
<tr><td>030702007</td><td>复合
型风管</td><td>1. 名称
2. 材质
3. 形状
4. 规格
5. 板材厚度
6. 接口形式
7. 支架形式、材质</td></tr>
<tr><td>030702008</td><td>柔性
软风管</td><td>1. 名称
2. 材质
3. 规格
4. 风管接头、支架形式、材质</td><td>1. m
2. 节</td><td>1. 以米计量，按设计图示中心线长度计算
2. 以节计量，按设计图示数量计算</td><td>1. 风管安装
2. 风管接头安装
3. 支吊架制作、安装</td></tr>
<tr><td>030702009</td><td>弯头
导流叶片</td><td>1. 名称
2. 材质
3. 规格
4. 形式</td><td>1. m^2
2. 组</td><td>1. 以面积计量，按设计图示以展开面积平方米计算
2. 以组计量，按设计图示数量计算</td><td>1. 制作
2. 组装</td></tr>
</table>

续表

项目编码	项目名称	项目特征	计量单位	工程量计算规则	工作内容
030702010	风管检查孔	1. 名称 2. 材质 3. 规格	1. kg 2. 个	1. 以千克计量，按风管检查孔质量计算 2. 以个计量，按设计图示数量计算	1. 制作 2. 安装
030702011	温度、风量测定孔	1. 名称 2. 材质 3. 规格 4. 设计要求	个	按设计图示数量计算	1. 制作 2. 安装

注：1. 风管展开面积，不扣除检查孔、测定孔、送风口、吸风口等所占面积；风管长度一律以设计图示中心线长度为准（主管与支管以其中心线交点划分），包括弯头、三通、变径管、天圆地方等管件的长度，但不包括部件所占的长度。风管展开面积不包括风管、管口重叠部分面积。风管渐缩管：圆形风管按平均直径；矩形风管按平均周长。

2. 穿墙套管按展开面积计算，计入通风管道工程量中。

3. 通风管道的法兰垫料或封口材料，按图纸要求应在项目特征中描述。

4. 净化通风管道的空气洁净度按100000级标准编制，净化通风管使用的型钢材料如要求镀锌时，工作内容应注明支架镀锌。

5. 弯头导流叶片数量，按设计图纸或规范要求计算。

6. 风管检查孔、温度测定孔、风量测定孔数量，按设计图纸或规范要求计算。

（2）项目特征

通风管道制作安装工程量清单应描述风管的材质、形状（圆形、矩形、渐缩形）、管径（矩形风管按周长），风管厚度，连接形式（咬口、焊接），风管及支架油漆种类及要求，风管绝热材料，风管保护层材料，风管检查孔及测温孔的规格、重量等特征，投标人按工程量清单特征或图纸要求报价。

7.3.5 通风管道部件制作安装工程量清单

（1）通风管道部件制作安装工程量清单项目内容

通风管道部件制作安装工程量清单项目设置见表7-8，包括各种材质、规格和类型的阀类制作安装，散流器制作安装，风口制作安装，风帽制作安装，罩类制作安装及消声器制作安装等项目。

表7-8 附录G.3通风管道部件制作安装（编码：030703）

项目编码	项目名称	项目特征	计量单位	工程量计算规则	工作内容
030703001	碳钢阀门	1. 名称 2. 型号 3. 规格 4. 质量 5. 类型 6. 支架形式、材质	个	按设计图示数量计算	1. 阀体制作 2. 阀体安装 3. 支架制作、安装

续表

项目编码	项目名称	项目特征	计量单位	工程量计算规则	工作内容
030703002	柔性软风管阀门	1. 名称 2. 规格 3. 材质 4. 类型	个	按设计图示数量计算	阀体安装
030703003	铝蝶阀	1. 名称 2. 规格 3. 质量 4. 类型			
030703004	不锈钢蝶阀				
030703005	塑料阀门	1. 名称 2. 型号 3. 规格 4. 类型			
030703006	玻璃钢蝶阀				
030703007	碳钢风口、散流器、百叶窗	1. 名称 2. 型号 3. 规格 4. 质量 5. 类型 6. 形式			1. 风口制作、安装 2. 散流器制作、安装 3. 百叶窗安装
030703008	不锈钢风口、散流器、百叶窗	1. 名称 2. 型号 3. 规格 4. 质量 5. 类型 6. 形式			
030703009	塑料风口、散流器、百叶窗				
030703010	玻璃钢风口	1. 名称 2. 型号 3. 规格 4. 类型 5. 形式			风口安装
030703011	铝及铝合金风口、散流器				1. 风口制作、安装 2. 散流器制作、安装
030703012	碳钢风帽	1. 名称 2. 规格 3. 质量 4. 类型 5. 形式 6. 风帽筝绳、泛水设计要求			1. 风帽制作、安装 2. 筒形风帽滴水盘制作、安装 3. 风帽筝绳制作、安装 4. 风帽泛水制作、安装
030703013	不锈钢风帽				
030703014	塑料风帽				

续表

<table>
<tr><th>项目编码</th><th>项目名称</th><th>项目特征</th><th>计量单位</th><th>工程量计算规则</th><th>工作内容</th></tr>
<tr><td>030703015</td><td>铝板伞形风帽</td><td rowspan="2">1. 名称
2. 规格
3. 质量
4. 类型
5. 形式
6. 风帽筝绳、泛水设计要求</td><td rowspan="4">个</td><td rowspan="4">按设计图示数量计算</td><td>1. 板伞形风帽制作、安装
2. 风帽筝绳制作、安装
3. 风帽泛水制作、安装</td></tr>
<tr><td>030703016</td><td>玻璃钢风帽</td><td>1. 玻璃钢风帽安装
2. 筒形风帽滴水盘安装
3. 风帽筝绳安装
4. 风帽泛水安装</td></tr>
<tr><td>030703017</td><td>碳钢罩类</td><td rowspan="2">1. 名称
2. 型号
3. 规格
4. 质量
5. 类型
6. 形式</td><td rowspan="2">1. 罩类制作
2. 罩类安装</td></tr>
<tr><td>030703018</td><td>塑料罩类</td></tr>
<tr><td>030703019</td><td>柔性接口</td><td>1. 名称
2. 规格
3. 材质
4. 类型
5. 形式</td><td>m^2</td><td>按设计图示尺寸以展开面积计算</td><td>1. 柔性接口制作
2. 柔性接口安装</td></tr>
<tr><td>030703020</td><td>消声器</td><td>1. 名称
2. 规格
3. 材质
4. 形式
5. 质量
6. 支架形式、材质</td><td>个</td><td>按设计图示数量计算</td><td>1. 消声器制作
2. 消声器安装
3. 支架制作安装</td></tr>
<tr><td>030703021</td><td>静压箱</td><td>1. 名称
2. 规格
3. 形式
4. 材质
5. 支架形式、材质</td><td>1. 个
2. m^2</td><td>1. 以个计量，按设计图示数量计算
2. 以平方米计量，按设计图示尺寸以展开面积计算</td><td>1. 静压箱制作、安装
2. 支架制作、安装</td></tr>
<tr><td>030703022</td><td>人防超压自动排气阀</td><td>1. 名称
2. 型号
3. 规格
4. 类型</td><td>个</td><td>按设计图示数量计算</td><td>安装</td></tr>
</table>

续表

项目编码	项目名称	项目特征	计量单位	工程量计算规则	工作内容
030703023	人防手动密闭阀	1. 名称 2. 型号 3. 规格 4. 支架形式、材质	个	按设计图示数量计算	1. 密闭阀安装 2. 支架制作、安装
030703024	人防其他部件	1. 名称 2. 型号 3. 规格 4. 类型	个 （套）	按设计图示数量计算	安装

注：1. 碳钢阀门包括：空气加热器上通阀、空气加热器旁通阀、圆形瓣式启动阀、风管蝶阀、风管止回阀、密闭式斜插板阀、矩形风管三通调节阀、对开多叶调节阀、风管防火阀、各类风罩调节阀等。

2. 塑料阀门包括：塑料蝶阀、塑料插板阀、各类风罩塑料调节阀。

3. 碳钢风口、散流器、百叶窗包括：百叶风口、矩形风口、矩形空气分布器、风管插板风口、旋转吹风口、圆形散流器、方形散流器、流线型散流器、送吸风口、活动箅式风口、网式风口、钢百叶窗等。

4. 碳钢罩类包括：皮带防护罩、电动机防雨罩、侧吸罩、中小型零件焊接台排气罩、整体分组式槽边侧吸罩、吹吸式槽边通风罩、条缝槽边抽风罩、泥心烘炉排气罩、升降式回转排气罩、上下吸式圆形回转罩、升降式排气罩、手锻炉排气罩。

5. 塑料罩类包括：塑料槽边侧吸罩、塑料槽边风罩、塑料条缝槽边抽风罩。

6. 柔性接口包括：金属、非金属软接口及伸缩节。

7. 消声器包括：片式消声器、矿棉管式消声器、聚酯泡沫管式消声器、卡普隆纤维式消声器、弧形声流式消声器、阻抗复合式消声器、微穿孔板消声器、清声弯头。

8. 通风部件如图纸要求制作安装或用成品部件只安装不制作，这类特征在项目特征中应明确描述。

9. 静压箱的面积计算：按设计图示尺寸以展开面积计算，不扣除开口的面积。

（2）项目特征

在编制工程量清单时，下列各项特征应明确描述，以便于计价：

① 有的部件图纸要求制作安装，有的要求用成品部件、只安装不制作，这类特征在工程量清单中应明确描述。

② 碳钢调节阀制作安装清单项目，包括空气加热器上通风旁通阀、圆形瓣式启动阀、保温及不保温风管蝶阀、风管止回阀、密闭式斜插板阀、矩形风管三通调节阀、对开多叶调节阀、风管防火阀、各类风罩调节阀等。编制工程量清单时，除明确描述上述调节阀的类型外，还应当描述出其规格、质量、形状（方形、圆形）等特征。

③ 散流器制作安装清单项目，包括矩形空气分布器、圆形散流器、方形散流器、流线型散流器、百叶风口、矩形风口、旋转吹风口、送吸风口、活动箅式风口、网式风口、钢百叶窗等。编制工程量清单时，除明确描述上述散流器及风口的类型之外，还应描述其规格、质量、形状（方形、圆形）等特征。

④ 风帽制作安装清单项目，包括碳钢风帽、不锈钢板风帽、铝风帽、塑料风帽等。编制工程量清单时，除明确描述上述风帽的材质外，还应描述其规格、质量、形状（伞

形、锥形、筒形）等特征。

⑤ 罩类制作安装清单项目，包括皮带防护罩、电动机防雨罩、侧吸罩、焊接台排气罩、整体分组式槽边侧吸罩、吹吸式槽边通风罩、条缝槽边抽风罩、泥心烘炉排气罩、升降式回转排气罩、上下吸式圆形回转罩、升降式排气罩、手锻炉排气罩等。在编制上述罩类工程量清单时，要明确描述罩类的种类、质量等特征。

⑥ 消声器制作安装项目，包括片式消声器、矿棉管式消声器、聚酯泡沫管式消声器、卡普隆纤维式消声器、弧形声流式消声器、阻抗复合式消声器、清声弯头等。编制消声器制作安装工程量清单时，需明确描述消声器的种类、质量等特征。

⑦ 静压箱制作安装清单项目，需描述出其材质、规格、形式等特征。

7.3.6 通风工程检测、调试工程量清单

通风工程检测、调试工程量清单项目设置见表 7-9。

表 7-9 附录 G.4 通风工程检测调试（编码：030704）

项目编码	项目名称	项目特征	计量单位	工程量计算规则	工作内容
030704001	通风工程检测、调试	系统	系统	按通风系统计算	1. 通风管道风量测定 2. 风压测定 3. 温度测定 4. 各系统风口、阀门调整
030704002	风管漏光试验、漏风试验	漏光试验、漏风试验、设计要求	m^2	按设计图纸或规范要求以展开面积计算	通风管道漏光试验、漏风试验

对于通风工程检测、调试项目，安装单位应在工程安装后做系统检测及调试。检测的内容应包括管道漏光、漏风试验，风量及风压测定，空调工程温度、湿度测定，各项调节阀、风口、排气罩的风量、风压调整等全部调试过程。

7.4 通风空调工程计价

通风空调工程计价

《江苏省安装工程计价定额》（2014 版）中“第七册 通风空调工程”适用于工业与民用建筑的新建、扩建项目中的通风空调工程，以国家标准图集为依据，共划分为三章，包括通风及空调设备及部件制作安装、通风管道制作安装、通风管道部件制作安装。

7.4.1 “第十册　通风空调工程”与有关定额的关系

① 刷油、绝热、防腐蚀，执行“第十一册　刷油、防腐蚀、绝热工程”相应定额。

② 第七册计价定额中的风机等设备系指一般通风空调使用的设备，定额中未包括的项目如除尘风机等，可执行“第一册　机械设备安装工程”有关项目。当第七册和第十册定额同时列有相同风机安装项目时，属通风空调工程的均执行第七册定额。

③ 玻璃钢冷却塔可执行“第一册　机械设备安装工程”计价定额相应子目。

④ 如设计要求无损探伤，可执行“第三册　静置设备与工艺金属结构安装工程”计价定额相应子目。

7.4.2 使用“第十一册　刷油、防腐蚀、绝热工程”有关章节时的注意事项

① 通风空调风管及部件的刷油、绝热、防腐蚀，执行“第十一册　刷油、防腐蚀、绝热工程”相应定额。

② 薄钢板风管刷油按其工程量套用管道刷油有关子目，仅外（或内）面刷油者，人工、材料、机械乘以系数 1.2，内外均刷油者，人工、材料、机械乘以系数 1.1，但法兰、加固框、吊托支架等风管所附的零件不再另计刷油工程量。

③ 薄钢板部件刷油，工程量按质量计算，套用金属结构刷油子目，人工、材料、机械乘以系数 1.15，如风帽等。

④ 不包括在风管工程量内，单独列项的各种支架（不锈钢吊托架除外），以质量为计量单位套用金属结构刷油有关子目。

⑤ 薄钢板风管、部件及单独列项的支架，其除锈不分锈蚀程度，均按第一遍刷油的工程量计算，执行轻锈相应项目。

⑥ 绝热保温材料不需要粘接者，套用有关子目时，须减去其中粘接材料，人工乘以系数 0.5。

7.4.3 通风空调工程计价定额说明

① 脚手架搭拆费按人工费的 3%计取，其中人工费占 25%，不论实际是否搭设，都可以计取。

② 超高增加费（指操作物高度距离楼地面 6 m 以上的工程）按人工费的 15%计取；使用“第十一册　刷油、防腐蚀、绝热工程”的部分，人工费增加 30%，机械费增加 30%。

③ 系统调整，按系统工程人工费的 13%计算，其中人工工资占 25%。

④ 高层建筑增加费（指高度在 6 层或 20 m 以上的工业与民用建筑），按表 7-10 计算（其中全部为人工工资）。

⑤ 安装与生产同时进行增加的费用，按人工费的 10%计算。

⑥ 在有害身体健康的环境中施工增加的费用，按人工费的 10%计算。

表 7-10　高层建筑增加费费率（第七册）

层数		9 层以下（30 m）	12 层以下（40 m）	15 层以下（50 m）	18 层以下（60 m）	21 层以下（70 m）	24 层以下（80 m）	27 层以下（90 m）	30 层以下（100 m）	33 层以下（110 m）
按人工费的%		3	5	7	10	12	15	19	22	25
其中	人工工资（%）	33	40	43	40	42	40	42	45	52
	机械费（%）	67	60	57	60	58	60	58	55	48
层数		36 层以下（120 m）	40 层以下（130 m）	42 层以下（140 m）	45 层以下（150 m）	48 层以下（160 m）	51 层以下（170 m）	54 层以下（180 m）	57 层以下（190 m）	60 层以下（200 m）
按人工费的%		28	32	36	39	41	44	47	51	54
其中	人工工资（%）	57	59	62	65	68	70	72	73	74
	机械费（%）	43	41	38	35	32	30	28	27	26

7.4.4 通风及空调设备及部件制作安装工程计价

① 通风机安装按设计的不同型号以“台”为计量单位。安装项目包括电动机安装，其安装形式包括 A、B、C 或 D 型，也适用于不锈钢和塑料风机安装。

② 风机减震台座制作安装执行设备支架定额，定额内不包括减震器用量，应按设计图纸按实计算。

③ 诱导器安装执行风机盘管安装项目。

④ 清洗槽、浸油槽、晾干架、LWP 滤尘器支架制作安装执行设备支架项目。

⑤ 设备支架制作安装按图示尺寸以“kg”为计量单位，执行“第三册　静置设备与工艺金属结构制作安装工程”计价定额相应项目。

⑥ 玻璃挡水板执行钢板挡水板相应项目，其材料、机械均乘以系数 0.45，人工不变。

⑦ 保温钢板密闭门执行钢板密闭门项目，其材料乘以系数 0.5，机械乘以系数 0.45，人工不变。

7.4.5 通风管道制作安装工程计价

① 风管导流叶片制作安装按图示叶片的面积计算，不分单叶片和香蕉叶片，均使用同一计价定额。

② 净化通风管道及部件制作安装中，圆形风管套用矩形风管相应项目。

③ 整个通风系统设计采用渐缩管均匀送风者，圆形风管按平均直径、矩形风管按平均周长，执行相应规格项目，其人工乘以系数 2.5。

④ 薄钢板通风管道、净化通风管道、玻璃钢通风管道、复合型材料通风管道的制作安装中已包括法兰、加固框和吊托支架，不得另行计算；但不包括跨风管落地支架的

安装，落地支架套用设备支架安装项目。

⑤ 塑料通风管道制作安装子目中，包括管件、法兰、加固框的安装，但不包括吊托支架，吊托支架的安装另执行相关项目。

⑥ 不锈钢板通风管道、铝板通风管道制作安装包括管件的安装，但不包括法兰和吊托支架的安装，法兰和吊托支架的安装单独列项计算，执行相应项目。

⑦ 风管吊托支架子目是按膨胀螺栓联结考虑的，安装方法不同不得换算。

⑧ 软管接头使用人造革或其他材料而不使用帆布者，可以换算。

⑨ 柔性软风管安装，按图示管道中心线长度以“m”为计量单位，柔性软风管阀门安装以“个”为计量单位。

⑩ 不锈钢风管及部件以电焊考虑的项目，如需使用手工氩弧焊者，其人工乘以系数 1.238，材料乘以系数 1.163，机械乘以系数 1.673。

⑪ 铝板风管及部件，以气焊考虑的项目，如使用手工氩弧焊者，人工乘以系数 1.154，材料乘以系数 0.852，机械乘以系数 9.242。

⑫ 塑料风管、复合型材料风管制作安装计价定额所列规格直径为内径，周长为内周长。

⑬ 各类通风管道项目中的板材，如设计要求厚度不同时，可以进行换算，但人工、机械不变。薄钢板通风管道制作和安装中的板材，计价定额是按镀锌薄钢板编制的，如设计要求不是镀锌薄钢板者，板材可以换算，其他不变。

⑭ 各类通风管道、部件、管件、风帽、罩类子目中的法兰垫，如设计要求使用材料品种不同者，可以换算，但人工不变。使用泡沫塑料者每千克橡胶板可以换算为泡沫塑料 0.125 kg；使用闭孔乳胶海绵者，每千克橡胶板换算为闭孔乳胶海绵 0.5 kg。

⑮ 净化通风管道涂密封胶是按全部口缝外表面涂抹考虑的，如设计要求口缝不涂抹而只在法兰处涂抹者，每 10 m^2 风管应减去密封胶 1.5 kg，人工减 0.37 工日。

⑯ 如制作空气幕送风管时，按矩形风管平均周长套用相应风管规格子目，其人工乘以系数 3.0，其余不变。

7.4.6 通风管道部件制作安装工程计价

① 标准部件的制作，按其成品质量以“kg”为计量单位，根据设计型号、规格，按“第十册　通风空调工程”计价定额附录二“国标通风部件标准重量表”计算质量，非标准部件按图示成品质量计算。部件的安装按图示规格尺寸（周长或直径）以“个”为计量单位，分别执行相应定额。

② 钢百叶窗及活动金属百叶风口的制作以“m^2”为计量单位，安装按规格尺寸以“个”为计量单位。

③ 风帽筝绳制作安装按图示规格、长度以“kg”为计量单位。

④ 风帽泛水制作安装按图示展开面积以“m^2”为计量单位。

7.5 通风空调工程计价案例

7.5.1 通风空调工程识图

图 7-3～图 7-10 所示为某实验楼排风工程施工图。设计施工说明如下：

① 实验楼各实验室通风柜排风共采用 4 个系统。每个系统的风管规格、走向及风机规格型号、安装方式等完全相同。

② 排风管采用厚度为 4 mm 硬聚氯乙烯塑料板制成。在每个通风柜与风管连接处安装ϕ250 塑料蝶阀一个，在通风机进口处安装ϕ600 塑料瓣式启动阀 1 个。每层安装一个风管吊托支架，9.1 kg/个。

③ 通风机采用 4-72No2.8A 型塑料离心式通风机。

④ 通风机基础采用钢支架，用 8＃槽钢和∟50×5 角钢焊接制成。钢架下垫ϕ100×40 橡皮防震，共 4 点，每点 3 块，下再做素混凝土基础及软木一层。在安放钢架时，基础必须校正水平。钢支架除锈后刷红丹防锈漆一遍、灰调和漆两遍。

⑤ 安装排风管支干管要求平正垂直，不漏风。管道竖井部分风管安装需与土建密切配合。所有竖风管安装完毕，土建再砌墙。支吊架搁置在每层地板上和风管竖井砌墙中。

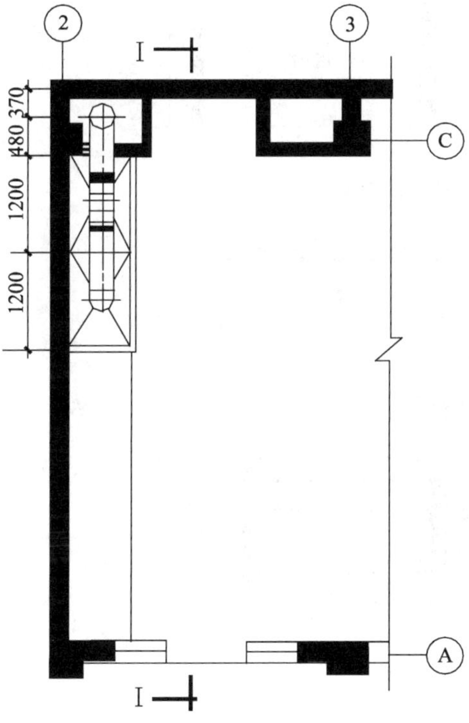

图 7-3 一至三层通风平面图

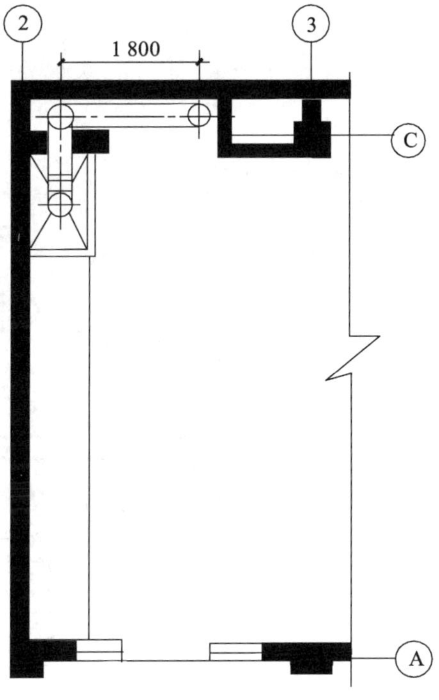

图 7-4 四层通风平面图

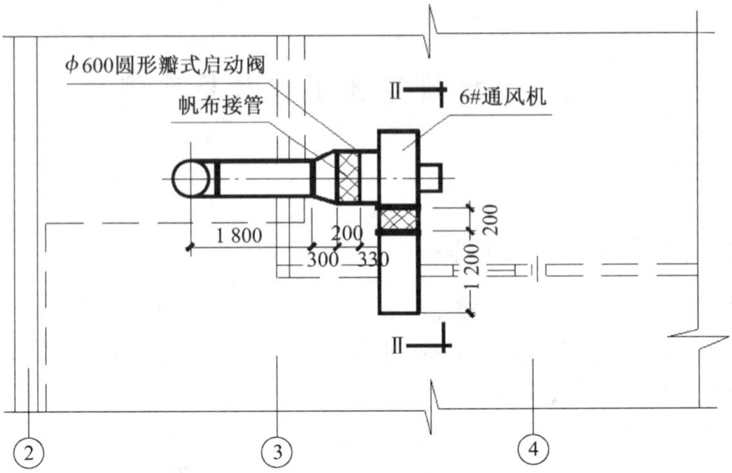

图 7-5　屋面通风平面图

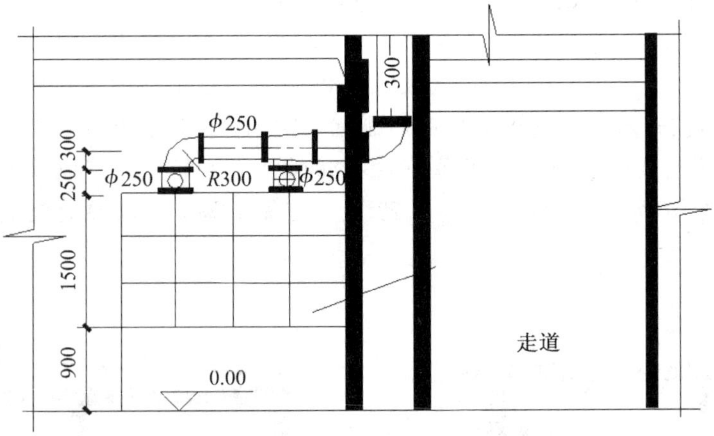

图 7-6　Ⅰ-Ⅰ剖面图（底层）

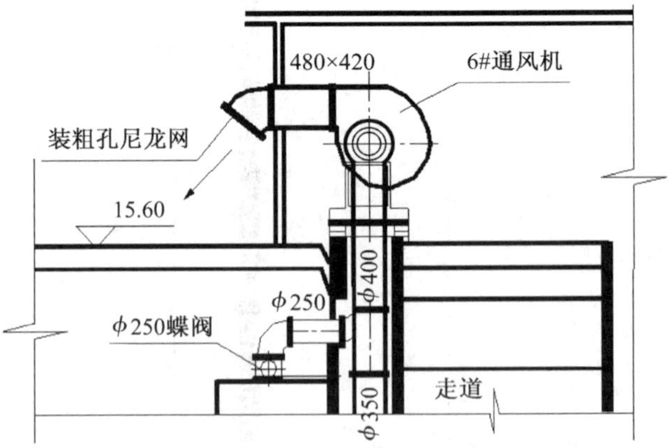

图 7-7　Ⅱ-Ⅱ剖面图

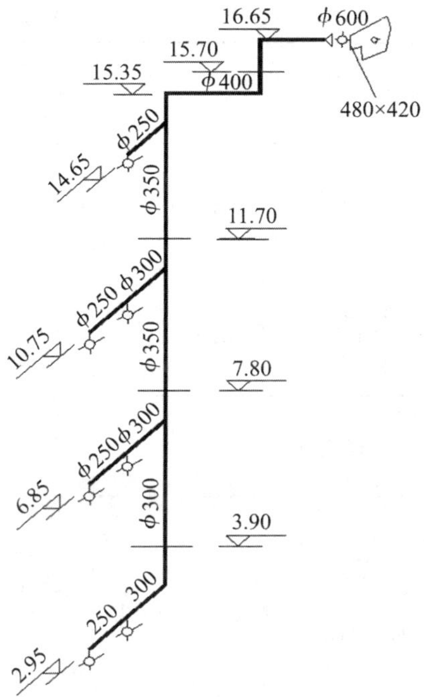

图 7-8 通风系统图

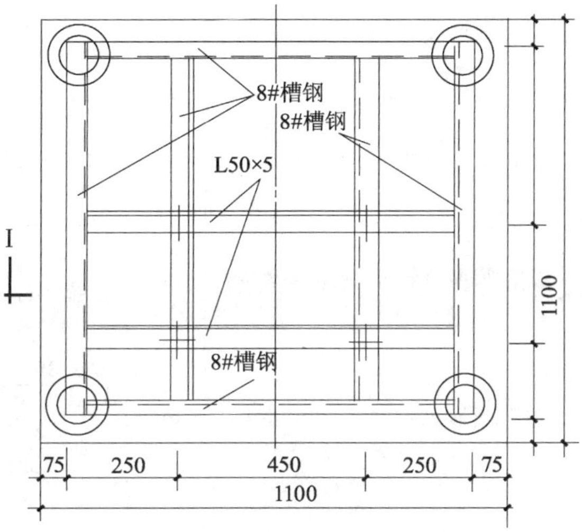

图 7-9 通风机械减振台座（一）

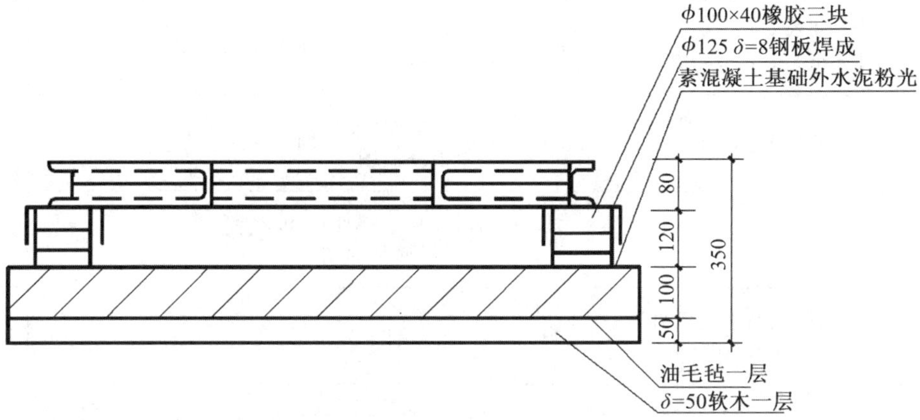

图 7-10 通风机械减振台座（二）

7.5.2 通风空调工程计量

工程量计算结果见表 7-11。

表 7-11 工程量计算表

序号	分部分项工程名称	单位	计算公式	数量
1	离心式塑料通风机 4-72No2.8A 型	台	1×4	4
2	塑料圆形瓣式启动阀ϕ600	个	1×4	4

续表

序号	分部分项工程名称	单位	计算公式	数量
3	塑料圆形蝶阀ϕ250	个	(2×3+1)×4	28
4	塑料圆形风管 δ=4 mm ϕ250	m^2	$\left(\frac{0.3\times7}{\text{剖面图}}+\frac{1.2\times3}{\text{1到3层平面图}}+\frac{0.6\times0.48}{\text{4层平面图}}\right)\times0.25\times3.14\times4$	21.3
5	塑料圆形风管 δ=4 mm ϕ300	m^2	$\left[\frac{(0.6+0.8)\times3}{\text{1到3层平面图}}+\frac{6.85-2.95}{\text{系统图标高差}}\right]\times0.3\times3.14\times4$	30.52
6	塑料圆形风管 δ=4 mm ϕ350	m^2	$\frac{14.65-6.85}{\text{系统图标高差}}\times0.35\times3.14\times4$	34.29
7	塑料圆形风管 δ=4 mm ϕ400	m^2	$\left(\frac{15.35-14.65+16.65-15.35}{\text{系统图标高差}}+\frac{1.8}{\text{4层平面图}}+\frac{1.8+0.15}{\text{屋面平面图}}\right)\times0.4\times3.14\times4$	28.89
8	塑料圆形风管 δ=4 mm ϕ600	m^2	$\frac{0.15}{\text{屋面平面图}}\times0.6\times3.14\times4$	1.13
9	塑料矩形风管 δ=4 mm 480 mm×420 mm	m^2	$\frac{1.2}{\text{屋面平面图}}\times(0.48+0.42)\times2\times4$	8.64
10	帆布连接ϕ600	m^2	$\frac{3.14\times0.6\times0.2}{\text{屋顶平面图}}\times4$	1.51
11	帆布软接 480 mm×420 mm	m^2	$\frac{2\times(0.48+0.42)\times0.2}{\text{屋面平面图}}\times4$	1.44
12	粗孔尼龙网格式风口 480 mm×420 mm	个	4	4
13	设备支架	kg	[(1.1−0.15)×6×8.04+(1.1−0.15)×2×3.77]×4	211.96
14	风管吊托支架	kg	9.1×4×4	145.6
15	金属支架刷油	kg	211.96+145.6	357.56

7.5.3 通风空调工程量清单

(1) 分部分项工程和单价措施项目清单

分部分项工程和单价措施项目清单见表 7-12 和表 7-13。

表 7-12　分部分项工程和单价措施项目清单与计价表(第 1 页)

工程名称：某实验楼排风工程　　　　　　　　标段：　　　　　　　　第 1 页　共 2 页

序号	项目编码	项目名称	项目特征描述	计量单位	工程量	金额(元)		
						综合单价	合价	其中 暂估价
1	030108001001	离心式通风机	1. 名称：离心式通风机 2. 型号：4-72No2.8A 3. 材质：塑料 4. 减振底座形式、数量：φ100×40 橡皮减振，共 4 点，每点 3 块	台	4			
2	030703005001	塑料阀门	1. 名称：塑料圆形瓣式启动阀 2. 型号：φ600	个	4			
3	030703005002	塑料阀门	1. 名称：塑料圆形蝶阀 2. 型号：φ250	个	28			
4	030702005001	塑料通风管道	1. 形状：圆形 2. 规格：φ250 3. 板材厚度：δ=4 mm 4. 管件、法兰等附件及支架设计要求：支架手工除锈，刷红丹防锈漆一遍、灰调和漆两遍	m^2	21.3			
5	030702005002	塑料通风管道	1. 形状：圆形 2. 规格：φ300 3. 板材厚度：δ=4 mm 4. 管件、法兰等附件及支架设计要求：支架手工除锈，刷红丹防锈漆一遍、灰调和漆两遍	m^2	30.52			
6	030702005003	塑料通风管道	1. 形状：圆形 2. 规格：φ350 3. 板材厚度：δ=4 mm 4. 管件、法兰等附件及支架设计要求：支架手工除锈，刷红丹防锈漆一遍、灰调和漆两遍	m^2	34.29			
7	030702005004	塑料通风管道	1. 形状：圆形 2. 规格：φ400 3. 板材厚度：δ=4 mm 4. 管件、法兰等附件及支架设计要求：支架手工除锈，刷红丹防锈漆一遍、灰调和漆两遍	m^2	28.9			
本页小计								

表 7-13　分部分项工程和单价措施项目清单与计价表(第 2 页)

工程名称：某实验楼排风工程　　　　标段：　　　　第 2 页　共 2 页

序号	项目编码	项目名称	项目特征描述	计量单位	工程量	金额(元)		
						综合单价	合价	其中 暂估价
8	030702005005	塑料通风管道	1. 形状:圆形 2. 规格:ϕ600 3. 板材厚度:δ=4 mm 4. 管件、法兰等附件及支架设计要求:支架手工除锈,刷红丹防锈漆一遍、灰调和漆两遍	m^2	1.13			
9	030702005006	塑料通风管道	1. 形状:矩形 2. 规格:480 mm×420 mm 3. 板材厚度:δ=4 mm 4. 管件、法兰等附件及支架设计要求:支架手工除锈,刷红丹防锈漆一遍,灰调和漆两遍	m^2	8.64			
10	030703019001	柔性接口	1. 名称:帆布接管 2. 规格:ϕ600 3. 材质:帆布	m^2	1.51			
11	030703019002	柔性接口	1. 名称:帆布接管 2. 规格:480 mm×420 mm 3. 材质:帆布	m^2	1.44			
12	030703009001	塑料风口、散流器、百叶窗	1. 名称:粗孔尼龙网格式风口 2. 规格:480 mm×420 mm	个	4			
13	030307005001	设备支架制作安装	1. 名称:通风机支架 2. 材质:型钢 3. 支架每组质量:52.99 kg/组	t	0.21			
14	031201003001	金属结构刷油	1. 除锈级别:轻锈 2. 油漆品种:红丹防锈漆一遍、灰调和漆两遍 3. 结构类型:型钢支吊架	kg	357.56			
		分部分项合计						
1	031301012001	工程系统检测、检验		项	1			
2	031301017001	脚手架搭拆		项	1			
		单价措施合计						
本页小计								
合计								

（2）总价措施项目清单

总价措施项目清单见表7-14。

表7-14　总价措施项目清单与计价表

工程名称：某实验楼排风工程　　　　　　　　　标段：　　　　　　　　　第1页　共1页

序号	项目编码	项目名称	计算基础	费率（%）	金额（元）	调整费率（%）	调整后金额（元）	备注
1	031302001001	安全文明施工费						
1.1		基本费	分部分项合计＋单价措施项目合计－除税工程设备费	1.500				
1.2		增加费		0.300				
1.3		扬尘污染防治增加费		0.210				
2	031302002001	夜间施工增加						
3	031302003001	非夜间施工增加						
4	031302004001	二次搬运						
5	031302005001	冬雨季施工增加						
6	031302006001	已完工程及设备保护						
7	031302008001	临时设施						
8	031302009001	赶工措施						
9	031302010001	工程按质论价		1.100				
10	031302011001	住宅分户验收						
11	031302012001	建筑工人实名制费用						
12	031302090001	地上、地下设施、建筑物的临时保护设施						
13	031302091001	特殊条件下施工增加费						
合计								

(3) 其他项目清单

其他项目清单见表 7-15。

表 7-15 其他项目清单与计价汇总表

工程名称：某实验楼排风工程　　　　标段：　　　　第 1 页　共 1 页

序号	项目名称	金额（元）	结算金额（元）	备注
1	暂列金额			
2	暂估价			
2.1	材料暂估价			
2.2	专业工程暂估价			
3	计日工			
4	总承包服务费			
合计				

（4）规费、税金项目清单

规费、税金项目清单见表 7-16。

表 7-16　规费、税金项目计价表

工程名称：某实验楼排风工程　　　　　　　　标段：　　　　　　　　第 1 页　共 1 页

序号	项目名称	计算基础	计算基数（元）	计算费率（%）	金额（元）
1	规费	环境保护税＋社会保险费＋住房公积金		100.000	
1.1	社会保险费	分部分项工程费＋措施项目费＋其他项目费－除税工程设备费		2.400	
1.2	住房公积金	分部分项工程费＋措施项目费＋其他项目费－除税工程设备费		0.420	
1.3	环境保护税	分部分项工程费＋措施项目费＋其他项目费－除税工程设备费		0.100	
2	税金	分部分项工程费＋措施项目费＋其他项目费＋规费－除税甲供材料和甲供设备费/1.01		9.000	
合计					

7.5.4 通风空调工程计价

（1）综合单价计算（部分展示，全部综合单价计算结果见二维码内容）

综合单价计算结果见表 7-17～表 7-25。

通风空调案例综合单价分析表

表 7-17　综合单价分析表（第 1 页）

工程名称：某实验楼排风工程　　　　标段：　　　　第 1 页　共 16 页

项目编码	030108001001			项目名称	离心式通风机				计量单位	台		工程量	4
清单综合单价组成明细													
定额编号	定额项目名称	定额单位	数量	单价					合价				
				人工费	材料费	机械费	管理费	利润	人工费	材料费	机械费	管理费	利润
7-19	离心式通风机安装 4＃	台	1	48.1	20.46		19.24	6.73	48.1	20.46		19.24	6.73
10-414	弹簧减震器安装 外形直径或边长 100 mm 以内	个	1	26.64	6.64	0.48	10.66	3.73	26.64	6.64	0.48	10.66	3.73
综合人工工日				小计					74.74	27.1	0.48	29.9	10.46
1.01 工日				未计价材料费					1760				
清单项目综合单价									1902.68				

	主要材料名称、规格、型号	单位	数量	单价（元）	合价（元）	暂估单价（元）	暂估合价（元）
材料费明细	离心式通风机	台	1	1680	1680		
	铸铁垫板	kg	3.9	4.72	18.41		
	减震器	台	1	80	80		
	膨胀螺栓 M12×200	套	2.06	3	6.18		
	机油	kg	0.01	7.72	0.08		
	汽油	kg	0.01	9.12	0.09		
	水泥 32.5 级	kg	2.62	0.27	0.71		
	中砂	t	0.00863	67.39	0.58		
	碎石 5～40 mm	t	0.01254	60.23	0.76		
	水	m^3	0.0018	4.57	0.01		
	其他材料费			—	0.28	—	
	材料费小计			—	1787.1	—	

表 7-18　综合单价分析表（第 2 页）

工程名称：某实验楼排风工程　　　　标段：　　　　第 2 页　共 16 页

项目编码	030703005001	项目名称	塑料阀门	计量单位	个	工程量	4

清单综合单价组成明细

定额编号	定额项目名称	定额单位	数量	单价					合价				
				人工费	材料费	机械费	管理费	利润	人工费	材料费	机械费	管理费	利润
7-330	塑料阀门 蝶阀 T354-1 圆形 安装	100 kg	0.01	458.8	70.12	81.47	183.52	64.23	4.59	0.7	0.81	1.84	0.64
综合人工工日		小计							4.59	0.7	0.81	1.84	0.64
0.062 工日		未计价材料费							600				
清单项目综合单价									608.58				

材料费明细	主要材料名称、规格、型号	单位	数量	单价（元）	合价（元）	暂估单价（元）	暂估合价（元）
	塑料圆形 瓣式启动阀 ϕ600 安装	kg	1	600	600		
	硬聚氯乙烯板 δ2～30	kg	0.0655	6.86	0.45		
	软聚氯乙烯板 δ2～8	kg	0.00545	9.43	0.05		
	硬聚氯乙烯焊条 ϕ4	kg	0.0065	9	0.06		
	精制带母镀锌螺栓 M8×75 以下	套	0.19635	0.64	0.13		
	铝蝶形螺母 <M12	十个	0.00085	0.09			
	垫圈 M10～20	十个	0.03777	0.43	0.02		
	其他材料费			—	−0.01	—	
	材料费小计			—	600.7	—	

表 7-19　综合单价分析表（第 3 页）

工程名称：某实验楼排风工程　　　　标段：　　　　第 3 页　共 16 页

项目编码	030703005002			项目名称	塑料阀门				计量单位	个		工程量	28
清单综合单价组成明细													
定额编号	定额项目名称	定额单位	数量	单价					合价				
				人工费	材料费	机械费	管理费	利润	人工费	材料费	机械费	管理费	利润
7-330	塑料阀门 蝶阀 T354-1 圆形 安装	100 kg	0.01	458.8	70.12	81.47	183.52	64.23	4.59	0.7	0.81	1.84	0.64
综合人工工日				小计					4.59	0.7	0.81	1.84	0.64
0.062 工日				未计价材料费					200				
清单项目综合单价									208.58				

	主要材料名称、规格、型号	单位	数量	单价（元）	合价（元）	暂估单价（元）	暂估合价（元）
材料费明细	塑料阀门 蝶阀 T354-1 圆形ϕ250 安装	kg	1	200	200		
	硬聚氯乙烯板 δ2～30	kg	0.0655	6.86	0.45		
	软聚氯乙烯板 δ2～8	kg	0.00545	9.43	0.05		
	硬聚氯乙烯焊条 ϕ4	kg	0.0065	9	0.06		
	精制带母镀锌螺栓 M8×75 以下	套	0.19635	0.64	0.13		
	铝蝶形螺母 ＜M12	十个	0.00085	0.09			
	垫圈 M10～20	十个	0.03777	0.43	0.02		
	其他材料费			—	−0.01	—	
	材料费小计			—	200.7	—	

表 7-20　综合单价分析表（第 4 页）

工程名称：某实验楼排风工程　　　　标段：　　　　第 4 页　共 16 页

<table>
<tr><td>项目编码</td><td>C30702005001</td><td colspan="2">项目名称</td><td colspan="5">塑料通风管道</td><td>计量单位</td><td>m^2</td><td>工程量</td><td colspan="2">21.3</td></tr>
<tr><td colspan="14">清单综合单价组成明细</td></tr>
<tr><td rowspan="2">定额编号</td><td rowspan="2">定额项目名称</td><td rowspan="2">定额单位</td><td rowspan="2">数量</td><td colspan="5">单价</td><td colspan="5">合价</td></tr>
<tr><td>人工费</td><td>材料费</td><td>机械费</td><td>管理费</td><td>利润</td><td>人工费</td><td>材料费</td><td>机械费</td><td>管理费</td><td>利润</td></tr>
<tr><td>7-206</td><td>塑料圆形风管 直径×壁厚 300 以下×3 mm 制作</td><td>10 m^2</td><td>0.1</td><td>1800.42</td><td>230.7</td><td>930.9</td><td>720.17</td><td>252.06</td><td>180.04</td><td>23.07</td><td>93.09</td><td>72.02</td><td>25.21</td></tr>
<tr><td>7-207</td><td>塑料圆形风管 直径×壁厚 300 以下×3 mm 安装</td><td>10 m^2</td><td>0.1</td><td>317.46</td><td>12.27</td><td>48.98</td><td>126.98</td><td>44.44</td><td>31.75</td><td>1.23</td><td>4.9</td><td>12.7</td><td>4.44</td></tr>
<tr><td colspan="2">综合人工工日</td><td colspan="7">小计</td><td>211.79</td><td>24.3</td><td>97.99</td><td>84.72</td><td>29.65</td></tr>
<tr><td colspan="2">2.862 工日</td><td colspan="7">未计价材料费</td><td colspan="5">69.6</td></tr>
<tr><td colspan="9">清单项目综合单价</td><td colspan="5">518.05</td></tr>
</table>

<table>
<tr><td rowspan="11">材料费明细</td><td>主要材料名称、规格、型号</td><td>单位</td><td>数量</td><td>单价（元）</td><td>合价（元）</td><td>暂估单价（元）</td><td>暂估合价（元）</td></tr>
<tr><td>硬聚氯乙烯板 δ3～8</td><td>m^2</td><td>1.16</td><td>60</td><td>69.6</td><td></td><td></td></tr>
<tr><td>硬聚氯乙烯板 δ6</td><td>m^2</td><td>0.0611</td><td>81.47</td><td>4.98</td><td></td><td></td></tr>
<tr><td>硬聚氯乙烯板 δ8</td><td>m^2</td><td>0.0351</td><td>111.48</td><td>3.91</td><td></td><td></td></tr>
<tr><td>软聚氯乙烯板 δ4</td><td>m^2</td><td>0.0571</td><td>51.45</td><td>2.94</td><td></td><td></td></tr>
<tr><td>硬聚氯乙烯焊条 φ4</td><td>kg</td><td>0.5011</td><td>9</td><td>4.51</td><td></td><td></td></tr>
<tr><td>精制带母镀锌螺栓 M8×75 以下</td><td>套</td><td>11.5</td><td>0.64</td><td>7.36</td><td></td><td></td></tr>
<tr><td>垫圈 M2～8</td><td>十个</td><td>2.3</td><td>0.26</td><td>0.6</td><td></td><td></td></tr>
<tr><td></td><td></td><td></td><td></td><td></td><td></td><td></td></tr>
<tr><td colspan="3">其他材料费</td><td>—</td><td></td><td>—</td><td></td></tr>
<tr><td colspan="3">材料费小计</td><td>—</td><td>93.9</td><td>—</td><td></td></tr>
</table>

表 7-21　综合单价分析表（第 10 页）

工程名称：某实验楼排风工程　　　　　　　　标段：　　　　　　　　　　　　第 10 页　共 16 页

<table>
<tr><td>项目编码</td><td colspan="2">030703019001</td><td colspan="2">项目名称</td><td colspan="5">柔性接口</td><td>计量单位</td><td>m²</td><td>工程量</td><td>1.51</td></tr>
<tr><td colspan="14">清单综合单价组成明细</td></tr>
<tr><td rowspan="2">定额编号</td><td rowspan="2">定额项目名称</td><td rowspan="2">定额单位</td><td rowspan="2">数量</td><td colspan="5">单价</td><td colspan="5">合价</td></tr>
<tr><td>人工费</td><td>材料费</td><td>机械费</td><td>管理费</td><td>利润</td><td>人工费</td><td>材料费</td><td>机械费</td><td>管理费</td><td>利润</td></tr>
<tr><td>7-271</td><td>帆布软接口</td><td>m²</td><td>1</td><td>31.08</td><td>16.38</td><td>1.71</td><td>12.43</td><td>4.35</td><td>31.08</td><td>16.38</td><td>1.71</td><td>12.43</td><td>4.35</td></tr>
<tr><td colspan="2">综合人工工日</td><td colspan="7">小计</td><td>31.08</td><td>16.38</td><td>1.71</td><td>12.43</td><td>4.35</td></tr>
<tr><td colspan="2">0.42 工日</td><td colspan="7">未计价材料费</td><td colspan="5"></td></tr>
<tr><td colspan="9">清单项目综合单价</td><td colspan="5">65.95</td></tr>
<tr><td rowspan="12">材料费明细</td><td colspan="5">主要材料名称、规格、型号</td><td colspan="2">单位</td><td>数量</td><td>单价（元）</td><td>合价（元）</td><td>暂估单价（元）</td><td colspan="2">暂估合价（元）</td></tr>
<tr><td colspan="5">钢板 δ1.0～1.5 Q235</td><td colspan="2">kg</td><td>0.18</td><td>3.57</td><td>0.64</td><td></td><td colspan="2"></td></tr>
<tr><td colspan="5">帆布</td><td colspan="2">m²</td><td>1.15</td><td>6.86</td><td>7.89</td><td></td><td colspan="2"></td></tr>
<tr><td colspan="5">铁铆钉</td><td colspan="2">kg</td><td>0.07</td><td>5.15</td><td>0.36</td><td></td><td colspan="2"></td></tr>
<tr><td colspan="5">橡胶板 δ1～15</td><td colspan="2">kg</td><td>0.97</td><td>7.72</td><td>7.49</td><td></td><td colspan="2"></td></tr>
<tr><td colspan="5"></td><td colspan="2"></td><td></td><td></td><td></td><td></td><td colspan="2"></td></tr>
<tr><td colspan="5"></td><td colspan="2"></td><td></td><td></td><td></td><td></td><td colspan="2"></td></tr>
<tr><td colspan="5"></td><td colspan="2"></td><td></td><td></td><td></td><td></td><td colspan="2"></td></tr>
<tr><td colspan="5"></td><td colspan="2"></td><td></td><td></td><td></td><td></td><td colspan="2"></td></tr>
<tr><td colspan="5"></td><td colspan="2"></td><td></td><td></td><td></td><td></td><td colspan="2"></td></tr>
<tr><td colspan="8">其他材料费</td><td>—</td><td></td><td>—</td><td colspan="2"></td></tr>
<tr><td colspan="8">材料费小计</td><td>—</td><td>16.38</td><td>—</td><td colspan="2"></td></tr>
</table>

表 7-22　综合单价分析表（第 11 页）

工程名称：某实验楼排风工程　　　　标段：　　　　第 11 页　共 16 页

<table>
<tr><td>项目编码</td><td>C30703019002</td><td colspan="2">项目名称</td><td colspan="5">柔性接口</td><td>计量单位</td><td>m²</td><td>工程量</td><td colspan="2">1.44</td></tr>
<tr><td colspan="14">清单综合单价组成明细</td></tr>
<tr><td rowspan="2">定额编号</td><td rowspan="2">定额项目名称</td><td rowspan="2">定额单位</td><td rowspan="2">数量</td><td colspan="5">单价</td><td colspan="5">合价</td></tr>
<tr><td>人工费</td><td>材料费</td><td>机械费</td><td>管理费</td><td>利润</td><td>人工费</td><td>材料费</td><td>机械费</td><td>管理费</td><td>利润</td></tr>
<tr><td>7-271</td><td>帆布软接口</td><td>m²</td><td>1</td><td>31.08</td><td>16.38</td><td>1.71</td><td>12.43</td><td>4.35</td><td>31.08</td><td>16.38</td><td>1.71</td><td>12.43</td><td>4.35</td></tr>
<tr><td colspan="2">综合人工工日</td><td colspan="7">小计</td><td>31.08</td><td>16.38</td><td>1.71</td><td>12.43</td><td>4.35</td></tr>
<tr><td colspan="2">0.42 工日</td><td colspan="7">未计价材料费</td><td colspan="5"></td></tr>
<tr><td colspan="9">清单项目综合单价</td><td colspan="5">65.95</td></tr>
<tr><td rowspan="12">材料费明细</td><td colspan="5">主要材料名称、规格、型号</td><td colspan="2">单位</td><td colspan="2">数量</td><td>单价（元）</td><td>合价（元）</td><td>暂估单价（元）</td><td colspan="2">暂估合价（元）</td></tr>
<tr><td colspan="5">钢板 δ1.0～1.5 Q235</td><td colspan="2">kg</td><td colspan="2">0.18</td><td>3.57</td><td>0.64</td><td></td><td colspan="2"></td></tr>
<tr><td colspan="5">帆布</td><td colspan="2">m²</td><td colspan="2">1.15</td><td>6.86</td><td>7.89</td><td></td><td colspan="2"></td></tr>
<tr><td colspan="5">铁铆钉</td><td colspan="2">kg</td><td colspan="2">0.07</td><td>5.15</td><td>0.36</td><td></td><td colspan="2"></td></tr>
<tr><td colspan="5">橡胶板 δ1～15</td><td colspan="2">kg</td><td colspan="2">0.97</td><td>7.72</td><td>7.49</td><td></td><td colspan="2"></td></tr>
<tr><td colspan="5"></td><td colspan="2"></td><td colspan="2"></td><td></td><td></td><td></td><td colspan="2"></td></tr>
<tr><td colspan="5"></td><td colspan="2"></td><td colspan="2"></td><td></td><td></td><td></td><td colspan="2"></td></tr>
<tr><td colspan="5"></td><td colspan="2"></td><td colspan="2"></td><td></td><td></td><td></td><td colspan="2"></td></tr>
<tr><td colspan="5"></td><td colspan="2"></td><td colspan="2"></td><td></td><td></td><td></td><td colspan="2"></td></tr>
<tr><td colspan="5"></td><td colspan="2"></td><td colspan="2"></td><td></td><td></td><td></td><td colspan="2"></td></tr>
<tr><td colspan="9">其他材料费</td><td>—</td><td></td><td>—</td><td colspan="2"></td></tr>
<tr><td colspan="9">材料费小计</td><td>—</td><td>16.38</td><td>—</td><td colspan="2"></td></tr>
</table>

表 7-23　综合单价分析表（第 12 页）

工程名称：某实验楼排风工程　　　　标段：　　　　第 12 页　共 16 页

项目编码	030703009001	项目名称	塑料风口、散流器、百叶窗	计量单位	个	工程量	4

清单综合单价组成明细													
定额编号	定额项目名称	定额单位	数量	单价					合价				
				人工费	材料费	机械费	管理费	利润	人工费	材料费	机械费	管理费	利润
7-422	塑料风口、散流器、百叶窗 楔形空气分布器 T231-1 网格式 5 kg 以下 制作	100 kg	0.0333	3353.68	1139.06	1872.06	1341.47	469.52	111.68	37.93	62.34	44.67	15.64
7-423	塑料风口、散流器、百叶窗 楔形空气分布器 T231-1 网格式 5 kg 以下 安装	100 kg	0.0333	592	59.95	98.57	236.8	82.88	19.71	2	3.28	7.89	2.76
综合人工工日				小计					131.39	39.93	65.62	52.56	18.4
1.7756 工日				未计价材料费									
清单项目综合单价									307.9				

材料费明细	主要材料名称、规格、型号	单位	数量	单价（元）	合价（元）	暂估单价（元）	暂估合价（元）
	硬聚氯乙烯板 δ2～30	kg	3.996	6.86	27.41		
	软聚氯乙烯板 δ2～8	kg	0.15651	9.43	1.48		
	硬聚氯乙烯焊条 ϕ4	kg	0.79254	9	7.13		
	精制带母镀锌螺栓 M8×75 以下	套	5.64435	0.64	3.61		
	垫圈 M2～8	十个	1.12887	0.26	0.29		
	其他材料费			—	0.01	—	
	材料费小计			—	39.93	—	

表 7-24　综合单价分析表（第 13 页）

工程名称：某实验楼排风工程　　　　标段：　　　　第 13 页　共 16 页

项目编码	030307005001			项目名称	设备支架制作安装				计量单位	t		工程量	0.21
清单综合单价组成明细													
定额编号	定额项目名称	定额单位	数量	单价					合价				
				人工费	材料费	机械费	管理费	利润	人工费	材料费	机械费	管理费	利润
3-2157	设备支架制作安装 每组重量 0.1 t 以内	t	1	2765.38	251.73	844.81	1106.15	387.15	2765.38	251.73	844.81	1106.15	387.15
综合人工工日		小计							2765.38	251.73	844.81	1106.15	387.15
37.37 工日		未计价材料费							3922				
清单项目综合单价									9277.22				
材料费明细	主要材料名称、规格、型号	单位	数量	单价（元）	合价（元）	暂估单价（元）	暂估合价（元）						
	型钢	t	1.06	3700	3922								
	电焊条 J422 ϕ3.2	kg	33.96	3.77	128.03								
	氧气	m^3	11.512	2.83	32.58								
	乙炔气	kg	3.837	15.44	59.24								
	尼龙砂轮片 ϕ100×16×3	片	1.36	3.26	4.43								
	木方材	m^3	0.01	1543.59	15.44								
	其他材料费			—	12.01	—							
	材料费小计			—	4173.73	—							

表 7-25　综合单价分析表（第 14 页）

工程名称：某实验楼排风工程　　　　标段：　　　　第 14 页　共 16 页

项目编码	031201003001	项目名称	金属结构刷油	计量单位	kg	工程量	357.56

清单综合单价组成明细													
定额编号	定额项目名称	定额单位	数量	单价					合价				
				人工费	材料费	机械费	管理费	利润	人工费	材料费	机械费	管理费	利润
11-7	手工除锈 一般钢结构 轻锈	100 kg	0.01	21.46	2.07	7.38	8.58	3	0.21	0.02	0.07	0.09	0.03
11-117	一般钢结构 红丹防锈漆 第一遍	100 kg	0.01	14.8	2.74	7.38	5.92	2.07	0.15	0.03	0.07	0.06	0.02
11-126	一般钢结构 调和漆 第一遍	100 kg	0.01	14.06	0.82	7.38	5.62	1.97	0.14	0.01	0.07	0.06	0.02
11-127	一般钢结构 调和漆 第二遍	100 kg	0.01	14.06	0.73	7.38	5.62	1.97	0.14	0.01	0.07	0.06	0.02
综合人工工日		小计							0.64	0.07	0.28	0.27	0.09
0.0087 工日		未计价材料费							0.24				
清单项目综合单价									1.59				

材料费明细	主要材料名称、规格、型号	单位	数量	单价（元）	合价（元）	暂估单价（元）	暂估合价（元）
	钢丝刷子	把	0.0015	1.54			
	铁砂布 2＃	张	0.0109	0.86	0.01		
	破布	kg	0.0015	6	0.01		
	醇酸防锈漆 C53-1	kg	0.0116	7.4	0.09		
	汽油	kg	0.0047	9.12	0.04		
	调和漆	kg	0.015	9.5	0.14		
	其他材料费			—	0.02	—	
	材料费小计			—	0.31	—	

（2）分部分项工程和单价措施项目费

分部分项工程和单价措施项目费列于表 7-26 和表 7-27 中。

表 7-26 分部分项工程和单价措施项目清单与计价表(第 1 页)

工程名称：某实验楼排风工程　　标段：　　第 1 页　共 2 页

序号	项目编码	项目名称	项目特征描述	计量单位	工程量	金额(元)		
						综合单价	合价	其中 暂估价
1	030108001001	离心式通风机	1. 名称：离心式通风机 2. 型号：4-72No2.8A 3. 材质：塑料 4. 减振底座形式、数量：ϕ100×40 橡皮减振，共 4 点，每点 3 块	台	4	1902.68	7610.72	
2	030703005001	塑料阀门	1. 名称：塑料圆形瓣式启动阀 2. 型号：ϕ600	个	4	608.58	2434.32	
3	030703005002	塑料阀门	1. 名称：塑料圆形蝶阀 2. 型号：ϕ250	个	28	208.58	5840.24	
4	030702005001	塑料通风管道	1. 形状：圆形 2. 规格：ϕ250 3. 板材厚度：δ=4 mm 4. 管件、法兰等附件及支架设计要求：支架手工除锈，刷红丹防锈漆一遍、灰调和漆两遍	m^2	21.3	518.05	11034.47	
5	030702005002	塑料通风管道	1. 形状：圆形 2. 规格：ϕ300 3. 板材厚度：δ=4 mm 4. 管件、法兰等附件及支架设计要求：支架手工除锈，刷红丹防锈漆一遍、灰调和漆两遍	m^2	30.52	518.05	15810.89	
6	030702005003	塑料通风管道	1. 形状：圆形 2. 规格：ϕ350 3. 板材厚度：δ=4 mm 4. 管件、法兰等附件及支架设计要求：支架手工除锈，刷红丹防锈漆一遍、灰调和漆两遍	m^2	34.29	354.27	12147.92	
7	030702005004	塑料通风管道	1. 形状：圆形 2. 规格：ϕ400 3. 板材厚度：δ=4 mm 4. 管件、法兰等附件及支架设计要求：支架手工除锈，刷红丹防锈漆一遍、灰调和漆两遍	m^2	28.89	354.27	10234.86	
本页小计							65113.42	

表 7-27 分部分项工程和单价措施项目清单与计价表(第 2 页)

工程名称：某实验楼排风工程　　　　　　　标段：　　　　　　　第 2 页　共 2 页

序号	项目编码	项目名称	项目特征描述	计量单位	工程量	金额(元)		
						综合单价	合价	其中 暂估价
8	030702005005	塑料通风管道	1. 形状:圆形 2. 规格:ϕ 600 3. 板材厚度:δ=4 mm 4. 管件、法兰等附件及支架设计要求:支架手工除锈,刷红丹防锈漆一遍、灰调和漆两遍	m^2	1.13	354.27	400.33	
9	030702005006	塑料通风管道	1. 形状:矩形 2. 规格:480 mm×420 mm 3. 板材厚度:δ=4 mm 4. 管件、法兰等附件及支架设计要求:支架手工除锈,刷红丹防锈漆一遍、灰调和漆两遍	m^2	8.64	396.12	3422.48	
10	030703019001	柔性接口	1. 名称:帆布接管 2. 规格:ϕ 600 3. 材质:帆布	m^2	1.51	65.95	99.58	
11	030703019002	柔性接口	1. 名称:帆布接管 2. 规格:480 mm×420 mm 3. 材质:帆布	m^2	1.44	65.95	94.97	
12	030703009001	塑料风口、散流器、百叶窗	1. 名称:粗孔尼龙网格式风口 2. 规格:480 mm×420 mm	个	4	307.90	1231.60	
13	030307005001	设备支架制作安装	1. 名称:通风机支架 2. 材质:型钢 3. 支架每组质量:52.99 kg/组	t	0.21	9277.22	1948.22	
14	031201003001	金属结构刷油	1. 除锈级别:轻锈 2. 油漆品种:红丹防锈漆一遍、灰调和漆两遍 3. 结构类型:型钢支吊架	kg	357.56	1.59	568.52	
		分部分项合计					72879.12	
1	031301012001	工程系统检测、检验		项	1	3198.20	3198.20	
2	031301017001	脚手架搭拆		项	1	823.99	823.99	
		单价措施合计					4022.19	
本页小计							11787.89	
合计							76901.31	

（3）总价措施项目费

总价措施项目费列于表7-28中。

表7-28 总价措施项目清单与计价表

工程名称：某实验楼排风工程　　　　标段：　　　　第1页 共1页

序号	项目编码	项目名称	计算基础	费率（%）	金额（元）	调整费率（%）	调整后金额（元）	备注
1	031302001001	安全文明施工费		100.000	1545.71			
1.1		基本费	分部分项合计＋单价措施项目合计－除税工程设备费	1.500	1153.52			
1.2		增加费		0.300	230.70			
1.3		扬尘污染防治增加费		0.210	161.49			
2	031302002001	夜间施工增加		0.050	38.45			
3	031302003001	非夜间施工增加		0.300	230.70			
4	031302004001	二次搬运						
5	031302005001	冬雨季施工增加		0.075	57.68			
6	031302006001	已完工程及设备保护		0.025	19.23			
7	031302008001	临时设施		1.100	845.91			
8	031302009001	赶工措施		1.300	999.72			
9	031302010001	工程按质论价		1.100	845.91			
10	031302011001	住宅分户验收		0.100	76.90			
11	031302012001	建筑工人实名制费用		0.030	23.07			
12	031302090001	地上、地下设施、建筑物的临时保护设施						
13	031302091001	特殊条件下施工增加费						
合计					4683.28			

（4）其他项目费

其他项目费列于表 7-29 中。

表 7-29　其他项目清单与计价汇总表

工程名称：某实验楼排风工程　　　　　　　　　　　　标段：　　　　　　　　　　　　第 1 页　共 1 页

序号	项目名称	金额（元）	结算金额（元）	备注
1	暂列金额			
2	暂估价			
2.1	材料暂估价			
2.2	专业工程暂估价			
3	计日工			
4	总承包服务费			
合计				

（5）规费、税金

规费、税金列于表 7-30 中。

表 7-30　规费、税金项目计价表

工程名称：某实验楼排风工程　　　　标段：　　　　第 1 页　共 1 页

序号	项目名称	计算基础	计算基数（元）	计算费率（%）	金额（元）
1	规费	环境保护税＋社会保险费＋住房公积金	2382.27	100.000	2382.27
1.1	社会保险费	分部分项工程费＋措施项目费＋其他项目费－除税工程设备费	81584.59	2.400	1958.03
1.2	住房公积金	分部分项工程费＋措施项目费＋其他项目费－除税工程设备费	81584.59	0.420	342.66
1.3	环境保护税	分部分项工程费＋措施项目费＋其他项目费－除税工程设备费	81584.59	0.100	81.58
2	税金	分部分项工程费＋措施项目费＋其他项目费＋规费－除税甲供材料和甲供设备费/1.01	83966.86	9.000	7557.02
合计					9939.29

（6）单位工程招标控制价

单位工程招标控制价列于表 7-31 中。

表 7-31　单位工程招标控制价表

工程名称：某实验楼排风工程　　　　标段：　　　　第 1 页　共 1 页

序号	汇总内容	金额（元）	其中：暂估价（元）
1	分部分项工程费	72879.12	
1.1	人工费	22591.30	
1.2	材料费	27812.05	
1.3	施工机具使用费	10270.76	
1.4	企业管理费	9042.06	
1.5	利润	3162.94	
2	措施项目费	8705.47	
2.1	单价措施项目费	4022.19	
2.2	总价措施项目费	4683.28	
2.2.1	其中：安全文明施工措施费	1545.71	
3	其他项目费		
3.1	其中：暂列金额		
3.2	其中：专业工程暂估		
3.3	其中：计日工		
3.4	其中：总承包服务费		
4	规费	2382.27	
5	税金	7557.02	
招标控制价合计＝1＋2＋3＋4＋5－甲供材料费 _ 含设备/1.01		91523.88	

第8章

建筑电气工程计量与计价

知识目标

1. 熟悉建筑电气工程的工程量计算规则；

2. 掌握建筑电气工程的工程量清单项目设置，项目编码、项目特征描述；

3. 掌握建筑电气工程计价费用构成、计算方法。

能力目标

1. 能熟练运用《通用安装工程工程量计算规范》计算建筑电气工程的工程量，编制工程量清单；

2. 能熟练运用《建设工程工程量清单计价规范》《江苏省安装工程计价定额》等查套定额，编制建筑电气工程招标控制价、投标报价；

3. 能熟练运用计价软件编制建筑电气工程量清单，进行工程计价。

素质目标

1. 培养学生的专业意识和社会责任感，即在造价计算过程中要遵循各项计价规范、计价定额的规定，尤其是强制性条文的规定；

2. 培养学生的成本意识，即在计价过程中要尽量减少建筑电气工程的人工、材料、机械费用，有效进行造价控制，为创建节约型社会贡献自己的一份力量；

3. 培养学生踏实严谨、精益求精的工作作风，即在进行建筑电气工程计量时要合理控制误差，清单列项齐全不漏项，综合单价组价内容完整。

8.1 建筑电气工程识图

8.1.1 电气工程常用图例

室内电气施工图的识读

(1) 常用灯具、插座等图例

电气设备安装工程中，常用的各类灯具、插座等图例见表8-1。

表 8-1 常用灯具、插座图例

序号	图形符号	说明	序号	图形符号	说明
1		灯具一般代号	22		单相明插座
2		闪光信号灯	23		单相暗插座
3		投光灯一般符号	24		密闭（防水）
4		聚光灯	25		防爆单相插座
5		泛光灯	26		带保护接点明插座
6		荧光灯一般符号	27		带保护接点暗插座
7		三管荧光灯	28		防爆三孔插座
8		五管荧光灯	29		带接地插孔的三相明装插座
9		防爆荧光灯	30		带接地插孔的三相暗装插座
10		球型灯	31		插座箱（板）
11		局部照明灯	32		单极明装开关
12		矿山灯	33		单极暗开关
13		安全灯	34		密闭（防水）
14		隔爆灯	35		防爆单极开关
15		天棚灯	36		双极明装开关
16		花灯	37		暗装双极开关
17		弯灯	38		密闭（防水）
18		深照型灯	39		防爆双开关
19		广照型灯	40		三极明装开关
20		防水防尘灯	41		暗装三极开关
21		电铃	42		密闭（防水）

续表

序号	图形符号	说明	序号	图形符号	说明
43		防爆三极开关	53		屏、台、箱、柜一般符号
44		单极拉线开关	54		电力或电力—照明配电箱
45		单极双控拉线开关	55	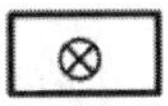	信号板、箱、屏
46		限时开关	56		照明配电箱
47		具有指示灯的开关	57		事故照明配电箱
48		避雷针	58		多种电源配电箱
49		避雷器	59		向上配线
50		避雷带（网、线）	60		向下配线
51	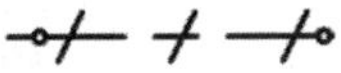	有接地极的接地装置	61		垂直通过配线
52	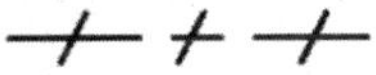	无接地极的接地装置	62		导线、电缆、电路一般标注方法

（2）线路敷设代号

表达线路敷设部位标注的文字代号见表 8-2。

表 8-2　线路敷设代号

表达内容	标注代号对照	
	英文代号	汉语拼音代号
沿钢索敷设	SR	S
沿屋架或屋架下弦敷设	BE	LM
沿柱敷设	CLE	ZM
沿墙敷设	WE	QM
沿天棚敷设	CE	PM
在能进人的吊顶内敷设	ACE	PNM
暗敷在梁内	BC	LA
暗敷在柱内	CLC	ZA
暗敷在屋面内或顶板内	CC	PA
暗敷在地面内或地板内	FC	DA
暗敷在不能进人的吊顶内	AC	PNA
暗敷在墙内	WC	QA

8.1.2 电气工程施工图的组成及内容

电气工程施工图按工程性质可分为变配电工程施工图、动力工程施工图、照明工程施工图、防雷接地工程施工图、弱电工程（通信、广播）施工图及架空线路施工图等。

电气工程施工图按图纸的表现内容可分为基本图和详图两大类。

8.1.2.1 基本图

电气工程施工图基本图包括图纸目录、设计说明、系统图、平面图、控制原理图、主要设备材料表等。

（1）设计说明

在电气工程施工图中，设计说明一般包括供电方式、电压等级、主要线路敷设形式及在图中未能表达的各种电气安装高度、工程主要技术数据、施工和验收要求及有关事项等。根据工程规模及需要说明的内容，有的设计说明可单独编制说明书，有的因内容简短，可写在图面的空余处。

（2）系统图

电气工程系统图标明电力系统设备安装、配电顺序、原理和设备型号、数量及导线规格等关系。它不表示空间位置关系，只是示意性地把整个工程的供电线路用单线连接方式来表示的线路图。通过识读系统图可以了解以下内容：

① 整个变、配电系统的连接方式，从主干线至各分支回路分几级控制，有多少个分支回路。

② 主要变电设备、配电设备的名称、型号、规格及数量。

③ 主干线路的敷设方式、型号、规格。

（3）平面图

电气工程平面图一般分为变配电平面图、动力平面图、照明平面图、弱电平面图及室外工程平面图，在高层建筑中有标准层平面图、干线布置图等。电气工程平面图的特点是将同一层内不同安装高度的电气设备及线路都放在同一平面上来表示。通过识读电气工程平面图，可以了解以下内容：

① 建筑物的平面布置、轴线分布、尺寸及图纸比例。

② 各种变、配电设备的编号、名称，各种用电设备的名称、型号及它们在平面图上的位置。

③ 各种配电线路的起点和终点、敷设方式、型号、规格、根数，以及在建筑物中的走向、平面和垂直位置。

（4）控制原理图

控制电器是指对用电设备进行控制和保护的电气设备。控制原理图是根据控制电器的工作原理，按规定的线段和图形符号绘制成的电路展开图，一般不表示各电器元件的空间位置。

控制原理图具有线路简单、层次分明、易于掌握、便于识读和分析研究的特点，是二次配线的依据。控制原理图不是每套图纸都有，只有当工程需要时才绘制。识读控制原理图时应掌握不在控制盘上的那些控制元件和控制线路的连接方式，并应与平面图核对，以免漏项。

(5) 主要设备材料表

主要设备材料表列出该工程所需的各种主要设备、材料、照明器具的名称、型号、规格、材质、数量。设备材料表上所列主要材料的数量，只是设计人员对该项工程提供的一个大概参数，由于受到工程量计算规则的限制，因而不能作为工程量来编制预算。

8.1.2.2 详图

(1) 构件大样图

凡是在做法上有特殊要求，没有批量生产标准构件的，图纸中有专门构件大样图，注有详细尺寸，以便按图制作。

(2) 标准图

标准图是一种具有通用性质的详图，表示一组设备或部件的具体图形和详细尺寸，它不能作为独立进行施工的图纸，只能视为某项施工图的一个组成部分。

8.1.3 电气工程施工图识图

电气工程施工图主要是一些系统图、原理图和接线图，还有少量投影图。识读投影图的关键是要解决好平面与立体的关系，搞清电气设备的装配、连接关系。对于系统图、原理图和接线图，因为它们都是用各种图例符号绘制的示意性图样，不表示平面与立体的实际情况，只表示各种电气设备、部件之间的连接关系。因此，识读电气工程施工图应注意以下问题：

① 熟悉各种电气设备的图例符号，在此基础上，才能按施工图主要设备材料表中所列各项设备及主要材料分别研究其在施工图中的安装位置，以便对总体情况有一个概括了解。

② 对于控制原理图，要搞清主电路（一次回路系统）和辅助电路（二次回路系统）的相互关系和控制原理及其作用。控制回路和保护回路是为主电路服务的，它对主电路起着启动、停止、制动、保护等作用。

③ 对于每一回路的识读应从电源端开始，顺电源线，依次通过每一电气原件时，都要弄清楚它们的动作及变化，以及由于这些变化可能造成的连锁反应。

④ 具备有关电气的一般原理知识和电气施工技术。

⑤ 在识图的全过程中要与预算定额结合起来，即把预算定额中的项目划分、包含工序、工程量的计算方法、计量单位等与施工图有机结合起来。

⑥ 要识读好施工图，还必须认真、细致地调查了解工作，要深入现场，深入工人群众，了解实际情况，把在图面上表示不出的一些情况弄清楚。

⑦ 要结合有关技术资料识读施工图，如将有关的规范、标准、通用图集及施工组织设计、施工方案等一起识读，有利于弥补施工图中的不足之处。

8.1.4 变配电工程施工图识图

电气设备根据它们在生产过程中的功能，分为一次设备和二次设备两大类。一次设备是指直接发、输、变、配电能的主系统上所使用的设备，如发电机、变压器、断路器、隔离开关、自动空气开关、接触器、刀开关、电抗器、电动机、避雷器、熔断器、电流互感器、电压互感器等；二次设备是指对一次设备的工作进行监测、控制、调节、保护，以及为运行人员、维护人员提供运行情况或信号所需的电气设备，如测量仪表、继电器、操作开关、按钮、自动控制设备、电子计算机、信号设备，以及供给这些设备电能的一些供电装置，如蓄电池、整流器等。以上一次或二次设备只是按照它们在生产过程中的功能划分的，并未考虑其他因素，所以以上列举的某些一次设备也常作为二次设备使用，如接触器、刀开关、电动机、熔断器等。

由一次设备相互连接，构成发电、输电、变电、配电或进行其他生产的电气回路称为一次回路，表达一次回路的图样，称为一次回路图或一次回路接线图。由二次设备相互连接，构成对一次设备进行监测、控制、调节和保护的电气回路，称为二次回路图或二次回路接线图。二次回路包括控制回路、监测回路、信号回路、保护回路、调节回路、操作电源回路和励磁回路。

变配电工程常用的施工图有一次回路系统图、二次回路原理接线图、二次回路展开接线图、安装接线图及设备布置图。

(1) 一次回路系统图

一次回路是通过强电流的回路，又称主回路。由于单线图具有简洁、清晰的特点，所以一次回路一般都采用单线图的形式。从图 8-1 可以看出，该变电所的一次回路是由三级高压隔离开关 GK、油断路器 YOD、两只电流互感器 LH_a 和 LH_c、电力变压器 B、自动开关 ZK 及避雷器 BL 组成。图中表明了各电气设备的连接方式，未表示出各电气设备的安装位置。

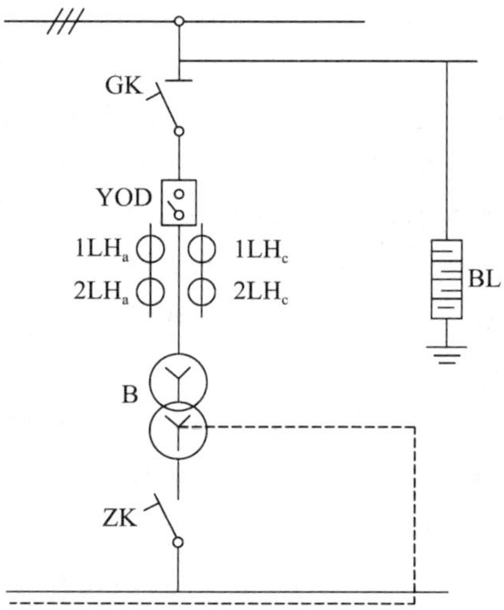

图 8-1　变电所一次回路系统

(2) 二次回路原理接线图

二次回路原理接线图是用来表达二次回路工作原理和相互作用的图样。在原理接线图上，不仅可表示出二次回路中各元件的连接方式，而且可表示出与二次回路有关的一次设备和一次回路。这种接线图的特点是能够使读者对整个二次回路的结构有一个整体概念。二次回路原理接线图也是绘制二次回路展开接线图和安装接线图的基础。由图 8-2 可看出，LJ 是过电流继电器，它的线圈分别串接在 A 相和 C 相电流互感二次回路 $2LH_a$ 和 $2LH_c$ 中，组成了电流速断保护，即当电流超过维电器的整定值时，继电器的常开触点闭合，接通跳闸线圈而使油断路器 YOD 跳闸，切断电流，从而保护变压器。

(3) 二次回路展开接线图

展开接线图是按供电给二次回路的每一个独立电源来划分单元和进行编制的，如交流电流回路、交流电压回路、直流操作回路、信号回路等。根据这个原则，必须将属于同一个仪表或继电器的电流线圈、电压线圈和各种不同功能的触点，分别画在几个不同的回路中。一般来说，属于同一个仪表或继电器的各元件（如线圈、触点等）采用相同的文字标号。如图 8-3 所示，每个设备的线圈和接点并不画在一起，而是按照它们所完成的动作一一排列在各自的回路中。

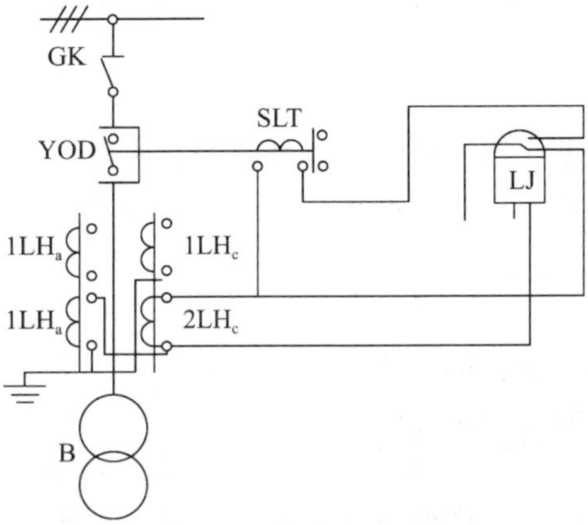

图 8-2　过电流保护二次回路原理接线图

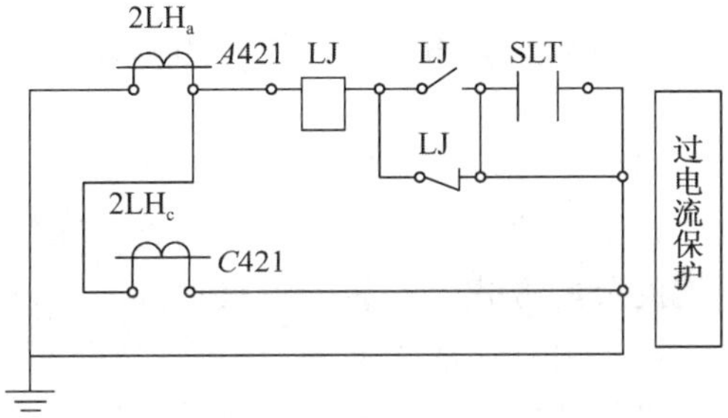

图 8-3　二次回路展开接线图

(4) 安装接线图

为了施工和维护的方便，在展开接线图的基础上，还应绘制安装接线图，用来表示电源引入线的位置，电缆线的型号、规格、穿管直径，配电盘、柜的安装位置、型号及分支回路标号，各种电器、仪表的安装位置和接线方式。安装接线图是现场安装和配线的主要依据。安装接线图一般包括盘面布置图、盘背面接线图和端子排图等图样。

① 盘面布置图：它是加工制造盘、箱、柜和安装盘、箱、柜上电气设备的依据。盘、箱、柜上各个设备的排列、布置是根据运行操作的合理性，并适当考虑到维修和施工的方便而安排的。

② 盘背面接线图：它是以盘面布置图为基础、以原理接线图为依据而绘制的接线图，表明了盘上各设备引出端子之间的连接情况，以及设备与端子排间的连接情况，是盘上配线的依据。

③ 端子排图：它是表示盘、箱、柜内需要装设端子排的数目、形式、排列次序、位置，以及其与盘、箱、柜上设备和盘、箱、框外设备连接情况的图样。

(5) 设备布置图

在一次回路系统图中，通常不表明电气设备的安装位置，因此，需要另外绘制设备布置图来表示电气设备的确切位置。在设备布置图上，每台设备的安装位置、具体尺寸及线路的走向等都有明确表示。设备布置图一般可分为设备平面布置图和立（剖）面图两种图样，它是设备安装的主要依据。

8.1.5 动力工程施工图识图

动力工程是用电能作用于电动机来带动各种设备和以电能为能源用于生产的电气装置，由成套定型的电气设备及小型的或单个分散安装的控制设备（如动力开关柜、箱、盘及闸刀开关等）、保护设备、测量仪表、母线架设、配管、配线、接地装置等组成。动力工程的范围包括从电源引入开始经各种控制设备、配管配线（包括二次配线）到电机或用电设备接线及接地极，对设备和系统的调试等。

动力工程施工图和变配电工程施工图基本相同，主要图样有一次回路系统图、二次回路原理接线图、二次回路展开接线图、安装接线图、设备平面布置图及盘面布置图等。

8.1.6 电气照明工程施工图识图

电气照明工程施工图主要是表示电气照明设备、照明器具（灯具、开关等）安装和照明线路敷设的图样。电气照明工程施工图常用的有电气照明系统图、平面图和施工详图等。

（1）电气照明系统图

电气照明系统图是主要反映整个建筑物内照明全貌的图样，表明导线进入建筑物后电能的分配方式、导线的连接形式，以及各回路的用电负荷等。

（2）电气照明平面图

电气照明平面图是表达电源进户线、照明配电箱、照明器具的安装位置，导线的规格、型号、根数、走向及敷设方式，灯具的型号、规格及安装方式和安装高度等的图样，它是照明施工的主要依据。

（3）电气照明施工详图

电气照明施工详图是表达电气设备、灯具、接线等具体做法的图样。只有对具体做法有特殊要求时才绘制施工详图，一般情况可按通用或标准图册的规定进行施工。

电气照明工程施工图的识读步骤，一般是从进户装置开始到配电箱，再按配电箱的回路编号顺序逐条线路进行识读，直到开关和灯具为止。

8.2 建筑电气工程计量

建筑电气工程的工程量计算参照《通用安装工程工程量计算规范》（GB 50856—2013）中“附录 D 电气设备安装工程”执行，适用于 10 kV 以下变配电设备及线路的安装工程，如变压器安装，配电装置安装，母线安装，控制设备及低压电器安装，蓄电池安装，电机检查接线及调试，滑触线装置安装，电缆安装，防雷及接地装置，10 kV 以下架空配电线路，配管、配线，照明器具安装，附属工程，电气调整试验等。

建筑电气工程计量计算

8.2.1 变压器安装工程量计算

① 变压器安装，按不同容量以“台”为计量单位。

② 干式变压器如果带有保护罩时，其定额人工和机械乘以系数 1.2。

③ 变压器通过实验，判定绝缘受潮，才需进行干燥，所以只有需要干燥的变压器才能计取此项费用（编制施工图预算时可列此项，工程结算时根据实际情况再作处理），

以“台”为计量单位。

④ 消弧线圈的干燥按同容量电力变压器干燥定额执行，以“台”为计量单位。

⑤ 变压器油过滤不论过滤多少次，直到过滤合格为止，以“t”为计量单位，其具体计算方法如下：

a. 变压器安装定额未包括绝缘油的过滤，需要过滤时，可按制造厂提供的油量计算。

b. 油断路器及其他充油设备的绝缘油过滤，可按制造厂规定的充油量计算。计算公式为

$$油过滤数量(t)=设备油重(t)\times(1+损耗率) \tag{8-1}$$

8.2.2 配电装置安装工程量计算

① 断路器、电流互感器、油浸电抗器、电力电容器及电容器柜的安装以“台（个）”为计量单位。

② 隔离开关、负荷开关、熔断器、避雷器、干式电抗器的安装，以“组”为计量单位，每组按三相计算。

③ 交流滤波装置的安装，以“台”为计量单位。每台装置包括三台组架安装，不包括设备本身及铜母线的安装，其工程量应按相应定额另行计算。

④ 高压设备安装定额内均不包括绝缘台的安装，其工程量应按施工设计执行相应定额。

⑤ 高压成套配电柜和箱式变电站的安装，以“台”为计量单位。均未包括基础槽钢、母线及引下线的配置安装。

⑥ 配电设备安装的支架、抱箍及延长轴、轴套、间隔板等，按施工图设计的需要量计算，执行铁构件制作安装定额或成品价。

⑦ 绝缘油、六氟化硫气体、液压油等均按设备自带考虑。电气设备以外的加压设备和附属管道的安装工程量应按相应定额另行计算。

⑧ 配电设备的端子板外部接线工程量按相应定额另行计算。

⑨ 设备安装用的地脚螺栓按土建预埋考虑，不包括二次灌浆。

8.2.3 母线安装工程量计算

① 悬垂绝缘子串安装，指垂直或V形安装的提挂导线、跳线、引下线、设备连接线或设备等所用的绝缘子串安装，按单、双串分别以“串”为计量单位。耐张绝缘子串的安装，已包括在软母线安装定额内。

② 支持绝缘子安装分别按安装在户内、户外、单孔、双孔、四孔固定，以“个”为计量单位。

③ 穿墙套管安装分水平、垂直安装，均以“个”为计量单位。

④ 软母线安装，指直接由耐张绝缘子串悬挂部分，按软母线截面大小分别以“跨/三相”为计量单位。设计跨距不同时，不得调整。导线、绝缘子、线夹、驰度调节金具等均按施工图设计用量加定额规定的损耗率计算。

⑤ 软母线引下线，指由T形线夹或并沟线夹从软母线引向设备的连接线，以“组”为计量单位，每三相为一组；软母线经终端耐张线夹引下（不经T形线夹或并沟线夹引下），与设备连接的部分均执行引下线定额，不得换算。

⑥ 两跨软母线间的跳引线安装，以“组”为计量单位，每三相为一组。不论两端的耐张线夹是螺栓式还是压接式，均执行软母线跳线定额，不得换算。

⑦ 设备连接线安装，指两设备间的连接部分。不论是引下线、跳线，还是设备连接线，均应分别按导线截面、三相为一组计算工程量。

⑧ 组合软母线安装，按三相为一组计算。跨距（包括水平悬挂部分和两端引下部分之和）系以45 m以内考虑，跨度的长与短不得调整。导线、绝缘子、线夹、金具按施工图设计用量加定额规定损耗率计算。

⑨ 软母线安装预留长度按表8-3计算。

表8-3　软母线安装预留长度　　m/根

项目	耐张	跳线	引下线、设备连接线
预留长度	2.5	0.8	0.6

⑩ 带型母线及带型母线引下线安装包括铜排、铝排，分别以不同截面和片数以“m/单相”为计量单位。母线和固定母线的金具均按设计量加损耗率计算。

⑪ 钢带型母线安装，按同规格的铜母线定额执行，不得换算。

⑫ 母线伸缩接头及铜过渡板安装均以“个”为计量单位。

⑬ 槽型母线安装以“m/单相”为计量单位。槽型母线与设备连接分别以连接不同的设备以“台”为计量单位。槽型母线及固定槽型母线的金具按设计用量加损耗率计算。壳的大小尺寸以“m”为计量单位，长度按设计共箱母线的轴线长度计算。

⑭ 低压（指380 V以下）封闭式插接母线槽安装分别按导体的额定电流大小以“m”为计量单位，长度按设计母线轴线长度计算；分线箱以“台”为计量单位，分别以电流大小按设计数量计算。

⑮ 重型母线安装包括铜母线、铝母线，分别按截面大小以母线的成品质量以“t”为计量单位。

⑯ 重型铝母线接触面加工，是指铸造件需加工接触面时，可按其接触面大小，分别以“片/单相”为计量单位。

⑰ 硬母线配置安装预留长度按表8-4的规定计算。

表8-4　硬母线配置安装预留长度　　m/根

序号	项目	预留长度	说明
1	带形、槽形母线终端	0.3	从最后一个支持点算起
2	带形、槽形母线与分支线连接	0.5	分支线预留
3	带形母线与设备连接	0.5	从设备端子接口算起
4	多片重型母线与设备连接	1.0	从设备端子接口算起
5	槽形母线与设备连接	0.5	从设备端子接口算起

⑱ 带型母线、槽型母线安装均不包括支持瓷瓶安装和构件配置安装，其工程量应分别按设计成品数量执行相应定额。

8.2.4 控制设备及低压电器安装工程量计算

① 控制设备及低压电器安装均以“台”为计量单位，均未包括基础槽钢、角钢的制作安装，其工程量应按相应定额另行计算。

② 网门、保护网制作安装，按网门或保护网设计图示的框外围尺寸，以“m^2”为计量单位。

③ 盘柜配线分不同规格，以“m”为计量单位。

④ 盘、箱、柜的外部进出线预留长度按表 8-5 计算。

表 8-5 盘、箱、柜的外部进出线预留长度 m/根

序号	项目	预留长度	说明
1	各种箱、柜、盘、板、盒	高＋宽	盘面尺寸
2	单独安装的铁壳开关、自动开关、刀开关、启动器、箱式电阻器、变阻器	0.5	从安装对象中心算起
3	继电器、控制开关、信号灯、按钮、熔断器等小电器	0.3	从安装对象中心算起
4	分支接头	0.2	分支线预留

⑤ 配电板制作安装及包铁皮，按配电板图示外形尺寸，以“m^2”为计量单位。

⑥ 焊（压）接线端子定额只适用于导线，电缆终端头制作安装定额中已包括压接线端子，不得重复计算。

⑦ 端子板外部接线按设备盘、箱、柜、台的外部接线图计算，以“个”为计算单位。

⑧ 盘、柜配线定额只适用于盘上小设备元件的少量现场配线，不适用于工厂的设备修、配、改工程。

⑨ 开关、按钮安装的工程量，应区别开关、按钮安装形式，开关、按钮种类，开关极数及单控与双控，以“套”为计量单位计算。

⑩ 插座安装的工程量，应区别电源相数、额定电流、插座安装形式、插座插孔个数，以“套”为计量单位计算。

⑪ 安全变压器安装的工程量，应区别安全变压器容量，以“台”为计量单位计算。

⑫ 电铃、电铃号码牌箱安装的工程量，应区别电铃直径、电铃号牌箱规格（号），以“套”为计量单位计算。

⑬ 门铃安装的工程量，应区别门铃安装形式，以“个”为计量单位计算。

⑭ 风扇安装的工程量，应区别风扇种类，以“台”为计量单位计算。

⑮ 盘管风机三速开关、请勿打扰灯、须刨插座安装的工程量，以“套”为计量单位计算。

8.2.5 蓄电池安装工程量计算

① 铅酸蓄电池和碱性蓄电池安装，分别按容量大小以单体蓄电池“个”为计量单位，按施工图设计的数量计算工程量。定额内已包括电解液的材料消耗，执行时不得调整。

② 免维护蓄电池安装以“组件”为计量单位，其具体计算如下：某项工程设计一组蓄电池为220 V/500 A·h，由12 V的组件18个组成，就应该套用12 V/500 A·h的定额18个组件。

③ 蓄电池充放电按不同容量以“组”为计量单位。

④ 免维护蓄电池组的充电可按蓄电池组充放电相应定额乘以系数0.3计算（因不需要放电、再充电的过程，只需充电）。

8.2.6 电机检查接线及调试工程量计算

发电机、调相机、普通小型直流电动机、可控硅调速直流电动机、普通交流同步电动机、低压交流异步电动机、高压交流异步电动机、交流变频调速电动机、微型电机、电加热器、电动机组、备用励磁机组及励磁电阻器按名称、型号、容量，接线端子材质、规格，干燥要求及启动方式，按设计图示数量以“台（组）”计算。几点说明如下：

① 可控硅调速直流电动机类型指一般可控硅调速直流电动机、全数字式控制可控硅调速直流电动机。

② 交流变频调速电动机类型指交流同步变频电动机、交流异步变频电动机。

③ 电动机按其质量划分为大、中、小型：3 t以下为小型，3～30 t为中型，30 t以上为大型。

8.2.7 滑触线装置安装工程量计算

滑触线装置安装按名称、型号、规格、材质，支架形式、材质，移动软电缆材质、规格、安装部位，拉紧装置类型，伸缩接头材质、规格，按设计图示尺寸以单相长度“m”计算（含预留长度）。几点说明如下：

① 支架基础铁件及螺栓是否浇筑需说明。

② 滑触线安装预留长度见表8-6。

表8-6　滑触线安装预留长度　　m/根

序号	项目	预留长度	说明
1	圆钢、铜母线与设备连接	0.2	从设备接线端子接口算起
2	圆钢、铜滑触线终端	0.5	从最后一个固定点算起
3	角钢滑触线终端	1.0	从最后一个支持点算起
4	扁钢滑触线终端	1.3	从最后一个固定点算起
5	扁钢母线分支	0.5	分支线预留
6	扁钢母线与设备连接	0.5	从设备接线端子接口算起
7	轻轨滑触线终端	0.8	从最后一个支持点算起
8	安全节能及其他滑触线终端	0.5	从最前一个固定点算起

8.2.8 电缆安装工程量计算

① 电力电缆、控制电缆按名称、型号、规格、材质、敷设方式、部位、电压等级、地形，按设计图示尺寸以长度“m”计算（含预留长度及附加长度）。

② 电缆保护管、电缆槽盒、铺砂、盖保护板（砖）按名称、型号、规格、材质等，按设计图示尺寸以长度“m”计算。

③ 电力电缆头、控制电缆头按名称、型号、规格、材质、安装部位、电压等级，按设计图示数量以“个”计算。

④ 根据不同的名称、材质、方式、部位，防火堵洞按设计图示数量以“处”计算；防火隔板按设计图示尺寸以面积“m^2”计算；防火涂料按设计图示尺寸以质量“kg”计算。

⑤ 电缆分支箱，按名称、型号、规格、基础形式、材质、规格，按设计图示数量以“台”计算。几点说明如下：

a. 电缆穿刺线夹按电缆头编码列项。

b. 电缆井、电缆排管、顶管，应按《市政工程工程量计算规范》（GB 50857—2013）相关项目编码列项。

c. 电缆敷设预留长度及附加长度见表8-7。

表8-7 电缆敷设预留长度及附加长度

序号	项目	预留（附加）长度	说明
1	电缆敷设弛度、波形弯度、交叉	2.5%	按电缆全长计算
2	电缆进入建筑物	2.0 m	规范规定最小值
3	电缆进入沟内或吊架时引上（下）预留	1.5 m	规范规定最小值
4	变电所进线、出线	1.5 m	规范规定最小值
5	电力电缆终端头	1.5 m	检修余量最小值
6	电缆中间接头盒	两端各留2.0 m	检修余量最小值
7	电缆进控制、保护屏及模拟盘、配电箱等	高+宽	按盘面尺寸
8	高压开关柜及低压配电盘、箱	2.0 m	盘下进出线
9	电缆至电动机	0.5 m	从电动机接线盒算起
10	厂用变压器	3.0 m	从地坪算起
11	电缆绕过梁、柱等增加长度	按实计算	按被绕物的断面情况计算增加长度
12	电梯电缆与电缆架固定点	每处0.5 m	规范规定最小值

注：1. 电缆附加及预留的长度是电缆敷设长度的组成部分，应计入电缆长度工程量之内。
2. “电缆敷设的附加长度”不适用于矿物绝缘电缆预留长度，矿物绝缘电缆预留长度按实际计算。

⑥ 电缆保护管长度，除按设计规定长度计算外，遇有下列情况，应按以下规定增加保护管长度：

a. 横穿道路，按路基宽度两端各增加 2 m；

b. 垂直敷设时，管口距地面增加 2 m；

c. 穿过建筑物外墙时，按基础外缘以外增加 1 m；

d. 穿过排水沟时，按沟壁外缘以外增加 1 m。

⑦ 电缆保护管埋地敷设，其土方量凡有施工图注明的，按施工图计算；无施工图的，一般按沟深 0.9 m、沟宽按最外边的保护管两侧边缘外各增加 0.3 m 工作面计算。

⑧ 电缆终端头及中间头均以“个”为计量单位。电力电缆和控制电缆均按一根电缆有两个终端头考虑。中间电缆头设计有图示的，按设计确定；设计没有规定的，按实际情况计算（或按平均 250 m 一个中间头考虑）。

⑨ 16 mm^2 以下截面电缆头执行压接线端子或端子板外部接线。

⑩ 吊电缆的钢索及拉紧装置，应按相应定额另行计算。

⑪ 钢索的计算长度以两端固定点的距离为准，不扣除拉紧装置的长度。

8.2.9 防雷及接地装置工程量计算

① 接地极区分名称、材质、规格、土质、基础接地形式，按设计图示数量以“根（块）”计算。

② 接地母线、避雷引下线、均压环、避雷网区分名称、规格、材质、安装形式、安装部位，断接卡子、箱材质、规格，混凝土强度等级等，按设计图示尺寸以长度“m”计算（含附加长度）。

③ 避雷针区分名称、规格、材质、安装形式、高度以“根”计算；半导体少长针消雷装置按设计图示数量以“套”计算。

④ 等电位端子箱、测试板区分名称、规格、材质，按设计图示数量以“台”计算；浪涌保护器按名称、规格、安装方式、防雷等级，按设计图示数量以“个”计算；绝缘垫按名称、规格、材质，按设计图示尺寸以展开面积“m^2”计算；降阻剂按名称、类型，按设计图示以质量“kg”计算。几点说明如下：

a. 利用桩基础作接地极，应描述桩台下桩的根数，每桩台下需焊接柱筋根数，其工程量按柱引下线计算；利用基础钢筋作接地极按均压环项目编码列项。

b. 利用柱筋作引下线的，需描述柱筋焊接根数。

c. 利用圈梁筋作均压环的，需描述圈梁筋焊接根数。

d. 使用电缆、电线作接地线，应按相关项目编码列项。

e. 接地母线、引下线、避雷网附加长度见表 8-8。

表 8-8 接地母线、引下线、避雷网附加长度 m

项目	附加长度	说明
接地母线、引下线、避雷网附加长度	3.9%	按接地母线、引下线、避雷网全长计算

8.2.10 10 kV以下架空配电线路工程量计算

① 电杆组立区分名称，材质，规格，类型，地形，土质，底盘、拉盘、卡盘规格，拉线材质、规格、类型，现浇基础类型，钢筋类型、规格，基础垫层要求，电杆防腐要求，按设计图示数量以“根（基）”计算。

② 横担组装区分名称、材质、规格、类型、电压等级，瓷瓶型号、规格，金具品种规格，按设计图示数量以“组”计算。

③ 导线架设区分名称、型号、规格、地形、跨越类型，按设计图示尺寸以单线长度（含预长度）“km”计算。架空导线预留长度见表8-9。

表8-9 架空导线预留长度 m/根

项目		预留长度
高压	转角	2.5
	分支、终端	2.0
低压	分支、终端	0.5
	交叉跳线转角	1.5
与设备连线		0.5
进户线		2.5

④ 杆上设备区分名称，型号，规格，电压等级（kV），支撑架种类、规格，接线端子材质、规格，接地要求，按设计图示数量以“台（组）”计算。

8.2.11 配管、配线工程量计算

8.2.11.1 配管、配线工程量计算顺序

① 照明线路的工程量计算，一般先算干线，后算支线，按不同的敷设方式、型号和规格的导线分别进行计算。

② 配管、配线工程量的计算，应弄清每层之间的供电关系，注意引上管和引下管，防止漏算干线。

③ 管线计算应“先管后线”，可照回路编号依次进行，也可按管径大小排列顺序计算；管内穿线根数在配管计算时，用符号表示，以便简化和校核。

8.2.11.2 配管、配线工程量计算方法

(1) 配管

① 计算配管的工程量．分两步走，先算水平配管，再算垂直配管。

a. 水平方向敷设的配管，以施工平面布置图的管线走向和敷设部位为依据，并借用建筑物平面图所标墙、柱轴线尺寸进行配管长度的计算。

b. 垂直方向敷设的配管（沿墙、柱引上或引下），其工程量计算与楼层高度及与箱、柜、盘、板、开关等设备安装高度有关。

② 配管工程量计算在电气施工图预算中所占比重较大，是预算编制中工程量计算

的关键之一，应注意以下问题：

a. 不论是明配管还是暗配管，其工程量均以管道轴线为理论长度计算。水平管长度可按平面图所示标注尺寸或用比例尺量取，垂直管长度可根据层高和安装高度计算。

b. 明配管工程量计算时，要考虑管轴线距墙的距离，如在设计无要求时，一般可以墙皮作为量取计算的基准；设备、用电器具作为管路的连接终端时，可以其中心作为量取计算的基准。

c. 暗配管工程量计算时，可以墙体轴线作为量取计算的基准。如设备和用电器具作为管路的连接终端时，可以其中心线与墙体轴线的垂直交点作为量取计算的基准。

d. 在钢索上配管时，另外计算钢索架设和钢索拉紧装置制作与安装两项。

上述基准点的问题，在实际工作中形式较多，但要掌握一条原则，就是尽可能符合实际。基准点一旦确定后，对于一项工程要严格遵守，不得随意改动，这样才能达到整体平衡，使整个电气工程配管工程量计算的误差降到最低。

（2）配线

计算配线的工程量，应该以配管工程量为基础，结合配管中的导线根数，以单线“延长米”计算。

建筑照明进户线的工程量，原则上是从进户横担到配电箱的长度。对进户横担以外的线段不计入照明工程量中。除了施工图上所表示的分项工程外，还应计算施工图样中没有表示出来，但施工中又必须进行的工程项目，以免漏项。如在遇到建筑物沉降缝时，暗配管工程应做接线箱过渡等。

8.2.11.3 配管、配线工程量计算规则

① 配管、线槽、桥架区分名称、材质、规格、配置形式、接地要求及钢索材质、规格，按设计图示尺寸长度以“m”计算。

② 配线区分名称、配线形式、型号、规格、材质、配线部位、配线线制及钢索材质和规格，按设计图示尺寸单线长度以“m”计算（含预留长度）。

③ 接线箱、接线盒区分名称、材质、规格、安装形式，按设计图示数量以“个”计算。几点说明如下：

a. 配管、线槽安装不扣除管路中间的接线箱（盒）、灯头盒、开关盒所占长度。

b. 配管名称指电线管、钢管、防爆管、塑料管、纹管、波纹管等。

c. 配管配置形式指明配、暗配、顶棚内、钢结构支架、钢索配管、埋地敷设、水下敷设、砌筑沟内敷设等。

d. 配线名称指管内穿线、瓷夹板配线、绝缘子配线、槽板配线、塑料护套配线、线槽配线、车间带形母线等。

e. 配线形式指照明线路，动力线路，木结构，顶棚内，砖、混凝土结构，沿支架、钢索、屋架、梁、柱、墙及跨屋架、梁、柱。

f. 配线保护管遇到下列情况之一时，应增设管路接线盒和拉线盒：管长度每超过30 m，无弯曲；管长度每超过 20 m，有 1 个弯曲；管长度每超过 15 m，有 2 个弯曲；管长度每超过 8 m，有 3 个弯曲。垂直敷设的电线保护管遇到下列情况之一时，应增设固定导线用的拉线盒：管内导线截面为 50 mm^2 及以下，长度每超过 30 m；管内导线截面为 70～95 mm²，长度每超过 20 m；管内导线截面为 120～240 mm²，长度每超 18 m。

g. 配管安装中不包括凿槽、刨沟，应按相关项目编码列项。

h. 配线进入箱、柜、板的预留长度见表 8-10。

表 8-10 配线进入箱、柜、板的预留长度 m/根

序号	项目	预留长度	说明
1	各种开关箱、柜、板	高＋宽	盘面尺寸
2	单独安装（无箱、盘）的铁壳开关、闸刀开关、启动器、线槽进出线盒等	0.3	从安装对象中心算起
3	由地面管子出口引至动力接线箱	1.0	从管口计算
4	电源与管内导线连接（管内穿线与软、硬母线接点）	1.5	从管口计算
5	出户线	1.5	从管口计算

8.2.12 照明器具安装工程量计算

① 普通灯具安装的工程量应区别灯具的种类、型号、规格，以“套”为计量单位计算。

② 吊式艺术装饰灯具的工程量，应根据装饰灯具示意图集所示，区别不同装饰物及灯体直径和灯体垂吊长度，以“套”为计量单位计算。灯体直径为装饰物的最大外缘直径，灯体垂吊长度为灯座底部到灯梢之间的总长度。

③ 吸顶式艺术装饰灯具安装的工程量，应根据装饰灯具示意图集所示，区别不同装饰物、吸盘的几何形状、灯体直径、灯体周围长度和灯体垂吊长度，以“套”为计量单位计算。灯体直径为吸盘最大外直径；灯体半周长为矩形吸盘的半周长。吸顶艺术装饰灯具的灯体垂吊长度为吸盘到灯梢之间的总长度。

④ 荧光艺术装饰灯具安装的工程量，应根据装饰灯具示意图集所示，区别不同安装形式和计量单位计算。

a. 组合荧光灯光带的工程量，应根据装饰灯具示意图集所示，区别安装形式、灯管数量，以“延长米”为计量单位计算。灯具的设计数量与定额不符时，可以按设计量加损耗量调整主材计算。

b. 内藏组合式灯安装的工程量，应根据装饰灯具示意图集所示，区别灯具组合形式，以“延长米”为计量单位计算。灯具的设计数量与定额不符时，可根据设计数量加损耗量调整主材计算。

c. 发光棚安装的工程量，应根据装饰灯具示意图集所示，以“m²”为计量单位计算。发光棚灯具按设计用量加损耗量计算。

d. 立体广告灯箱荧光灯管的工程量，应根据装饰灯具示意图集所示，以“延长米”为计量单位计算。灯具设计用量与定额不符时，可根据设计数量加损耗量调整主材计算。

⑤ 几何形状组合艺术灯具安装的工程量，应根据装饰灯具示意图集所示，区别不

同安装形式及灯具的不同形式，以“套”为计量单位计算。

⑥ 标志、诱导装饰灯具安装的工程量，应根据装饰灯具示意图集所示，区别不同安装形式，以“套”为计量单位计算。

⑦ 水下艺术装饰灯具安装的工程量，应根据装饰灯具示意图集所示，区别不同安装形式，以“套”为计量单位计算。

⑧ 点光源艺术装饰灯具安装的工程量，应根据装饰灯具示意图集所示，区别不同安装形式、不同灯具直径，以“套”为计量单位计算。

⑨ 草坪灯具安装的工程量，应根据装饰灯具示意图集所示，区别不同安装形式，以“套”为计量单位计算。

⑩ 歌舞厅灯具安装的工程量，应根据装饰灯具示意图集所示，区别不同灯具形式，分别以“套”“延长米”“台”为计量单位计算。

⑪ 荧光灯具安装的工程量，应区别灯具的安装形式、灯具种类、灯管数量，以“套”为计量单位计算。

⑫ 工厂灯及防水防尘灯安装的工程量，应区别不同安装形式，以“套”为计量单位计算。

⑬ 工厂其他灯具安装的工程量，应区别不同灯具类型、安装形式、安装高度，以“套”“个”“延长米”为计量单位计算。

⑭ 医院灯具安装的工程量，应区别灯具种类，以“套”为计量单位计算。

⑮ 路灯安装的工程量，应区别不同臂长、不同灯数，以‘套”为计量单位计算。工厂厂区内、住宅小区内路灯安装执行“第四册　电气设备安装”定额，城市道路的路灯安装执行市政路灯安装定额。

8.2.13 附属工程工程量计算

铁构件区分名称、材质、规格，按设计图示尺寸以质量“kg”计算；凿（压）槽区分名称、类型、填充（恢复）方式、混凝土强度等级，按设计图示尺寸以长度“m”计算；打洞（孔）、人（手）孔防水按名称、规格、类型、防水材质及做法等，按设计图示尺寸以长度“m”计算；管道包封、人（手）孔浇筑按名称、规格、类型、混凝土强度等级，按设计图示数量“个”计算。

8.2.14 电气调整试验工程量计算

电力变压器系统、送配电装置系统、特殊保护装置、自动投入装置、中央信号装置、事故照明切换装置、不间断电源、母线、避雷器、电容器、接地装置、电抗器、消弧线圈、电除尘器、硅整流设备、可控硅整流装置、电缆试验，区分名称、材质、规格等，按设计图示数量以“系统（台、套、组次）”计算。几点说明如下：

① 功率大于 10 kW 的电动机及发电机的启动调试用的蒸汽、电力和其他动力能源消耗，变压器空载试运转的电力消耗及设备需烘干处理应说明。

② 配合机械设备及其他工艺的单体试车，应按措施项目相关项目编码列项。

③ 计算机系统调试按自动化控制仪表安装工程相关项目编码列项。

8.3 建筑电气工程量清单

8.3.1 建筑电气工程量清单编制依据

建筑电气工程量清单

建筑电气工程的工程量清单编制，应按照《通用安装工程工程量清单计算规范》（GB 50856—2013）中“附录D　电气设备安装工程”的相关规定执行。附录D适用于工业与民用建设工程中10 kV以下变配电设备及线路安装工程工程量清单编制与计量。主要内容包括变压器安装、配电装置安装、母线安装、控制设备及低压电器安装、蓄电池安装、电机检查接线与调试、滑触线装置安装、电缆安装、防雷及接地装置、10 kV以下架空配电线路、电气调整试验、配管及配线、照明器具（包括路灯）安装等工程，主要分部分项工程内容如表8-11所示。

表8-11　“电气设备安装工程”分部分项工程划分

序号	分部工程名称	分项工程名称
1	变压器安装	油浸电力变压器、干式变压器安装；消弧线圈安装；电力变压器干燥；变压器油过滤
2	配电装置安装	油断路器安装；真空断路器、SF_6断路器安装；大型空气断路器、真空接触器安装；隔离开关、负荷开关安装；互感器安装；熔断器、避雷器安装；电抗器安装、干燥；电力电容器安装；并联补偿电容器组架及交流滤波装置安装；高压成套配电柜安装；组合型成套箱式变电站安装
3	母线安装	绝缘子安装；穿墙套管安装；软母线、组合软母线、带形母线、槽形母线、共箱母线、重型母线安装；软母线引下线、跳线及设备连线、带形母线引下线安装；带形母线用伸缩接头及铜过渡板安装；槽形母线与设备连接；低压封闭式插接母线槽安装；重型母线伸缩器及导板制作、安装；重型铝母线接触面加工
4	控制设备及低压电器	控制、继电、模拟及配电屏安装；硅整流柜、可控硅柜安装；直流屏及其他电气屏（柜）安装；控制台、控制箱安装；成套配电箱安装；控制开关、熔断器、限位开关安装；控制器、接触器、启动器、电磁铁、快速自动开关安装；电阻器、变阻器安装；按钮、电笛、电铃安装；水位电气信号装置；仪表、电器、小母线安装；分流器安装；盘柜配线；端子箱、端子板安装及端子板外部接线；焊（压）铜接线端子；压铝接线端子；穿通板制作、安装；基础槽钢、角钢安装；铁构件制作、安装及箱、盒制作；木配电箱制作；配电板制作、安装
5	蓄电池安装	蓄电池防震支架安装；碱性蓄电池、固定密闭式铅酸蓄电池、免维护铅酸蓄电池安装；蓄电池充放电

续表

序号	分部工程名称	分项工程名称
6	电机检查接线及调试	发电机及调相机检查接线；小型直流、交流异步、交流同步、防爆式、立式电机检查接线；大中型电机检查接线；微型电机、变频机组、电磁调速电动机检查接线；小型、大中型电机干燥
7	滑触线装置安装	轻型滑触线、安全节能型滑触线安装；角钢、扁钢、圆钢、工字钢滑触线安装；滑触线支架安装；滑触线拉紧装置及挂式支持器制作、安装；移动软电缆安装
8	电缆安装	电缆沟挖填、人工开挖路面；电缆沟铺砂、盖砖及移动盖板；电缆保护管敷设及顶管；桥架安装；塑料电缆槽、混凝土电缆槽安装；电缆防火涂料、堵洞、隔板及阻燃槽盒安装；电缆防腐、缠石棉绳、刷漆、剥皮；铜（铝）芯电力电缆敷设；电缆头制作、安装；控制电缆敷设；控制电缆头制作、安装
9	防雷及接地装置安装	接地极（板）制作、安装；接地母线敷设；接地跨接线安装；避雷针制作、安装；半导体少长针消雷装置安装；避雷引下线敷设；避雷网安装
10	10 kV 以下架空配电线路	工地运输；土石方工程；底盘、拉盘、卡盘安装及电杆防腐；电杆组立；横担安装；拉线制作、安装；导线架设；导线跨越及进户线架设；杆上变配电设备安装
11	配管、配线	电线管、钢管、防爆钢管敷设；可挠金属软管敷设；塑料管敷设；金属软管敷设；管内穿线；瓷夹板、塑料夹板配线；鼓形绝缘子、针式绝缘子、蝶式绝缘子配线；木槽板、塑料槽板配线；塑料护套线明敷设；线槽配线；钢索架设；母线拉紧装置及钢索拉紧装置制作、安装；车间带形母线安装；动力配管混凝土地面刨沟；接线箱、接线盒安装
12	照明器具安装	普通灯具、装饰灯具、荧光灯具安装；工厂灯、防水防尘灯、工厂其他灯具安装；医院灯具安装；路灯安装；开关、按钮、插座安装；安全变压器、电铃、风扇安装；盘管风机开关、请勿打扰灯、须刨插座、钥匙取电器安装
13	附属工程	铁构件、凿（压）槽、打洞（孔）、管道包封、人（手）孔砌筑、人（手）孔防水
14	电气调整试验	发电机、调相机系统调试；电力变压器系统调试；送配电装置系统调试；特殊保护装置调试；自动投入装置调试；中央信号装置、事故照明切换装置、不间断电源调试；母线、避雷器、电容器、接地装置调试；电抗器、消弧线圈、电除尘器调试；硅整流设备、可控硅整流装置调试；普通小型直流电动机调试；可控硅调速直流电动机系统调试；普通交流同步、低压交流异步、高压交流异步电动机调试；交流变频调速电动机（AC—AC、AC—DC—AC）系统调试；微型电机、电加热器调试；电动机组及联锁装置调试；绝缘子、套管、绝缘油、电缆试验

8.3.2 变压器安装工程量清单

变压器安装工程量清单项目设置、项目特征描述的内容、计量单位及工程量计算规则，应按表 8-12 的规定执行。

表 8-12　附录 D.1 变压器安装（编码：030401）

项目编码	项目名称	项目特征	计量单位	工程量计算规则	工作内容
030401001	油浸电力变压器	1. 名称 2. 型号 3. 容量(kV·A) 4. 电压(kV) 5. 油过滤要求 6. 干燥要求 7. 基础型钢形式、规格 8. 网门、保护门材质、规格 9. 温控箱型号、规格	台	按设计图示数量计算	1. 本体安装 2. 基础型钢制作、安装 3. 油过滤 4. 干燥 5. 接地 6. 网门、保护门制作、安装 7. 补刷(喷)油漆
030401002	干式变压器				1. 本体安装 2. 基础型钢制作、安装 3. 温控箱安装 4. 接地 5. 网门、保护门制作、安装 6. 补刷(喷)油漆
030401003	整流变压器	1. 名称 2. 型号 3. 容量(kV·A) 4. 电压(kV) 5. 油过滤要求 6. 干燥要求 7. 基础型钢形式、规格 8. 网门、保护门材质、规格			1. 本体安装 2. 基础型钢制作、安装 3. 油过滤 4. 干燥 5. 网门、保护门制作、安装 6. 补刷(喷)油漆
030401004	自耦变压器				
030401005	有载调压变压器				
030401006	电炉变压器	1. 名称 2. 型号 3. 容量(kV·A) 4. 电压(kV) 5. 基础型钢形式、规格 6. 网门、保护门材质、规格			1. 本体安装 2. 基础型钢制作、安装 3. 网门、保护门制作、安装 4. 补刷(喷)油漆
030401007	消弧线圈	1. 名称 2. 型号 3. 容量(kV·A) 4. 电压(kV) 5. 油过滤要求 6. 干燥要求 7. 基础型钢形式、规格			1. 本体安装 2. 基础型钢制作、安装 3. 油过滤 4. 干燥 5. 补刷(喷)油漆

注：变压器油如需试验、化验、色谱分析，应按本规范附录 N 措施项目相关项目编码列项。

8.3.3 配电装置安装工程量清单

配电装置安装工程量清单项目设置、项目特征描述的内容、计量单位及工程量计算规则，应按照表 8-13 的规定执行。

表 8-13 附录 D. 2 配电装置安装（编码：030402）

<table>
<tr><th>项目编码</th><th>项目名称</th><th>项目特征</th><th>计量单位</th><th>工程量计算规则</th><th>工作内容</th></tr>
<tr><td>030402001</td><td>油断路器</td><td rowspan="3">1. 名称
2. 型号
3. 容量(A)
4. 电压等级(kV)
5. 安装条件
6. 操作机构名称及型号
7. 基础型钢规格
8. 接线材质、规格
9. 安装部位
10. 油过滤要求</td><td rowspan="5">台</td><td rowspan="10">按设计图示数量计算</td><td>1. 本体安装、调试
2. 基础型钢制作、安装
3. 油过滤
4. 补刷(喷)油漆
5. 接地</td></tr>
<tr><td>030402002</td><td>真空断路器</td><td rowspan="3">1. 本体安装、调试
2. 基础型钢制作、安装
3. 补刷(喷)油漆
4. 接地</td></tr>
<tr><td>030402003</td><td>SF_6 断路器</td></tr>
<tr><td>030402004</td><td>空气断路器</td><td rowspan="4">1. 名称
2. 型号
3. 容量(A)
4. 电压等级(kV)
5. 安装条件
6. 操作机构名称及型号
7. 接线材质、规格
8. 安装部位</td></tr>
<tr><td>030402005</td><td>真空接触器</td><td rowspan="3">1. 本体安装、调试
2. 补刷(喷)油漆接地
3. 接地</td></tr>
<tr><td>030402006</td><td>隔离开关</td><td rowspan="2">组</td></tr>
<tr><td>030402007</td><td>负荷开关</td></tr>
<tr><td>030402008</td><td>互感器</td><td>1. 名称
2. 型号
3. 规格
4. 类型
5. 油过滤要求</td><td>台</td><td>1. 本体安装、调试
2. 干燥
3. 油过滤
4. 接地</td></tr>
<tr><td>030402009</td><td>高压熔断器</td><td>1. 名称
2. 型号
3. 规格
4. 安装部位</td><td rowspan="2">组</td><td>1. 本体安装、调试
2. 接地</td></tr>
<tr><td>030402010</td><td>避雷器</td><td>1. 名称
2. 型号
3. 规格
4. 电压等级
5. 安装部位</td><td>1. 本体安装
2. 接地</td></tr>
</table>

续表

<table>
<tr><th>项目编码</th><th>项目名称</th><th>项目特征</th><th>计量单位</th><th>工程量计算规则</th><th>工作内容</th></tr>
<tr><td>030402011</td><td>干式电抗器</td><td>1. 名称
2. 型号
3. 规格
4. 质量
5. 安装部位
6. 干燥要求</td><td>组</td><td rowspan="8">按设计图示数量计算</td><td>1. 本体安装
2. 干燥</td></tr>
<tr><td>030402012</td><td>油浸电抗器</td><td>1. 名称
2. 型号
3. 规格
4. 容量(kV·A)
5. 油过滤要求
6. 干燥要求</td><td>台</td><td>1. 本体安装
2. 油过滤
3. 干燥</td></tr>
<tr><td>030402013</td><td>移相及串联电容器</td><td rowspan="2">1. 名称
2. 型号
3. 规格
4. 质量
5. 安装部位</td><td rowspan="2">个</td><td rowspan="4">1. 本体安装
2. 接地</td></tr>
<tr><td>030402014</td><td>集合式并联电容器</td></tr>
<tr><td>030402015</td><td>并联补偿电容器组架</td><td>1. 名称
2. 型号
3. 规格
4. 结构形式</td><td rowspan="4">台</td></tr>
<tr><td>030402016</td><td>交流滤波装置组架</td><td>1. 名称
2. 型号
3. 规格</td></tr>
<tr><td>030402017</td><td>高压成套配电柜</td><td>1. 名称
2. 型号
3. 规格
4. 母线配置方式
5. 种类
6. 基础型钢形式、规格</td><td>1. 本体安装
2. 基础型钢制作、安装
3. 补刷(喷)油漆
4. 接地</td></tr>
<tr><td>030402018</td><td>组合型成套箱式变电站</td><td>1. 名称
2. 型号
3. 容量(kV·A)
4. 电压(kV)
5. 组合形式
6. 基础规格、浇筑材质</td><td>1. 本体安装
2. 基础浇筑
3. 进箱母线安装
4. 补刷(喷)油漆
5. 接地</td></tr>
</table>

注：1. 空气断路器的储气罐及储气罐至断路器的管路应按本规范附录 H 工业管道工程相关项目编码列项。

2. 干式电抗器项目适用于混凝土电抗器、铁芯干式电抗器、空心干式电抗器等。

3. 设备安装未包括地脚螺栓、浇注（二次灌浆、抹面），如需安装应按现行国家标准《房屋建筑与装饰工程工程量计算规范》(GB 50854) 相关项目编码列项。

8.3.4 母线安装工程量清单

母线安装工程量清单项目设置、项目特征描述的内容、计量单位及工程量计算规则，应按表 8-14 的规定执行。

表 8-14　附录 D.3 母线安装（编码：030403）

<table>
<tr><th>项目编码</th><th>项目名称</th><th>项目特征</th><th>计量单位</th><th>工程量计算规则</th><th>工作内容</th></tr>
<tr><td>030403001</td><td>软母线</td><td rowspan="2">1. 名称
2. 材质
3. 型号
4. 规格
5. 绝缘子类型、规格</td><td rowspan="4">m</td><td rowspan="4">按设计图示尺寸以单相长度计算（含预留长度）</td><td rowspan="2">1. 母线安装
2. 绝缘子耐压试验
3. 跳线安装
4. 绝缘子安装</td></tr>
<tr><td>030403002</td><td>组合软母线</td></tr>
<tr><td>030403003</td><td>带形母线</td><td>1. 名称
2. 型号
3. 规格
4. 材质
5. 绝缘子类型、规格
6. 穿墙套管材质、规格
7. 穿通板材质、规格
8. 母线桥材质、规格
9. 引下线材质、规格
10. 伸缩节、过渡板材质、规格
11. 分相漆品种</td><td>1. 母线安装
2. 穿通板制作、安装
3. 支持绝缘子、穿墙套管的耐压试验、安装
4. 引下线安装
5. 伸缩节安装
6. 过渡板安装
7. 刷分相漆</td></tr>
<tr><td>030403004</td><td>槽形母线</td><td>1. 名称
2. 型号
3. 规格
4. 材质
5. 连接设备名称、规格
6. 分相漆品种</td><td>1. 母线制作、安装
2. 与发电机、变压器连接
3. 与断路器、隔离开关连接
4. 刷分相漆</td></tr>
<tr><td>030403005</td><td>共箱母线</td><td>1. 名称
2. 型号
3. 规格
4. 材质</td><td rowspan="2">m</td><td rowspan="2">按设计图示尺寸以中心线长度计算</td><td rowspan="2">1. 母线安装
2. 补刷（喷）油漆</td></tr>
<tr><td>030403006</td><td>低压封闭式插接母线槽</td><td>1. 名称
2. 型号
3. 规格
4. 容量(A)
5. 线制
6. 安装部位</td></tr>
</table>

续表

项目编码	项目名称	项目特征	计量单位	工程量计算规则	工作内容
030403007	始端箱、分线箱	1. 名称 2. 型号 3. 规格 4. 容量(A)	台	按设计图示数量计算	1. 本体安装 2. 补刷(喷)油漆
030403008	重型母线	1. 名称 2. 型号 3. 规格 4. 容量(A) 5. 材质 6. 绝缘子类型、规格 7. 伸缩器及导板规格	t	按设计图示尺寸以质量计算	1. 母线制作、安装 2. 伸缩器及导板制作、安装 3. 支持绝缘子安装 4. 补刷(喷)油漆

注：1. 软母线安装预留长度见表8-3。
2. 硬母线配置安装预留长度见表8-4。

8.3.5 控制设备及低压电器安装工程量清单

控制设备及低压电器安装工程量清单项目设置、项目特征描述的内容、计量单位及工程量计算规则，应按表8-15的规定执行。

表8-15 附录D.4控制设备及低压电器安装（编码：030404）

项目编码	项目名称	项目特征	计量单位	工程量计算规则	工作内容
030404001	控制屏	1. 名称 2. 型号 3. 规格 4. 种类 5. 基础型钢形式、规格 6. 接线端子材质、规格 7. 端子板外部接线材质、规格 8. 小母线材质、规格 9. 屏边规格	台	按设计图示数量计算	1. 本体安装 2. 基础型钢制作、安装 3. 端子板安装 4. 焊、压接线端子 5. 盘柜配线、端子接线 6. 小母线安装 7. 屏边安装 8. 补刷(喷)油漆 9. 接地
030404002	继电、信号屏				
030404003	模拟屏				
030404004	低压开关柜(屏)				1. 本体安装 2. 基础型钢制作、安装 3. 端子板安装 4. 焊、压接线端子 5. 盘柜配线、端子接线 6. 屏边安装 7. 补刷(喷)油漆 8. 接地

续表

项目编码	项目名称	项目特征	计量单位	工程量计算规则	工作内容
030404005	弱电控制返回屏	1. 名称 2. 型号 3. 规格 4. 种类 5. 基础型钢形式、规格 6. 接线端子材质、规格 7. 端子板外部接线材质、规格 8. 小母线材质、规格 9. 屏边规格	台	按设计图示数量计算	1. 本体安装 2. 基础型钢制作、安装 3. 端子板安装 4. 焊、压接线端子 5. 盘柜配线、端子接线 6. 小母线安装 7. 屏边安装 8. 补刷(喷)油漆 9. 接地
030404006	箱式配电室	1. 名称 2. 型号 3. 规格 4. 质量 5. 基础规格、浇筑材质 6. 基础型钢形式、规格	套		1. 本体安装 2. 基础型钢制作、安装 3. 基础浇筑 4. 补刷(喷)油漆 5. 接地
030404007	硅整流柜	1. 名称 2. 型号 3. 规格 4. 容量(A) 5. 基础型钢形式、规格	台		1. 本体安装 2. 基础型钢制作、安装 3. 补刷(喷)油漆 4. 接地
030404008	可控硅柜	1. 名称 2. 型号 3. 规格 4. 容量(kW) 5. 基础型钢形式、规格			
030404009	低压电容器柜	1. 名称 2. 型号 3. 规格 4. 基础型钢形式、规格 5. 接线端子材质、规格 6. 端子板外部接线材质、规格 7. 小母线材质、规格 8. 屏边规格			1. 本体安装 2. 基础型钢制作、安装 3. 端子板安装 4. 焊、压接线端子 5. 盘柜配线、端子线 6. 小母线安装 7. 屏边安装 8. 补刷(喷)油漆 9. 接地
030404010	自动调节励磁屏				
030404011	励磁灭磁屏				
030404012	蓄电池屏(柜)				
030404013	直流馈电屏				
030404014	事故照明切换屏				

续表

项目编码	项目名称	项目特征	计量单位	工程量计算规则	工作内容
030404015	控制台	1. 名称 2. 型号 3. 规格 4. 基础型钢形式、规格 5. 接线端子材质、规格 6. 端子板外部接线材质、规格 7. 小母线材质、规格	台	按设计图示数量计算	1. 本体安装 2. 基础型钢制作、安装 3. 端子板安装 4. 焊、压接线端子 5. 盘柜配线、端子接线 6. 小母线安装 7. 补刷(喷)油漆 8. 接地
030404016	控制箱	1. 名称 2. 型号 3. 规格 4. 基础形式、材质、规格 5. 接线端子材质、规格 6. 端子板外部接线材质、规格 7. 安装方式			1. 本体安装 2. 基础型钢制作、安装 3. 焊、压接线端子 4. 补刷(喷)油漆 5. 接地
030404017	配电箱				
030404018	插座箱	1. 名称 2. 型号 3. 规格 4. 安装方式			1. 本体安装 2. 接地
030404019	控制开关	1. 名称 2. 型号 3. 规格 4. 接线端子材质、规格 5. 额定电流(A)	个		1. 本体安装 2. 焊、压接线端子接线
030404020	低压熔断器	1. 名称 2. 型号 3. 规格 4. 接线端子材质、规格			
030404021	限位开关				
030404022	控制器		台		
030404023	接触器				
030404024	磁力启动器				
030404025	Y-△自耦减压启动器				

续表

项目编码	项目名称	项目特征	计量单位	工程量计算规则	工作内容
030404026	电磁铁（电磁制动器）	1. 名称 2. 型号 3. 规格 4. 接线端子材质、规格	台	按设计图示数量计算	1. 本体安装 2. 焊、压接线端子接线
030404027	快速自动开关				
030404028	电阻器		箱		
030404029	油浸频敏变阻器		台		
030404030	分流器	1. 名称 2. 型号 3. 规格 4. 容量(A) 5. 接线端子材质、规格	个		
030404031	小电器	1. 名称 2. 型号 3. 规格 4. 接线端子材质、规格	个 （套/台）		1. 本体安装 2. 焊、压接线端子 3. 接线
030404032	端子箱	1. 名称 2. 型号 3. 规格 4. 安装部位	台		1. 本体安装 2. 接线
030404033	风扇	1. 名称 2. 型号 3. 规格 4. 安装方式			1. 本体安装 2. 调速开关安装
030404034	照明开关	1. 名称 2. 材质 3. 规格 4. 安装方式	个		1. 本体安装 2. 接线
030404035	插座				
030404036	其他电器	1. 名称 2. 规格 3. 安装方式	个 （套/台）		1. 安装 2. 接线

注：1. 控制开关包括：自动空气开关、刀型开关、铁壳开关、胶盖刀闸开关、组合控制开关、万能转换开关、风机盘管三速开关、漏电保护开关等。

2. 小电器包括：按钮、电笛、电铃、水位电气信号装置、测量表计、继电器、电磁锁、屏上辅助设备、辅助电压互感器、小型安全变压器等。

3. 其他电器安装指：本节未列的电器项目。

4. 其他电器必须根据电器实际名称确定项目名称，明确描述工作内容、项目特征、计量单位、计算规则。

5. 盘、箱、柜的外部进出线预留长度见表 8-5。

8.3.6 蓄电池安装工程量清单

蓄电池安装工程量清单项目设置、项目特征描述的内容、计量单位及工程量计算规则，应按表 8-16 的规定执行。

表 8-16 附录 D.5 蓄电池安装（编码：030405）

项目编码	项目名称	项目特征	计量单位	工程量计算规则	工作内容
030405001	蓄电池	1. 名称 2. 型号 3. 容量（A·h） 4. 防震支架形式、材质 5. 充放电要求	个 （组件）	按设计图示数量计算	1. 本体安装 2. 防震支架安装 3. 充放电
030405002	太阳能电池	1. 名称 2. 型号 3. 规格 4. 容量 5. 安装方式	组		1. 安装 2. 电池方阵铁架安装 3. 联调

8.3.7 电机检查接线及调试工程量清单

电机检查接线及调试工程量清单项目设置、项目特征描述的内容、计量单位及工程量计算规则，应按表 8-17 的规定执行。

表 8-17 附录 D.6 电机检查接线及调试（编码：030406）

项目编码	项目名称	项目特征	计量单位	工程量计算规则	工作内容
030406001	发电机	1. 名称 2. 型号 3. 容量（kW） 4. 接线端子材质、规格 5. 干燥要求	台	按设计图示数量计算	1. 检查接线 2. 接地 3. 干燥 4. 调试
030406002	调相机				
030406003	普通小型直流电动机				
030406004	可控硅调速直流电动机	1. 名称 2. 型号 3. 容量（kW） 4. 类型 5. 接线端子材质、规格 6. 干燥要求			
030406005	普通交流同步电动机	1. 名称 2. 型号 3. 容量（kW） 4. 启动方式 5. 电压等级（kV） 6. 接线端子材质、规格 7. 干燥要求			

续表

项目编码	项目名称	项目特征	计量单位	工程量计算规则	工作内容
030406006	低压交流异步电动机	1. 名称 2. 型号 3. 容量（kW） 4. 控制保护方式 5. 接线端子材质、规格 6. 干燥要求	台	按设计图示数量计算	1. 检查接线 2. 接地 3. 干燥 4. 调试
030406007	高压交流异步电动机	1. 名称 2. 型号 3. 容量（kW） 4. 保护类别 5. 接线端子材质、规格 6. 干燥要求			
030406008	交流变频调速电动机	1. 名称 2. 型号 3. 容量（kW） 4. 类别 5. 接线端子材质、规格 6. 干燥要求			
030406009	微型电机、电加热器	1. 名称 2. 型号 3. 规格 4. 接线端子材质、规格 5. 干燥要求			
030406010	电动机组	1. 名称 2. 型号 3. 电动机台数 4. 联锁台数 5. 接线端子材质、规格 6. 干燥要求	组		
030406011	备用励磁机组	1. 名称 2. 型号 3. 接线端子材质、规格 4. 干燥要求			
030406012	励磁电阻器	1. 名称 2. 型号 3. 规格 4. 接线端子材质、规格 5. 干燥要求	台		1. 本体安装 2. 检查接线 3. 干燥

注：1. 可控硅调速直流电动机类型指一般可控硅调速直流电动机、全数字式控制可控硅调速直流电动机。

2. 交流变频调速电动机类型指交流同步变频电动机、交流异步变频电动机。

3. 电动机按其质量划分为大、中、小型：3 t 以下为小型，3～30 t 为中型，30 t 以上为大型。

8.3.8 滑触线装置安装工程量清单

滑触线装置安装工程量清单项目设置、项目特征描述的内容、计量单位及工程量计算规则，应按表 8-18 的规定执行。

表 8-18 附录 D.7 滑触线装置安装（编码：030407）

项目编码	项目名称	项目特征	计量单位	工程量计算规则	工作内容
030407001	滑触线	1. 名称 2. 型号 3. 规格 4. 材质 5. 支架形式、材质 6. 移动软电缆材质、规格、安装部位 7. 拉紧装置类型 8. 伸缩接头材质、规格	m	按设计图示尺寸以单相长度计算（含预留长度）	1. 滑触线安装 2. 滑触线支架制作、安装 3. 拉紧装置及挂式支持器制作、安装 4. 移动软电缆安装 5. 伸缩接头制作、安装

注：1. 支架基础铁件及螺栓是否浇注需说明。
2. 滑触线安装预留长度见表 8-6。

8.3.9 电缆安装工程量清单

电缆安装工程量清单项目设置、项目特征描述的内容、计量单位及工程量计算规则，应按表 8-19 的规定执行。

表 8-19 附录 D.8 电缆安装(编码:030408)

项目编码	项目名称	项目特征	计量单位	工程量计算规则	工作内容
030408001	电力电缆	1. 名称 2. 型号 3. 规格 4. 材质 5. 敷设方式、部位 6. 电压等级(kV) 7. 地形	m	按设计图示尺寸以长度计算（含预留长度及附加长度）	1. 电缆敷设 2. 揭(盖)盖板
030408002	控制电缆				
030408003	电缆保护管	1. 名称 2. 材质 3. 规格 4. 敷设方式		按设计图示尺寸以长度计算	保护管敷设
030408004	电缆槽盒	1. 名称 2. 材质 3. 规格 4. 型号			槽盒安装
030408005	铺砂、盖保护板(砖)	1. 种类 2. 规格			1. 铺砂 2. 盖板(砖)

续表

项目编码	项目名称	项目特征	计量单位	工程量计算规则	工作内容
030408006	电力电缆头	1. 名称 2. 型号 3. 规格 4. 材质、类型 5. 安装部位 6. 电压等级(kV)	个	按设计图示数量计算	1. 电力电缆头制作 2. 电力电缆头安装 3. 接地
030408007	控制电缆头	1. 名称 2. 型号 3. 规格 4. 材质、类型 5. 安装方式			
030408008	防火堵洞	1. 名称 2. 材质 3. 方式 4. 部位	处	按设计图示数量计算	安装
030408009	防火隔板		m^2	按设计图示尺寸以面积计算	
030408010	防火涂料		kg	按设计图示尺寸以质量计算	
030408011	电缆分支箱	1. 名称 2. 型号 3. 规格 4. 基础形式、材质、规格	台	按设计图示数量计算	1. 本体安装 2. 基础制作、安装

注：1. 电缆穿刺线夹按电缆头编码列项。
2. 电缆井、电缆排管、顶管，应按现行国家标准《市政工程工程量计算规范》(GB 50857—2013) 相关项目编码列项。
3. 电缆敷设预留长度及附加长度见表 8-7。

8.3.10 防雷及接地装置工程量清单

防雷及接地装置工程量清单项目设置、项目特征描述的内容、计量单位及工程量计算规则，应按表 8-20 的规定执行。

表 8-20 附录 D.9 防雷及接地装置（编码：030409）

项目编码	项目名称	项目特征	计量单位	工程量计算规则	工作内容
030409001	接地极	1. 名称 2. 材质 3. 规格 4. 土质 5. 基础接地形式	根（块）	按设计图示数量计算	1. 接地极(板、桩)制作、安装 2. 基础接地网安装 3. 补刷(喷)油漆

续表

项目编码	项目名称	项目特征	计量单位	工程量计算规则	工作内容
030409002	接地母线	1. 名称 2. 材质 3. 规格 4. 安装部位 5. 安装形式	m	按设计图示尺寸以长度计算（含附加长度）	1. 接地母线制作、安装 2. 补刷(喷)油漆
030409003	避雷引下线	1. 名称 2. 材质 3. 规格 4. 安装部位 5. 安装形式 6. 断接卡子、箱材质、规格			1. 避雷引下线制作、安装 2. 断接卡子、箱制作、安装 3. 利用主钢筋焊接 4. 补刷(喷)油漆
030409004	均压环	1. 名称 2. 材质 3. 规格 4. 安装形式			1. 均压环敷设 2. 钢铝窗接地 3. 柱主筋与圈梁焊接 4. 利用圈梁钢筋焊接 5. 补刷(喷)油漆
030409005	避雷网	1. 名称 2. 材质 3. 规格 4. 安装形式 5. 混凝土块标号			1. 避雷网制作、安装 2. 跨接 3. 混凝土块制作 4. 补刷(喷)油漆
030409006	避雷针	1. 名称 2. 材质 3. 规格 4. 安装形式、高度	根	按设计图示数量计算	1. 避雷针制作、安装 2. 跨接 3. 补刷(喷)油漆
030409007	半导体少长针消雷装置	1. 型号 2. 高度	套		本体安装
030409008	等电位端子箱、测试板	1. 名称 2. 材质 3. 规格	台（块）		
030409009	绝缘垫		m^2	按设计图示尺寸以展开面积计算	1. 制作 2. 安装

续表

项目编码	项目名称	项目特征	计量单位	工程量计算规则	工作内容
030409010	浪涌保护器	1. 名称 2. 规格 3. 安装形式 4. 防雷等级	个	按设计图示数量计算	1. 本体安装 2. 接线 3. 接地
030409011	降阻剂	1. 名称 2. 类型	kg	按设计图示以质量计算	1. 挖土 2. 施放降阻剂 3. 回填土 4. 运输

注：1. 利用桩基础作接地极，应描述桩台下桩的根数，每桩台下需焊接柱筋根数，其工程量按柱引下线计算；利用基础钢筋作接地极按均压环项目编码列项。

2. 利用柱筋作引下线的，需描述柱筋焊接根数。

3. 利用圈梁筋作均压环的，需描述圈梁筋焊接根数。

4. 使用电缆、电线作接地线，应按本附录 D. 8、附录 D. 12 相关项目编码列项。

5. 接地母线、引下线、避雷网附加长度见表 8-8。

8.3.11 10 kV 以下架空配电线路工程量清单

10 kV 下架空配电线路工程量清单项目设置、项目特征描述的内容、计量单位及工程量计算规则，应按表 8-21 的规定执行。

表 8-21　附录 D. 10 10 kV 以下架空配电线路（编码：030410）

项目编码	项目名称	项目特征	计量单位	工程量计算规则	工作内容
030410001	电杆组立	1. 名称 2. 材质 3. 规格 4. 类型 5. 地形 6. 土质 7. 底盘、拉盘、卡盘规格 8. 拉线材质、规格、类型 9. 现浇基础类型、钢筋类型、规格，基础垫层要求 10. 电杆防腐要求	根（基）	按设计图示数量计算	1. 施工定位 2. 电杆组立 3. 土(石)方挖填 4. 底盘、拉盘、卡盘安装 5. 电杆防腐 6. 拉线制作、安装 7. 现浇基础、基础垫层 8. 工地运输
030410002	横担组装	1. 名称 2. 材质 3. 规格 4. 类型 5. 电压等级(kV) 6. 瓷瓶型号、规格 7. 金具品种规格	组		1. 横担安装 2. 瓷瓶、金具组装

续表

项目编码	项目名称	项目特征	计量单位	工程量计算规则	工作内容
030410003	导线架设	1. 名称 2. 型号 3. 规格 4. 地形 5. 跨越类型	km	按设计图示尺寸以单线长度计算（含预留长度）	1. 导线架设 2. 导线跨越及进户线架设 3. 工地运输
030410004	杆上设备	1. 名称 2. 型号 3. 规格 4. 电压等级(kV) 5. 支撑架种类、规格 6. 接线端子材质、规格 7. 接地要求	台 (组)	按设计图示数量计算	1. 支撑架安装 2. 本体安装 3. 焊压接线端子、接线 4. 补刷(喷)油漆 5. 接地

注：1. 杆上设备调试，应按本附录 D.14 相关项目编码列项。
2. 架空导线预留长度见表 8-9。

8.3.12 配管、配线工程量清单

配管、配线工程量清单项目设置、项目特征描述的内容、计量单位及工程量计算规则，应按表 8-22 的规定执行。

表 8-22 附录 D.11 配管、配线（编码：030411）

项目编码	项目名称	项目特征	计量单位	工程量计算规则	工作内容
030411001	配管	1. 名称 2. 材质 3. 规格 4. 配置形式 5. 接地要求 6. 钢索材质、规格	m	按设计图示尺寸以长度计算	1. 电线管路敷设 2. 钢索架设（拉紧装置安装） 3. 预留沟槽 4. 接地
030411002	线槽	1. 名称 2. 材质 3. 规格			1. 本体安装 2. 补刷(喷)油漆
030411003	桥架	1. 名称 2. 型号 3. 规格 4. 材质 5. 类型 6. 接地方式			1. 本体安装 2. 接地

续表

项目编码	项目名称	项目特征	计量单位	工程量计算规则	工作内容
030411004	配线	1. 名称 2. 配线形式 3. 型号 4. 规格 5. 材质 6. 配线部位 7. 配线线制 8. 钢索材质、规格	m	按设计图示尺寸以单线长度计算（含预留长度）	1. 配线 2. 钢索架设（拉紧装置安装） 3. 支持体（夹板、绝缘子、槽板等）安装
030411005	接线箱	1. 名称 2. 材质 3. 规格 4. 安装形式	个	按设计图示数量计算	本体安装
030411006	接线盒				

注：1. 配管、线槽安装不扣除管路中间的接线箱（盒）、灯头盒、开关盒所占长度。

2. 配管名称指电线管、钢管、防爆管、塑料管、软管、波纹管等。

3. 配管配置形式指明配、暗配、吊顶内、钢结构支架、钢索配管、埋地敷设、水下敷设、砌筑沟内敷设等。

4. 配线名称指管内穿线、瓷夹板配线、塑料夹板配线、绝缘子配线、槽板配线、塑料护套配线、线槽配线、车间带形母线等。

5. 配线形式指照明线路，动力线路，木结构，顶棚内，砖、混凝土结构，沿支架、钢索、屋架、梁、柱、墙，以及跨屋架、梁、柱。

6. 配线保护管遇到下列情况之一时，应增设管路接线盒和拉线盒：① 管长度每超过 30 m，无弯曲；② 管长度每超过 20 m，有 1 个弯曲；③ 管长度每超过 15 m，有 2 个弯曲；④ 管长度每超过8 m，有 3 个弯曲。垂直敷设的电线保护管遇到下列情况之一时，应增设固定导线用的拉线盒：① 管内导线截面为 50 mm^2 及以下，长度每超过 30 m；② 管内导线截面为 70～95 mm^2，长度每超过 20 m；③ 管内导线截面为 120～240 mm^2，长度每超过 18 m。在配管清单项目计量时，设计无要求时上述规定可以作为计量接线盒、拉线盒的依据。

7. 配管安装中不包括凿槽、刨沟，应按本附录 D. 13 相关项目编码列项。

8. 配线进入箱、柜、板的预留长度见表 8-10。

8.3.13 照明器具安装工程量清单

照明器具安装工程量清单项目设置、项目特征描述的内容、计量单位及工程量计算规则，应按表 8-23 的规定执行。

表 8-23　附录 D. 12 照明器具安装（编码：030412）

项目编码	项目名称	项目特征	计量单位	工程量计算规则	工作内容
030412001	普通灯具	1. 名称 2. 型号 3. 规格 4. 类型	套	按设计图示数量计算	本体安装
030412002	工厂灯	1. 名称 2. 型号 3. 规格 4. 安装形式			

续表

<table>
<tr><th>项目编码</th><th>项目名称</th><th>项目特征</th><th>计量单位</th><th>工程量计算规则</th><th>工作内容</th></tr>
<tr><td>030412003</td><td>高度标志（障碍）灯</td><td>1. 名称
2. 型号
3. 规格
4. 安装部位
5. 安装高度</td><td rowspan="6">套</td><td rowspan="6">按设计图示数量计算</td><td rowspan="4">本体安装</td></tr>
<tr><td>030412004</td><td>装饰灯</td><td rowspan="2">1. 名称
2. 型号
3. 规格
4. 安装形式</td></tr>
<tr><td>030412005</td><td>荧光灯</td></tr>
<tr><td>030412006</td><td>医疗专用灯</td><td>1. 名称
2. 型号
3. 规格</td></tr>
<tr><td>030412007</td><td>一般路灯</td><td>1. 名称
2. 型号
3. 规格
4. 灯杆材质、规格
5. 灯架形式及臂长
6. 附件配置要求
7. 灯杆形式（单、双）
8. 基础形式、砂浆配合比
9. 杆座材质、规格
10. 接线端子材质、规格
11. 编号
12. 接地要求</td><td>1. 基础制作、安装
2. 立灯杆
3. 杆座安装
4. 灯架及灯具附件安装
5. 焊、压接线端子
6. 补刷（喷）油漆
7. 灯杆编号
8. 接地</td></tr>
<tr><td>030412008</td><td>中杆灯</td><td>1. 名称
2. 灯杆的材质及高度
3. 灯架的型号、规格
4. 附件配置
5. 光源数量
6. 基础形式、浇筑材质
7. 杆座材质、规格
8. 接线端子材质、规格
9. 铁构件规格
10. 编号
11. 灌浆配合比
12. 接地要求</td><td>1. 基础浇筑
2. 立灯杆
3. 杆座安装
4. 灯架及灯具附件安装
5. 焊、压接线端子
6. 铁构件安装
7. 补刷（喷）油漆
8. 灯杆编号
9. 接地</td></tr>
</table>

续表

项目编码	项目名称	项目特征	计量单位	工程量计算规则	工作内容
030412009	高杆灯	1. 名称 2. 灯杆高度 3. 灯架形式(成套或组装、固定或升降) 4. 附件配置 5. 光源数量 6. 基础形式、浇筑材质 7. 杆座材质、规格 8. 接线端子材质、规格 9. 铁构件规格 10. 编号 11. 灌浆配合比 12. 接地要求	套	按设计图示数量计算	1. 基础浇筑 2. 立灯杆 3. 杆座安装 4. 灯架及灯具附件安装 5. 焊、压接线端子 6. 铁构件安装 7. 补刷(喷)油漆 8. 灯杆编号 9. 升降机构接线调试 10. 接地
030412010	桥栏杆灯	1. 名称 2. 型号 3. 规格 4. 安装形式			1. 灯具安装 2. 补刷(喷)油漆
030412011	地道涵洞灯				

注：1. 普通灯具包括圆球吸顶灯、半圆球吸顶灯、方形吸顶灯、软线吊灯、座灯头、吊链灯、防水吊灯、壁灯等。

2. 工厂灯包括工厂罩灯、防水灯、防尘灯、碘钨灯、投光灯、泛光灯、混光灯、密闭灯等。

3. 高度标志（障碍）灯包括烟囱标志灯、高塔标志灯、高层建筑屋顶障碍指示灯等。

4. 装饰灯包括吊式艺术装饰灯、吸顶式艺术装饰灯、荧光艺术装饰灯、几何型组合艺术装饰灯、标志灯、诱导装饰灯、水下（上）艺术装饰灯、点光源艺术灯、歌舞厅灯具、草坪灯具等。

5. 医疗专用灯包括病房指示灯、病房暗脚灯、紫外线杀菌灯、无影灯等。

6. 中杆灯是指安装在高度小于或等于 19 m 的灯杆上的照明器具。

7. 高杆灯是指安装在高度大于 19 m 的灯杆上的照明器具。

8.3.14 附属工程工程量清单

附属工程工程量清单项目设置、项目特征描述的内容、计量单位及工程量计算规则，应按表 8-24 的规定执行。

表 8-24　附录 D.13 附属工程（编码：030413）

项目编码	项目名称	项目特征	计量单位	工程量计算规则	工作内容
030413001	铁构件	1. 名称 2. 材质 3. 规格	kg	按设计图示尺寸以质量计算	1. 制作 2. 安装 3. 补刷(喷)油漆

续表

项目编码	项目名称	项目特征	计量单位	工程量计算规则	工作内容
030413002	凿(压)槽	1. 名称 2. 规格 3. 类型 4. 填充(恢复)方式 5. 混凝土标准	m	按设计图示尺寸以长度计算	1. 开槽 2. 恢复处理
030413003	打洞(孔)	1. 名称 2. 规格 3. 类型 4. 填充(恢复)方式 5. 混凝土标准	个	按设计图示数量计算	1. 开孔、洞 2. 恢复处理
030413004	管道包封	1. 名称 2. 规格 3. 混凝土强度等级	m	按设计图示长度计算	1. 灌注 2. 养护
030413005	人(手)孔砌筑	1. 名称 2. 规格 3. 类型	个	按设计图示数量计算	砌筑
030413006	人(手)孔防水	1. 名称 2. 类型 3. 规格 4. 防水材质及做法	m^2	按设计图示防水面积计算	防水

注：铁构件适用于电气工程的各种支架、铁构件的制作安装。

8.3.15 电气调整试验工程量清单

电气调整试验工程量清单项目设置、项目特征描述的内容、计量单位及工程量计算规则，应按表 8-25 的规定执行。

表 8-25 附录 D. 14 电气调整试验（编码：030414）

项目编码	项目名称	项目特征	计量单位	工程量计算规则	工作内容
030414001	电力变压器系统	1. 名称 2. 型号 3. 容量(kV·A)	系统	按设计图示系统计算	系统调试
030414002	送配电装置系统	1. 名称 2. 型号 3. 电压等级(kV) 4. 类型			

续表

项目编码	项目名称	项目特征	计量单位	工程量计算规则	工作内容
030414003	特殊保护装置	1. 名称 2. 类型	台(套)	按设计图示数量计算	调试
030414004	自动投入装置		系统 (台/套)		
030414005	中央信号装置	1. 名称 2. 类型	系统 (台)		
030414006	事故照明切换装置		系统	按设计图示系统计算	
030414007	不间断电源	1. 名称 2. 类型 3. 容量			
030414008	母线	1. 名称 2. 电压等级(kV)	段	按设计图示数量计算	
030414009	避雷器		组		
030414010	电容器				
030414011	接地装置	1. 名称 2. 类别	1. 系统 2. 组	1. 以系统计量,按设计图示系统计算 2. 以组计量,按设计图示数量计算	接地电阻测试
030414012	电抗器、消弧线圈		台	按设计图示数量计算	调试
030414013	电除尘器	1. 名称 2. 型号 3. 规格	组		
030414014	硅整流设备、可控硅整流装置	1. 名称 2. 类别 3. 电压(V) 4. 电流(A)	系统	按设计图示系统计算	
030414015	电缆试验	1. 名称 2. 电压等级(kV)	次 (根、点)	按设计图示数量计算	试验

注：1. 功率大于10 kW电动机及发电机的启动调试用的蒸汽、电力和其他动力能源消耗及变压器空载试运转的电力消耗及设备需烘干处理应说明。

2. 配合机械设备及其他工艺的单体试车，应按本规范附录N措施项目相关项目编码列项。

3. 计算机系统调试应按本规范附录F自动化控制仪表安装工程相关项目编码列项。

8.3.16 相关问题及说明

① 电气设备安装工程适用于10 kV以下变配电设备及线路的安装工程、车间动力电气设备及电气照明、防雷及接地装置安装、配管配线、电气调试等。

② 挖土、填土工程，应按现行国家标准《房屋建筑与装饰工程工程量计算规范》(GB 50854—2013) 相关项目编码列项。

③ 开挖路面，应按现行国家标准《市政工程工程量计算规范》(GB 50857—2013) 相关项目编码列项。

④ 过梁、墙、楼板的钢（塑料）套管，应按《通用安装工程工程量计算规范》(GB 50856—2013)"附录K　采暖、给排水、燃气工程"相关项目编码列项。

⑤ 除锈、刷漆（补刷漆除外）、保护层安装，应按《通用安装工程工程量计算规范》(GB 50856—2013)"附录M　刷油、防腐蚀、绝热工程"相关项目编码列项。

⑥ 由国家或地方检测验收部门进行的检测验收应按《通用安装工程工程量计算规范》(GB 50856—2013)"附录N　措施项目"编码列项。

⑦ 本节中的预留长度及附加长度见表8-3～表8-10。

8.4 建筑电气工程计价

建筑电气工程量清单计价

8.4.1 电气设备安装工程计价定额说明

①《江苏省安装工程计价定额》(2014版) 中"第四册　电气设备安装工程"适用于工业与民用新建、扩建工程中10 kV以下变电设备及线路、车间动力电气设备及电气照明器具、防雷及接地装置安装、配管配线、电梯电气装置、电气调整试验等的安装工程。

② 电气设备安装工程定额的工作内容除已说明的工序外，还包括施工准备。设备器材、工器具的场内搬运，开箱检查，安装，调整试验，收尾，清理，配合质量检验，工种间交叉配合，临时移动水、电源的停歇时间。

③ 电气设备安装工程定额中不包括以下内容：

a. 10 kV以上及专业专用项目的电气设备安装。

b. 电气设备（如电动机等）配合机械设备进行单体试运转和联合试运转工作。

④ 脚手架搭拆费（10 kV以下架空线路除外）按人工费的4%计算，其中人工工资占25%。

⑤ 工程超高增加费（已考虑超高因素的定额项目除外）：操作物高度离楼地面5 m以上、20 m以下的电气安装工程，按超高部分人工费的33%计算。

⑥ 高层建筑增加费（指高度在6层或20 m以上的工业与民用建筑）按表8-26计算。

表 8-26 高层建筑增加费费率（第四册）

层数		9 层以下（30 m）	12 层以下（40 m）	15 层以下（50 m）	18 层以下（60 m）	21 层以下（70 m）	24 层以下（80 m）	27 层以下（90 m）	30 层以下（100 m）	33 层以下（110 m）
按人工费的%		6	9	12	15	19	23	26	30	34
其中	人工工资（%）	17	22	33	40	42	43	50	53	56
	机械费（%）	83	78	67	60	58	57	50	47	44
层数		36 层以下（120 m）	40 层以下（130 m）	42 层以下（140 m）	45 层以下（150 m）	48 层以下（160 m）	51 层以下（170 m）	54 层以下（180 m）	57 层以下（190 m）	60 层以下（200 m）
按人工费的%		37	40	43	47	50	54	58	62	65
其中	人工工资（%）	59	58	65	67	68	69	69	70	70
	机械费（%）	41	42	35	33	32	31	31	30	30

⑦ 安装与生产同时进行时，安装工程的总人工费增加 10%，全部为因降效而增加的人工费（不含其他费用）。

⑧ 在有害人身健康的环境（包括高温、多尘、噪声超过标准和在有害气体等有害环境）中施工时，安装工程的总人工费增加 10%，全部为因降效而增加的人工费（不含其他费用）。

8.4.2 变压器安装工程计价

① 油浸电力变压器安装定额同样适用于自耦式变压器、带负荷调压变压器的安装。电炉变压器按同容量电力变压器定额乘以系数 2.0，整流变压器执行同容量电力变压器定额乘以系数 1.6。

② 变压器的器身检查：4000 kV·A 以下按吊芯检查考虑，4000 kV·A 以上按吊钟罩考虑；如果 4000 kV·A 以上的变压器需吊芯检查时，定额机械台班乘以系数 2.0。

③ 整流变压器、消弧线圈、并联电抗器的干燥，执行同容量变压器干燥定额。电炉变压器按同容量变压器干燥定额乘以系数 2.0。

④ 变压器油是按设备自带考虑的，但施工中变压器油的过滤损耗及操作损耗已包括在有关定额中。

⑤ 变压器安装过程中放注油、油过滤所使用的油罐，已摊入油过滤定额中。

⑥ 变压器安装定额不包括下列工作内容：

a. 变压器干燥棚的搭拆工作，若发生时可按实计算；

b. 变压器铁梯及母线铁构件的制作、安装，另执行铁构件制作、安装定额；

c. 瓦斯继电器的检查及试验已列入变压器系统调整试验定额内；

d. 变压器安装不包括轨道的安装，应另行计算；

e. 端子箱、控制箱的制作、安装，另执行相应定额；

f. 二次喷漆发生时按相应定额执行。

8.4.3 配电装置安装工程计价

① 设备本体所需的绝缘油、六氟化硫（SF_6）气体、液压油等均按设备自带考虑。

② 设备安装所需的地脚螺栓按土建预埋考虑，不包括二次灌浆。如清单中注明是由安装单位浇筑，应计算二次灌浆费用（包括抹面）。

③ 互感器安装定额系按单相考虑的，不包括抽芯及绝缘油过滤，特殊情况另作处理。

④ 电抗器安装定额系按三相叠放、三相平放和二叠一平的安装方式综合考虑的，不论何种安装方式，均不做换算。干式电抗器安装定额适用于混凝土电抗器、铁芯干式电抗器和空心电抗器的安装。

⑤ 高压成套配电柜安装定额系综合考虑的，不分容量大小，也不包括母线配制及设备干燥。

⑥ 低压无功补偿电容器屏（柜）安装列入控制设备及低压电器定额。

⑦ 配电装置安装定额不包括端子箱安装、设备支架制作安装、绝缘油过滤、基础槽（角）钢安装。

8.4.4 母线安装工程计价

① 母线安装定额不包括支架、铁构件的制作、安装，发生时执行相应定额。

② 软母线、带形母线、槽形母线的安装定额内不包括母线、金具、绝缘子等主材，具体可按设计数量加损耗计算。

③ 组合软导线安装定额不包括两端铁构件制作、安装和支持瓷瓶、带形母线的安装，发生时应执行相应定额。其跨距是按标准跨距综合考虑的，若实际跨距与定额不符，不做换算。

④ 软母线安装定额是按单串绝缘子考虑的，如设计为双串绝缘子，其定额人工乘以系数 1.08。

⑤ 软母线的引下线、跳线、设备连线均按导线截面分别执行定额，不区分引下线、跳线和设备连线。

⑥ 带形钢母线安装执行铜母线安装定额。

⑦ 带形母线伸缩节头和铜过渡板均按成品考虑，定额只考虑安装。

⑧ 高压共箱式母线和低压封闭式插接母线槽均按制造厂供应的成品考虑，定额只包含现场安装。

⑨ 封闭式插接母线槽在竖井内安装时，人工和机械乘以系数 2.0。

8.4.5 控制设备及低压电器安装工程计价

① 控制设备及低压电器安装工程包括电气控制设备、低压电器的安装，盘、柜配线，焊（压）接线端子，基础槽钢、角钢制作、安装。

② 控制设备安装，除限位开关及水位电气信号装置外，其他均未包括支架制作安装，发生时可执行相应定额。

③ 屏上辅助设备安装，包括标签框、光字牌、信号灯、附加电阻、连接片等，但不包括屏上开孔工作。

④ 设备的补充油按设备考虑。

⑤ 控制设备安装未包括的工作内容：二次喷漆及喷字，电器及设备干燥，焊、压接线端子，端子板外部（二次）接线。

8.4.6 蓄电池安装工程计价

① 蓄电池安装定额适用于 220 V 以下各种容量的碱性和酸性固定型蓄电池及其防震支架安装、蓄电池充放电。

② 蓄电池防震支架按随设备供货考虑，安装按地坪打眼装膨胀螺栓固定。

③ 蓄电池电极连接条、紧固螺栓、绝缘垫均按设备自带考虑。

④ 碱性蓄电池补充电解液由厂家随设备供货。铅酸蓄电池的电解液已包括在定额内，不另行计算。

⑤ 蓄电池充放电电量已计入定额，不论是酸性，还是碱性电池，均按其电压和容量执行相应项目。

⑥ 蓄电池安装定额不包括蓄电池抽头连接用电缆及电缆保护管的安装，发生时应执行相应项目。

8.4.7 电机检查接线及调试工程计价

① 电机检查接线及调试定额中的专业术语“电机”系指发电机和电动机的统称。如小型电机检查接线定额，适用于同功率的小型发电机和小型电动机的检查接线，定额中的电机功率系指电机的额定功率。

② 直流发电机组和多台一串的机组，可按单台电机分别执行相应定额。

③ 电机检查接线定额，除发电机和调相机外，均不包括电机的干燥工作，发生时应执行电机干燥定额。电机干燥定额系按一次干燥所需的人工、材料、机械消耗量考虑的。

④ 单台重量在 3 t 以下的电机为小型电机，单台重量为 3 t 至 30 t 的电机为中型电机，单台重量在 30 t 以上的电机为大型电机。大中型电机不分交、直流电机，一律按电机重量执行相应定额。

⑤ 微型电机分为三类：驱动微型电机（分马力电机）系指微型异步电动机、微型同步电动机、微型交流换向器电动机、微型直流电动机等；控制微型电机系指自整角机、旋转变压器、交直流测速发电机、交直流伺服电动机、步进电动机、力矩电动机等；电源微型电机系指微型电动发电机组和单枢变流机等。其他小型电机凡功率在 0.75 kW 以下的电机均执行微型电机定额，但一般民用小型交流电风扇安装另执行风扇安装定额。

⑥ 各类电机的检查定额均不包括控制装置的安装和接线。

⑦ 电机的接地线按镀锌扁钢（25×4）编制，如采用铜接地线时，主材（导线和接头）应更换，但安装人工和机械不变。

⑧ 电机安装执行“第一册 机械设备安装工程”的电机安装定额，其电机的检查接线和干燥执行电机检查接线及调试定额。

⑨ 各种电机的检查接线，规范要求均需配有相应的金属软管，如设计有规定的按设计规格和数量计算。例如，设计要求用包塑金属软管、阻燃金属软管或采用铝合金软管接头等，均按设计计算。设计没有规定时，平均每台电机配金属软管 1～1.5 m（平均按 1.25 m）。电机的电源线为导线时，应执行压（焊）接线端子定额。

8.4.8 滑触线装置安装工程计价

① 起重机的电气装置系按未经生产厂家成套安装和试运行考虑的，因此起重机的电机和各种开关、控制设备、管线及灯具等均按分部分项定额编制预算。

② 滑触线支架的基础铁件及螺栓，按土建预埋考虑。

③ 滑触线及支架的油漆，均按涂一遍考虑。

④ 移动软电缆敷设未包括轨道安装及滑轮制作。

⑤ 滑触线的辅助母线安装，执行“车间带形母线”安装定额。

⑥ 滑触线伸缩器和坐式电车绝缘子支持器的安装，已分别包括在“滑触线安装”和“滑触线支架安装”定额内，不另行计算。

⑦ 滑触线及支架安装是按 10 m 以下标高考虑的，若超过 10 m，可按规定计取超高费。

⑧ 铁构件制作，执行相应项目。

8.4.9 电缆安装工程计价

① 电缆敷设中涉及土方开挖、回填、破路、修复等，执行《江苏省建筑与装饰工程计价定额》。

② 直埋电缆的挖、填土（石）方量，除特殊要求外，可按表 8-27 计算土方量。

表 8-27 直埋电缆的挖、填土（石）方量

项目	电缆根数	
	1～2	每增一根
每米沟长挖方量（m^3）	0.45	0.153

注：1. 两根以内的电缆沟，系按上口宽度 600 mm、下口宽度 400 mm、深度 900 mm 计算的常规土方量（深度按规范的最低标准）；

2. 每增加一根电缆，其宽度增加 170 mm；

3. 以上土方量系按埋深从自然地坪算起，如设计埋深超过 900 mm 时，多挖的土方量应另行计算。

③ 电缆沟盖板揭、盖定额，按每揭或每盖一次以延长米计算。如又揭又盖，则按两次计算。

④ 电缆敷设定额适用于 10 kV 以下的电力电缆和控制电缆敷设。定额系按平原地

区和厂内电缆工程的施工条件编制的，未考虑在积水区、水底、井下等特殊条件下的电缆敷设。厂外电缆敷设工程按另计工地运输。

⑤ 电缆在一般山地、丘陵地区敷设时，其定额人工乘以系数 1.3。该地段所需的施工材料如固定桩、夹具等按实际情况另计。

⑥ 电缆敷设定额未考虑因波形敷设增加长度、弛度增加长度、电缆绕梁（柱）增加长度，以及电缆与设备连接、电缆接头等必要的预留长度，该增加长度应计入工程量之内。

⑦ 6 芯电力电缆按 4 芯乘以系数 1.6，每增加 1 芯定额增加 30%，依此类推。截面 400 mm^2 以上至 800 mm^2 的单芯电力电缆敷设按 400 mm^2 电力电缆（4 芯）定额执行。截面 800～1000 mm^2 的单芯电力电缆敷设按 400 mm^2 电力电缆（4 芯）定额乘以系数 1.25 执行。240 mm^2 以上的电缆头的接线端子为异型端子，需要单独加工，应按实际加工价计算（或调整定额价格）。

⑧ 电缆敷设系综合定额，已将裸包电缆、铠装电缆、屏蔽电缆等因素考虑在内，因此，凡 10 kV 以下的电力电缆和控制电缆均不分结构形式和型号，一律按相应的电缆截面和芯数执行定额。

⑨ 电缆敷设定额及其相配套的定额中均未包括主材（又称装置性材料），另按设计和工程量计算规则加上定额规定的损耗率计算主材费用。

⑩ 电缆安装定额未包括下列工作内容：

a. 隔热层、保护层的制作安装；

b. 电缆冬季施工的加温工作和在其他特殊施工条件下的施工措施费和施工降效增加费。

⑪ 公称直径≤DN100 的电缆保护管敷设执行配管定额。

⑫ 电力电缆头定额均按铝芯电缆考虑，铜芯电力电缆头按同截面电缆头定额乘以系数 1.2，双屏蔽电缆头制作安装人工乘以系数 1.05。

⑬ 单芯电缆头制安按同电压同截面电缆头制安定额乘以系数 0.5，5 芯以上电缆头制安按每增加 1 芯，定额增加系数 0.25。

8.4.10 防雷及接地装置工程计价

① 防雷及接地装置定额适用于建筑物、构筑物的防雷接地，变配电系统接地，设备接地及避雷针的接地装置。

② 户外接地母线敷设定额系按自然地坪和一般土质综合考虑的，包括地沟的挖填土和夯实工作，不应再计算土方量。如遇有石方、矿渣、积水、障碍物等情况时可另行计算。

③ 防雷及接地装置定额不适于采用爆破法施工敷设接地线、安装接地极，也不包括高土壤电阻率地区采用换土或化学处理的接地装置及接地电阻的测定工作。

④ 避雷针的安装、半导体少长针消雷装置的安装均已考虑高空作业的因素。

⑤ 独立避雷针的加工制作执行“一般铁构件”制作定额。

⑥ 防雷均压环安装定额是按利用建筑物圈梁内主筋作为防雷接地连接线考虑的。

如果采用单独扁钢或圆钢明敷作均压环时，可执行“户内接地母线敷设”定额。

⑦ 利用铜绞线作接地引下线时，配管、穿铜绞线执行配管、配线定额中同规格的相应项目。

8.4.11 10 kV以下架空配电线路工程计价

① 10 kV以下架空配电线路定额按平地施工条件考虑，若在其他地形条件下施工，其人工和机械按表8-28予以调整。

表8-28 地形系数调整

地形类别	丘陵（市区）	一般山地、泥沼地带
调整系数	1.20	1.60

② 地形划分的特征：

a. 平地，地形比较平坦、地面比较干燥的地带。

b. 丘陵，地形有起伏的矮岗、土丘等地带。

c. 一般山地，指一般山岭或沟谷地带、高原台地等。

d. 泥沼地带，指经常积水的田地或泥水淤积的地带。

③ 预算编制中，全线地形分几种类型时，可近各种类型长度所占百分比求出综合系数进行计算。

④ 土质分类如下：

a. 普通土：指种植土、黏砂土、黄土和盐碱土等，主要利用锹、铲即可挖掘。

b. 坚土：指土质坚硬难挖的红土、板状黏土、重块土、高岭土，必须用铁镐、条锄挖松，再用锹、铲挖掘。

c. 松砂石：指碎石、卵石和土的混合体。各种不坚实砾岩、页岩、风化岩，节理和裂缝较多的岩石等（不需用爆破方法开采的），需要镐、撬棍、大锤、楔子等工具配合才能挖掘。

d. 岩石：一般指坚实的粗花岗岩、白云岩、片麻岩、玢岩、石英岩、大理岩、石灰岩、石灰质胶结的密实砂岩的石质，不能用一般挖掘工具进行开挖，必须采用打眼、爆破或打凿才能开挖。

e. 泥水：指坑的周围经常积水。坑的土质松散，如淤泥和沼泽地等挖掘时因水渗入和浸润而成泥浆，容易坍塌，而用挡土板和适量排水才能施工。

f. 流砂：指坑的土质为砂质或分层砂质，挖掘过程中砂层有上涌现象，容易坍塌，挖掘时需排水和采用挡土板才能施工。

⑤ 线路一次施工工程量按5根以上电杆考虑，如5根以内者，其全部人工、机械乘以系数1.3。

⑥ 如果出现钢管杆的组立，按同高度混凝土杆组立的人工、机械乘以系数1.4，材料不调整。

⑦ 导线跨越架设：

a. 每个跨越距按50 m以内考虑，大于50 m而小于100 m时按2处计算，依此类推。

b. 在同跨越档内，有多种（或多次）跨越物时，应根据跨越物种类分别执行定额。

c. 跨越定额仅考虑因跨越而多耗的人工、机械台班和材料，要计算架线工程量时，不扣除跨越档的长度。

⑧ 杆上变压器安装不包括变压器调试、抽芯、干燥工作。

8.4.12 配管、配线工程计价

① 配管工程均未包括接线箱、盒及支架的制作、安装。

② 钢索架设及拉紧装置的制作、安装、插接式母线槽支架制作，槽架制作及配管支架应执行铁构件制作定额。

③ 桥架安装：

a. 桥架安装包括运输、组对、吊装、固定，弯通或三、四通修改、制作组对；切割口防腐、桥架开孔、上管件、隔板安装、盖板安装、接地、附件安装等工作内容。

b. 桥架支撑架定额适用于立柱、托臂及其他各种支撑架的安装。定额中已综合考虑采用螺栓、焊接和膨胀螺栓三种固定方式，实际施工中，不论采用何种固定方式，定额均不作调整。

c. 玻璃钢梯式桥架和铝合金梯式桥架定额均按不带盖考虑，如这两种桥架带盖，则分别执行玻璃钢槽式桥架定额和铝合金槽式桥架定额。

d. 钢制桥架主结构设计厚度大于 3 mm 时，定额人工、机械乘以系数 1.2。

e. 不锈钢桥架按钢制桥架定额乘以系数 1.1 执行。

8.4.13 照明器具安装工程计价

① 各型灯具的引线，除注明者外，均已综合考虑在定额内，执行时不得换算。

② 路灯、投光灯、碘钨灯、氙气灯、烟囱或水塔指示灯，均已考虑一般工程的高空作业因素，其他器具安装高度如超过 5 m，则可另行计算超高费。

③ 定额中装饰灯具项目均已考虑一般工程的超高作业因素，不包括脚手架搭拆费用。

④ 装饰灯具定额项目与电气设备安装定额附录中的示意图号配套使用。

⑤ 定额内已包括利用摇表测量绝缘及一般灯具的试亮工作（但不包括调试工作）。

8.4.14 附属工程计价

① 各种铁构件制作，均不包括镀锌、镀锡、镀铬、喷塑等其他金属防护费用。发生时，应另行计算。

② 轻型铁构件系指结构厚度在 3 mm 以内的构件。

③ 铁构件制作、安装定额适用于电气设备安装定额范围内的各种支架、构件的制作、安装。

8.4.15 电气调整试验工程计价

① 电气调整试验包括电气设备的本体试验和主要设备的分系统调试。成套设备的整套启动调试按专业定额另行计算。主要设备的分系统内所含的电气设备元件的本体试验已包括在该分系统调试定额之内，如变压器的系统调试中已包括该系统中的变压器、互感器、开关、仪表和继电器等一、二次设备的本体调试和回路试验。绝缘子和电缆等单体试验，只在单独试验时使用，不得重复计算。

② 调试仪表使用费系按“台班”形式表示的，它与《全国统一安装工程施工仪器仪表台班费用定额》配套使用。

③ 送配电设备调试中的 1 kV 以下定额适用于所有低压供电回路，如从低压配电装置至分配电箱的供电回路；但从配电箱直接至电动机的供电回路已包括在电动机的系统调试定额内。送配电设备系统调试包括系统内的电缆试验、瓷瓶耐压等全套调试工作。供电桥回路中的断路器、母线分段断路器皆作为独立的供电系统计算。定额皆按一个系统一侧配一台断路器考虑的。若两侧皆有断路器时，则按两个系统计算。如果分配电箱内只有刀开关、熔断器等不含调试元件的供电回路，则不再作为调试系统计算。

④ 起重机电气装置、空调电气装置、各种机械设备的电气装置，如堆取料机、装料车、推煤车等成套设备的电气调试应分别按相应的分项调试定额执行。

⑤ 定额不包括设备的烘干处理和设备本身缺陷造成的元件更换修理和修改，也未考虑因设备元件质量低劣对调试工作造成的影响。定额系按新的合格设备考虑的，如遇以上情况时，应另行计算，经修配改或拆迁的旧设备，定额乘以系数 1.1。

⑥ 本定额只限电气设备自身系统的调整试验，未包括电气设备带动机械设备的试运工作，发生时应按专业定额另行计算。

⑦ 调试定额不包括试验设备、仪器仪表的场外转移费用。

⑧ 调试定额系按现行施工技术验收规范编制的，凡现行规范（指定额编制时的规范）未包括的新调试项目和调试内容均应另行计算。

⑨ 调试定额已包括熟悉资料、核对设备、填写试验记录、保护整定值的整定和调试报告的整理工作。

⑩ 电力变压器如有“带负荷调压装置”，调试定额乘以系数 1.12；三卷变压器、整流变压器、电炉变压器，按同容量的电力变压器调试定额乘以系数 1.2。

⑪ 3～10 kV 母线系统调试定额含一组电压互感器，1 kV 以下母线系统调试定额不含电压互感器，适用于低压配电装置的各种母线（包括软母线）的调试。

8.5 建筑电气工程计价案例

8.5.1 建筑电气工程识图

① 图 8-4～图 8-7 所示为某建筑电气工程施工图，该建筑为 2 层框架结构，一层净

高 4.0 m，二层净高 3.6 m，楼板为现浇，厚度 150 mm，建筑物室内外高差 0.3 m，设备材料表及图例见表 8-29。

② 电源采用三相四线制、电缆埋地穿管入户，室外管道埋深 0.8 m。照明线路全部穿管暗敷 BV2.5，3～4 根穿 PC20，5～6 根穿 PC25，其余穿管规格及敷设方式按系统图。

③ 配电箱 AL1 型号为 GXL-Ⅱ，从厂家订购成品，尺寸 800 mm(高)×600 mm(宽)×200 mm(深)，嵌入式安装，底边安装高度距地面 1.6 m；配电箱 AL2 型号为 PZ30R，从厂家订购成品，尺寸为 300 mm(高)×300 mm(宽)×200 mm(深)，嵌入式安装，底边安装高度距地面 1.6 m。

④ 进配电箱 AL1 的管线，仅计算进线电缆配管部分（出外墙 1.5 m），不计算进线电缆的工作量。

⑤ 水平尺寸在图纸中已标注，单位为 mm。

⑥ 电气配管进入地坪或顶板的深度均按 100 mm 计算。

⑦ 不考虑室外土方工程量。

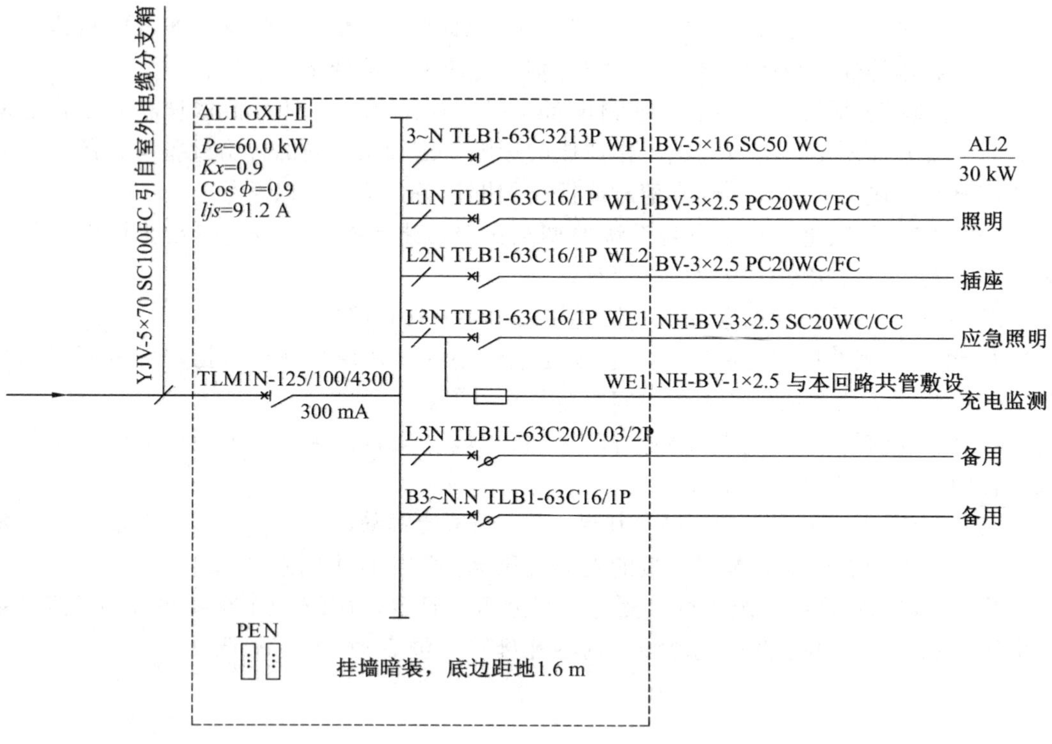

图 8-4 一层配电箱 AL1 系统图

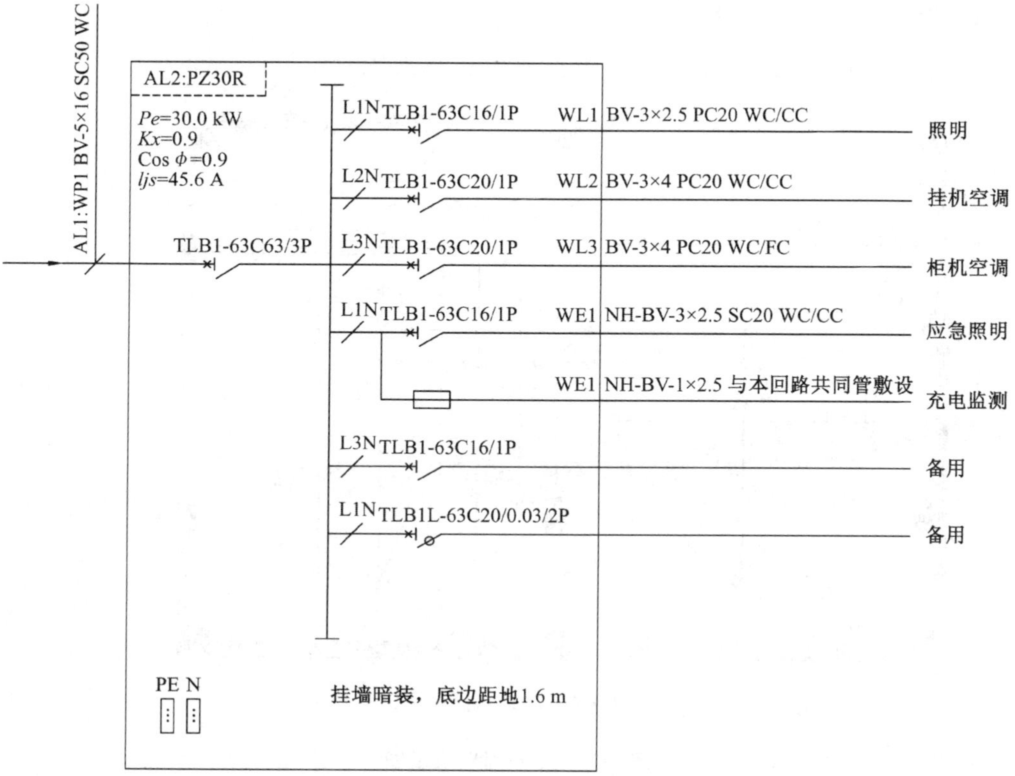

图 8-5　二层配电箱 AL2 系统图

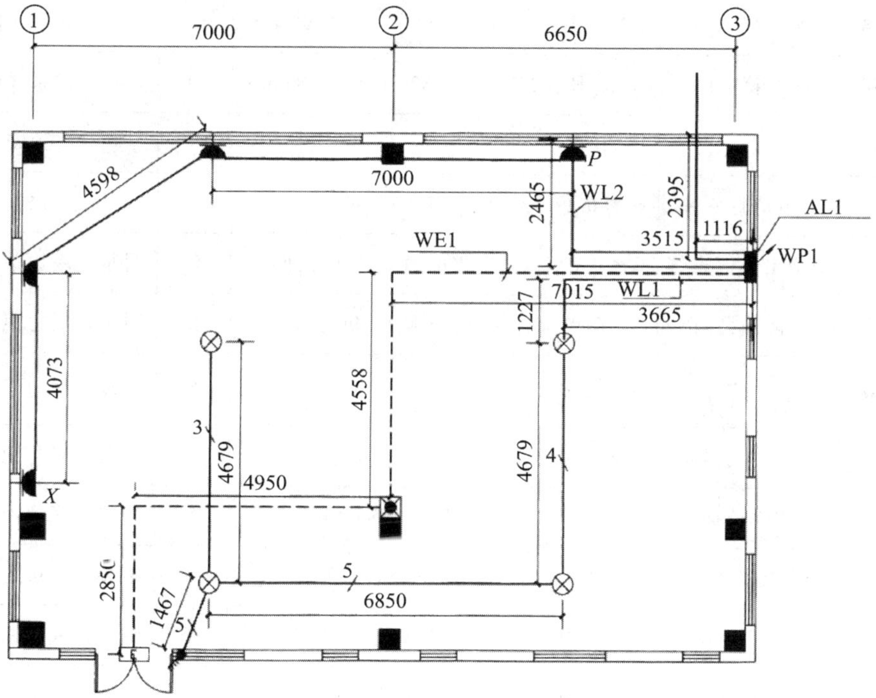

图 8-6　一层电气平面图

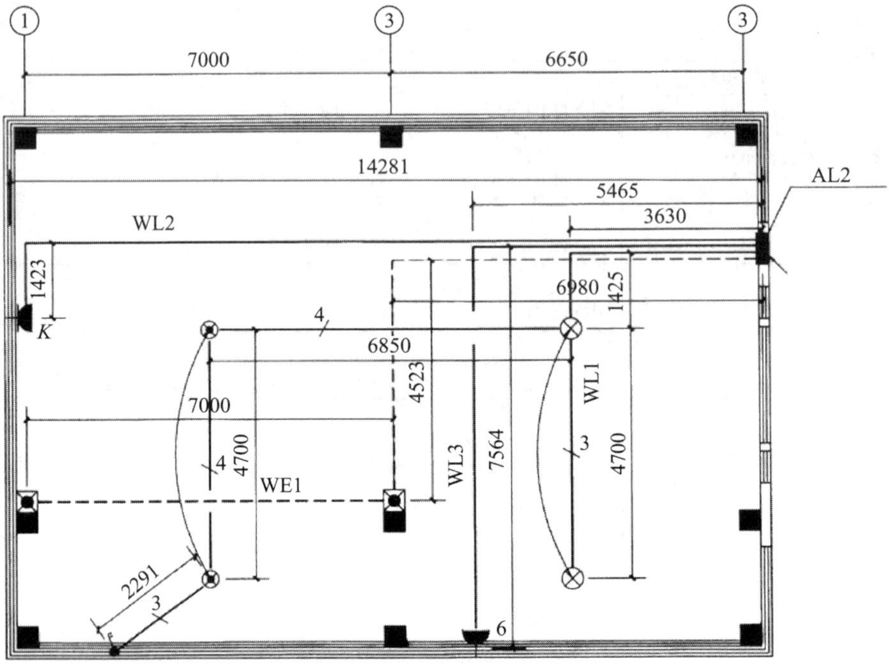

图 8-7　二层电气平面图

表 8-29　设备材料表及图例

序号	图例	名称	型号	规格	单位	备注
1		配电箱 AL1	GXL-Ⅱ	800 mm×600 mm×200 mm	台	详系线图
2		配电箱 AL2	PZ30R	300 mm×300 mm×200 mm	台	详系线图
3		节能防水灯	1×22 W		套	吸顶安装
4	⊗	节能灯头	～250 V	1×22 W	套	吸顶安装
5		安全出口标志灯	1×3 W	（自带电源 $t>90$ 分钟）	套	明装，底边距地 2.5 m
6		消防应急灯	2×5 W	（自带电源 $t>90$ 分钟）	套	明装，底边距地 2.5 m
7		单/双/三/四联单控开关	～250 V	10 A	个	暗装，底边距地 1.3 m
8	K	挂式空调插座	～250 V	16 A 安全型	个	明装，底边距地 2.0 m
9	G	柜式空调插座	～250 V	16 A 安全型	个	暗装，底边距地 0.3 m
10	X	洗衣机插座	～250 V	16 A 安全型	个	暗装，底边距地 1.5 m
11	P	排油烟机插座	～250 V	16 A 安全型	个	暗装，底边距地 1.8 m
12		2+3 插座	～250 V	10 A 安全型	个	暗装，底边距地 0.3 m

8.5.2 建筑电气工程计量

工程量计算过程见表 8-30。

表 8-30 工程量计算表

序号	分部分项工程名称	单位	工程量	备注
1	配电箱 AL1，GXL-Ⅱ，800 mm×600 mm×200 mm	台	1	
2	配电箱 AL2，PZ30R，300 mm×300 mm×200 mm	台	1	
3	照明开关，双联单控，250 V，10 A	个	1	
4	照明开关，四联单控，250 V，10 A	个	1	
5	插座，暗装，2+3 插座，250 V，10 A	个	2	
6	插座，暗装，洗衣机插座，250 V，10 A	个	1	
7	插座，暗装，排油烟机插座，250 V，10 A	个	1	
8	插座，暗装，挂式空调插座，250 V，16 A	个	1	
9	插座，暗装，柜式空调插座，250 V，16 A	个	1	
10	节能灯头，250 V，1×22 W	套	6	
11	节能防水灯，1×22 W	套	2	
12	安全出口标志灯，1×3 W（自带电源 $t>90$ min）	套	1	
13	消防应急灯，2×5 W（自带电源 $t>90$ min）	套	3	
14	开关盒	个	8	
15	灯头盒，塑料	个	8	
16	灯头盒，铁	个	4	
17	配管，钢管，SC20，暗配	m	49.78	
18	配管，钢管，SC50，暗配	m	3.35	
19	配管，钢管，SC100，暗配	m	7.71	
20	配管，刚性阻燃管，PC20，暗配	m	108.43	
21	配管，刚性阻燃管，PC25，暗配	m	11.12	
22	照明线路，BV2.5	m	304.31	
23	照明线路，BV4	m	106.6	
24	照明线路，NH-BV2.5	m	207.1	
25	照明线路，BV16	m	26.75	

8.5.3 建筑电气工程量清单

（1）分部分项工程和单价措施项目清单

分部分项工程和单价措施项目清单见表 8-31 和表 8-32。

表 8-31　分部分项工程和单价措施项目清单与计价表(第 1 页)

工程名称：某建筑电气工程　　　　　　　　标段：　　　　　　　　第 1 页　共 2 页

序号	项目编码	项目名称	项目特征描述	计量单位	工程量	金额(元)		
						综合单价	合价	其中 暂估价
1	030404017001	配电箱	1. 名称：配电箱 AL1 2. 型号：GXL-Ⅱ 3. 规格：800 mm×600 mm×200 mm 4. 安装方式：嵌入式，安装高度 1.6 m	台	1			
2	030404017002	配电箱	1. 名称：配电箱 AL2 2. 型号：PZ30R 3. 规格：300 mm×300 mm×200 mm 4. 安装方式：嵌入式，安装高度 1.6 m	台	1			
3	030404034001	照明开关	1. 名称：双联单控开关 2. 规格：250 V 10 A 3. 安装方式：暗装	个	1			
4	030404034002	照明开关	1. 名称：四联单控开关 2. 规格：250 V 10 A 3. 安装方式：暗装	个	1			
5	030404035001	插座	1. 名称：2+3 插座 2. 规格：250 V 10 A，安全型 3. 安装方式：暗装	个	2			
6	030404035002	插座	1. 名称：洗衣机插座 2. 规格：250 V 10 A，安全型 3. 安装方式：暗装	个	1			
7	030404035003	插座	1. 名称：排油烟机插座 2. 规格：250 V 10 A，安全型 3. 安装方式：暗装	个	1			
8	030404035004	插座	1. 名称：挂式空调插座 2. 规格：250 V 16 A，安全型 3. 安装方式：暗装	个	1			
9	030404035005	插座	1. 名称：柜式空调插座 2. 规格：250 V 16 A，安全型 3. 安装方式：暗装	个	1			
10	030412001001	普通灯具	1. 名称：节能灯头 2. 规格：250 V　1×22 W	套	6			
11	030412001002	普通灯具	1. 名称：节能防水灯 2. 规格：1×22 W	套	2			
12	030412004001	装饰灯	1. 名称：安全出口标志灯 2. 规格：1×3 W（自带电源 $t>$ 90 min） 3. 安装形式：明装，底边距地 2.5 m	套	1			
			本页小计					

表 8-32　分部分项工程和单价措施项目清单与计价表(第 2 页)

工程名称：某建筑电气工程　　　　　　　　标段：　　　　　　　　第 2 页　共 2 页

序号	项目编码	项目名称	项目特征描述	计量单位	工程量	金额(元)		
						综合单价	合价	其中 暂估价
13	030412004002	装饰灯	1. 名称：消防应急灯 2. 规格：2×5 W(自带电源 t>90 min) 3. 安装形式：明装，底边距地 2.5 m	套	3			
14	030411006001	接线盒	1. 名称：开关盒 2. 材质：塑料 3. 安装形式：暗装	个	8			
15	030411006002	接线盒	1. 名称：灯头盒 2. 材质：塑料 3. 安装形式：暗装	个	8			
16	030411006003	接线盒	1. 名称：灯头盒 2. 材质：铁 3. 安装形式：暗装	个	4			
17	030411001001	配管	1. 名称：钢管 2. 规格：SC20 3. 配置形式：暗配	m	49.78			
18	030411001002	配管	1. 名称：钢管 2. 规格：SC50 3. 配置形式：暗配	m	3.35			
19	030411001003	配管	1. 名称：钢管 2. 规格：SC100 3. 配置形式：暗配	m	7.71			
20	030411001004	配管	1. 名称：刚性阻燃管 2. 规格：PC20 3. 配置形式：暗配	m	108.43			
21	030411001005	配管	1. 名称：刚性阻燃管 2. 规格：PC25 3. 配置形式：暗配	m	11.12			
22	030411004001	配线	1. 配线形式：照明线路 2. 型号：BV2.5 3. 配线部位：管内穿线	m	304.31			
23	030411004002	配线	1. 配线形式：照明线路 2. 型号：BV4 3. 配线部位：管内穿线	m	106.6			
24	030411004003	配线	1. 配线形式：照明线路 2. 型号：NH-BV2.5 3. 配线部位：管内穿线	m	207.1			
25	030411004004	配线	1. 配线形式：照明线路 2. 型号：BV16 3. 配线部位：管内穿线	m	26.75			
		分部分项合计						
1	031301017001	脚手架搭拆		项	1			
		单价措施合计						
合计								

（2）总价措施项目清单

总价措施项目清单见表 8-33。

表 8-33　总价措施项目清单与计价表

工程名称：某建筑电气工程　　　　标段：　　　　第 1 页　共 1 页

序号	项目编码	项目名称	计算基础	费率（%）	金额（元）	调整费率（%）	调整后金额（元）	备注
1	031302001001	安全文明施工费						
1.1		基本费	分部分项合计＋单价措施项目合计－除税工程设备费	1.500				
1.2		增加费		0.300				
1.3		扬尘污染防治增加费		0.210				
2	031302002001	夜间施工增加						
3	031302003001	非夜间施工增加						
4	031302004001	二次搬运						
5	031302005001	冬雨季施工增加						
6	031302006001	已完工程及设备保护						
7	031302008001	临时设施						
8	031302009001	赶工措施						
9	031302010001	工程按质论价						
10	031302011001	住宅分户验收						
11	031302012001	建筑工人实名制费用						
12	031302090001	地上、地下设施、建筑物的临时保护设施						
13	031302091001	特殊条件下施工增加费						
合计								

（3）其他项目清单

其他项目清单见表 8-34。

表 8-34 其他项目清单与计价汇总表

工程名称：某建筑电气工程　　　　标段：　　　　第 1 页　共 1 页

序号	项目名称	金额（元）	结算金额（元）	备注
1	暂列金额			
2	暂估价			
2.1	材料暂估价			
2.2	专业工程暂估价			
3	计日工			
4	总承包服务费			
合计				

(4) 规费、税金项目清单

规费、税金项目清单见表 8-35。

表 8-35　规费、税金项目计价表

工程名称：某建筑电气工程　　　　　　　　　　标段：　　　　　　　　　　第 1 页　共 1 页

序号	项目名称	计算基础	计算基数（元）	计算费率（%）	金额（元）
1	规费	环境保护税＋社会保险费＋住房公积金		100.000	
1.1	社会保险费	分部分项工程费＋措施项目费＋其他项目费－除税工程设备费		2.400	
1.2	住房公积金	分部分项工程费＋措施项目费＋其他项目费－除税工程设备费		0.420	
1.3	环境保护税	分部分项工程费＋措施项目费＋其他项目费－除税工程设备费		0.100	
2	税金	分部分项工程费＋措施项目费＋其他项目费＋规费－除税甲供材料和甲供设备费/1.01		9.000	
合计					

8.5.4　建筑电气工程计价

(1) 综合单价计算（部分展示，全部综合单价计算结果见二维码内容）

综合单价计算结果见表 8-36～表 8-40。

电气案例综合单价分析表

表 8-36　综合单价分析表（第 1 页）

工程名称：某建筑电气工程　　　　标段：　　　　第 1 页　共 26 页

项目编码	030404017001	项目名称	配电箱	计量单位	台	工程量	1

清单综合单价组成明细

定额编号	定额项目名称	定额单位	数量	单价					合价				
				人工费	材料费	机械费	管理费	利润	人工费	材料费	机械费	管理费	利润
4-266	成套配电箱安装落地式	台	1	205.72	32.11	60.34	90.52	28.8	205.72	32.11	60.34	90.52	28.8
综合人工工日		小计							205.72	32.11	60.34	90.52	28.8
2.78 工日		未计价材料费							133.09				
清单项目综合单价									550.58				

材料费明细	主要材料名称、规格、型号	单位	数量	单价（元）	合价（元）	暂估单价（元）	暂估合价（元）
	落地式配电箱	只	1	133.09	133.09		
	破布	kg	0.1	6	0.6		
	铁砂布 2#	张	1	0.86	0.86		
	电焊条 J422 ϕ3.2	kg	0.15	3.77	0.57		
	无光调和漆	kg	0.05	12.86	0.64		
	钢垫板	kg	0.3	3.77	1.13		
	酚醛磁漆	kg	0.02	12.86	0.26		
	塑料软管	kg	0.3	15.78	4.73		
	焊锡丝	kg	0.15	42.88	6.43		
	电力复合脂	kg	0.05	17.15	0.86		
	自粘橡胶带 20 mm×5 m	卷	0.2	12.43	2.49		
	镀锌扁钢 —25×4	kg	1.5	4.55	6.83		
	精制带母镀锌螺栓 M10×100 内 2 平 1 弹垫	套	6.1	1.1	6.71		
	其他材料费			—		—	
	材料费小计			—	165.2	—	

表 8-37　综合单价分析表（第 4 页）

工程名称：某建筑电气工程　　　　标段：　　　　第 4 页　共 26 页

项目编码	030404034002	项目名称	照明开关						计量单位	个		工程量	1
清单综合单价组成明细													
定额编号	定额项目名称	定额单位	数量	单价					合价				
				人工费	材料费	机械费	管理费	利润	人工费	材料费	机械费	管理费	利润
4-342	扳式暗开关（单控）四联	10 套	0.1	55.5	8.64		24.42	7.77	5.55	0.86		2.44	0.78
综合人工工日		小计							5.55	0.86		2.44	0.78
0.075 工日		未计价材料费							4.53				
清单项目综合单价									14.16				

材料费明细	主要材料名称、规格、型号	单位	数量	单价（元）	合价（元）	暂估单价（元）	暂估合价（元）
	四联扳式暗开关（单控）	只	1.02	4.44	4.53		
	BV 铜芯聚氯乙烯绝缘线 450 V/750 V　1.5 mm^2	m	0.764	0.97	0.74		
	自攻螺钉 M4×40	十个	0.208	0.25	0.05		
	镀锌铁丝 22#	kg	0.01	4.72	0.05		
	其他材料费			—	0.02	—	
	材料费小计			—	5.39	—	

表 8-38　综合单价分析表（第 16 页）

工程名称：某建筑电气工程　　　　标段：　　　　第 16 页　共 26 页

<table>
<tr><td>项目编码</td><td>030411006003</td><td colspan="2">项目名称</td><td colspan="5">接线盒</td><td>计量单位</td><td>个</td><td>工程量</td><td colspan="2">4</td></tr>
<tr><td colspan="14">清单综合单价组成明细</td></tr>
<tr><td rowspan="2">定额编号</td><td rowspan="2">定额项目名称</td><td rowspan="2">定额单位</td><td rowspan="2">数量</td><td colspan="5">单价</td><td colspan="5">合价</td></tr>
<tr><td>人工费</td><td>材料费</td><td>机械费</td><td>管理费</td><td>利润</td><td>人工费</td><td>材料费</td><td>机械费</td><td>管理费</td><td>利润</td></tr>
<tr><td>4-1545</td><td>接线盒暗装 接线盒</td><td>10 个</td><td>0.1</td><td>25.16</td><td>5.44</td><td></td><td>11.07</td><td>3.52</td><td>2.52</td><td>0.54</td><td></td><td>1.11</td><td>0.35</td></tr>
<tr><td colspan="2">综合人工工日</td><td colspan="7">小计</td><td>2.52</td><td>0.54</td><td></td><td>1.11</td><td>0.35</td></tr>
<tr><td colspan="2">0.034 工日</td><td colspan="7">未计价材料费</td><td colspan="5">4.53</td></tr>
<tr><td colspan="9">清单项目综合单价</td><td colspan="5">9.05</td></tr>
<tr><td rowspan="11">材料费明细</td><td colspan="6">主要材料名称、规格、型号</td><td>单位</td><td>数量</td><td>单价（元）</td><td>合价（元）</td><td colspan="2">暂估单价（元）</td><td>暂估合价（元）</td></tr>
<tr><td colspan="6">接线盒</td><td>只</td><td>1.02</td><td>4.44</td><td>4.53</td><td colspan="2"></td><td></td></tr>
<tr><td colspan="6">塑料护口（钢管用）dn15</td><td>个</td><td>2.225</td><td>0.1</td><td>0.22</td><td colspan="2"></td><td></td></tr>
<tr><td colspan="6">镀锌锁紧螺母 M15～20×3</td><td>个</td><td>2.225</td><td>0.12</td><td>0.27</td><td colspan="2"></td><td></td></tr>
<tr><td colspan="6"></td><td></td><td></td><td></td><td></td><td colspan="2"></td><td></td></tr>
<tr><td colspan="6"></td><td></td><td></td><td></td><td></td><td colspan="2"></td><td></td></tr>
<tr><td colspan="6"></td><td></td><td></td><td></td><td></td><td colspan="2"></td><td></td></tr>
<tr><td colspan="6"></td><td></td><td></td><td></td><td></td><td colspan="2"></td><td></td></tr>
<tr><td colspan="6"></td><td></td><td></td><td></td><td></td><td colspan="2"></td><td></td></tr>
<tr><td colspan="8">其他材料费</td><td>—</td><td>0.05</td><td colspan="2">—</td><td></td></tr>
<tr><td colspan="8">材料费小计</td><td>—</td><td>5.07</td><td colspan="2">—</td><td></td></tr>
</table>

表 8-39　综合单价分析表（第 17 页）

工程名称：某建筑电气工程　　　　标段：　　　　第 17 页　共 26 页

<table>
<tr><td>项目编码</td><td>030411001001</td><td colspan="2">项目名称</td><td colspan="5">配管</td><td>计量单位</td><td>m</td><td>工程量</td><td colspan="2">49.78</td></tr>
<tr><td colspan="14">清单综合单价组成明细</td></tr>
<tr><td rowspan="2">定额编号</td><td rowspan="2">定额项目名称</td><td rowspan="2">定额单位</td><td rowspan="2">数量</td><td colspan="5">单价</td><td colspan="5">合价</td></tr>
<tr><td>人工费</td><td>材料费</td><td>机械费</td><td>管理费</td><td>利润</td><td>人工费</td><td>材料费</td><td>机械费</td><td>管理费</td><td>利润</td></tr>
<tr><td>4-1141</td><td>钢管敷设 砖、混凝土结构暗配 钢管公称直径 20 mm 以内</td><td>100 m</td><td>0.01</td><td>479.52</td><td>85.15</td><td>15.1</td><td>210.99</td><td>67.13</td><td>4.8</td><td>0.85</td><td>0.15</td><td>2.11</td><td>0.67</td></tr>
<tr><td colspan="2">综合人工工日</td><td colspan="7">小计</td><td>4.8</td><td>0.85</td><td>0.15</td><td>2.11</td><td>0.67</td></tr>
<tr><td colspan="2">0.0648 工日</td><td colspan="7">未计价材料费</td><td colspan="5">22.85</td></tr>
<tr><td colspan="9">清单项目综合单价</td><td colspan="5">31.43</td></tr>
<tr><td rowspan="18">材料费明细</td><td colspan="4">主要材料名称、规格、型号</td><td colspan="2">单位</td><td colspan="2">数量</td><td>单价（元）</td><td>合价（元）</td><td>暂估单价（元）</td><td colspan="2">暂估合价（元）</td></tr>
<tr><td colspan="4">焊接钢管 公称直径 20 mm 以内</td><td colspan="2">m</td><td colspan="2">1.03</td><td>22.18</td><td>22.85</td><td></td><td colspan="2"></td></tr>
<tr><td colspan="4">镀锌电线管接头 φ20×5</td><td colspan="2">个</td><td colspan="2">0.1648</td><td>0.83</td><td>0.14</td><td></td><td colspan="2"></td></tr>
<tr><td colspan="4">塑料护口（钢管用）dn20</td><td colspan="2">个</td><td colspan="2">0.1545</td><td>0.1</td><td>0.02</td><td></td><td colspan="2"></td></tr>
<tr><td colspan="4">镀锌锁紧螺母 3×20</td><td colspan="2">个</td><td colspan="2">0.1545</td><td>0.13</td><td>0.02</td><td></td><td colspan="2"></td></tr>
<tr><td colspan="4">圆钢 φ5.5～9</td><td colspan="2">kg</td><td colspan="2">0.0073</td><td>3.42</td><td>0.02</td><td></td><td colspan="2"></td></tr>
<tr><td colspan="4">电焊条 J422 φ3.2</td><td colspan="2">kg</td><td colspan="2">0.0069</td><td>3.77</td><td>0.03</td><td></td><td colspan="2"></td></tr>
<tr><td colspan="4">镀锌铁丝 13#～17#</td><td colspan="2">kg</td><td colspan="2">0.0066</td><td>5.15</td><td>0.03</td><td></td><td colspan="2"></td></tr>
<tr><td colspan="4">锯条</td><td colspan="2">根</td><td colspan="2">0.03</td><td>0.19</td><td>0.01</td><td></td><td colspan="2"></td></tr>
<tr><td colspan="4">醇酸防锈漆 C53-1</td><td colspan="2">kg</td><td colspan="2">0.0094</td><td>12.86</td><td>0.12</td><td></td><td colspan="2"></td></tr>
<tr><td colspan="4">溶剂汽油</td><td colspan="2">kg</td><td colspan="2">0.0024</td><td>7.89</td><td>0.02</td><td></td><td colspan="2"></td></tr>
<tr><td colspan="4">金刚石锯片 φ114×1.8</td><td colspan="2">片</td><td colspan="2">0.0067</td><td>17.15</td><td>0.11</td><td></td><td colspan="2"></td></tr>
<tr><td colspan="4">水泥 32.5 级</td><td colspan="2">kg</td><td colspan="2">0.4554</td><td>0.27</td><td>0.12</td><td></td><td colspan="2"></td></tr>
<tr><td colspan="4">中砂</td><td colspan="2">t</td><td colspan="2">0.002898</td><td>67.39</td><td>0.2</td><td></td><td colspan="2"></td></tr>
<tr><td colspan="4">水</td><td colspan="2">m³</td><td colspan="2">0.00054</td><td>4.57</td><td></td><td></td><td colspan="2"></td></tr>
<tr><td colspan="8">其他材料费</td><td>—</td><td>0.01</td><td>—</td><td colspan="2"></td></tr>
<tr><td colspan="8">材料费小计</td><td>—</td><td>23.7</td><td>—</td><td colspan="2"></td></tr>
</table>

表 8-40　综合单价分析表（第 22 页）

工程名称：某建筑电气工程　　　　标段：　　　　第 22 页　共 26 页

<table>
<tr><td>项目编码</td><td colspan="3">030411004001</td><td>项目名称</td><td colspan="4">配线</td><td>计量单位</td><td>m</td><td>工程量</td><td colspan="2">304.31</td></tr>
<tr><td colspan="14">清单综合单价组成明细</td></tr>
<tr><td rowspan="2">定额编号</td><td rowspan="2" colspan="2">定额项目名称</td><td rowspan="2">定额单位</td><td rowspan="2">数量</td><td colspan="5">单价</td><td colspan="4">合价</td></tr>
<tr><td>人工费</td><td>材料费</td><td>机械费</td><td>管理费</td><td>利润</td><td>人工费</td><td>材料费</td><td>机械费</td><td>管理费和利润</td></tr>
</table>

<table>
<tr><td rowspan="2">定额编号</td><td rowspan="2">定额项目名称</td><td rowspan="2">定额单位</td><td rowspan="2">数量</td><td colspan="5">单价</td><td colspan="5">合价</td></tr>
<tr><td>人工费</td><td>材料费</td><td>机械费</td><td>管理费</td><td>利润</td><td>人工费</td><td>材料费</td><td>机械费</td><td>管理费</td><td>利润</td></tr>
<tr><td>4-1359</td><td>管内穿线 照明线路
导线截面 2.5 mm² 以内 铜芯</td><td>100 m 单线</td><td>0.01</td><td>56.98</td><td>15.33</td><td></td><td>25.07</td><td>7.98</td><td>0.57</td><td>0.15</td><td></td><td>0.25</td><td>0.08</td></tr>
<tr><td colspan="2">综合人工工日</td><td colspan="7">小计</td><td>0.57</td><td>0.15</td><td></td><td>0.25</td><td>0.08</td></tr>
<tr><td colspan="2">0.0077 工日</td><td colspan="7">未计价材料费</td><td colspan="5">8.24</td></tr>
<tr><td colspan="9">清单项目综合单价</td><td colspan="5">9.29</td></tr>
<tr><td rowspan="11">材料费明细</td><td colspan="4">主要材料名称、规格、型号</td><td colspan="2">单位</td><td colspan="2">数量</td><td>单价（元）</td><td>合价（元）</td><td>暂估单价（元）</td><td colspan="2">暂估合价（元）</td></tr>
<tr><td colspan="4">绝缘导线 导线截面 2.5 mm² 以内 铜芯</td><td colspan="2">m</td><td colspan="2">1.16</td><td>7.1</td><td>8.24</td><td></td><td colspan="2"></td></tr>
<tr><td colspan="4">钢丝 Φ1.6</td><td colspan="2">kg</td><td colspan="2">0.0009</td><td>6</td><td>0.01</td><td></td><td colspan="2"></td></tr>
<tr><td colspan="4">棉纱头</td><td colspan="2">kg</td><td colspan="2">0.002</td><td>5.57</td><td>0.01</td><td></td><td colspan="2"></td></tr>
<tr><td colspan="4">焊锡</td><td colspan="2">kg</td><td colspan="2">0.002</td><td>36.87</td><td>0.07</td><td></td><td colspan="2"></td></tr>
<tr><td colspan="4">焊锡膏 瓶装 50 g</td><td colspan="2">kg</td><td colspan="2">0.0001</td><td>51.45</td><td>0.01</td><td></td><td colspan="2"></td></tr>
<tr><td colspan="4">汽油</td><td colspan="2">kg</td><td colspan="2">0.005</td><td>9.12</td><td>0.05</td><td></td><td colspan="2"></td></tr>
<tr><td colspan="4">塑料胶布带 25 mm×10 m</td><td colspan="2">卷</td><td colspan="2">0.0025</td><td>3.14</td><td>0.01</td><td></td><td colspan="2"></td></tr>
<tr><td colspan="4"></td><td colspan="2"></td><td colspan="2"></td><td></td><td></td><td></td><td colspan="2"></td></tr>
<tr><td colspan="8">其他材料费</td><td>—</td><td>−0.01</td><td>—</td><td colspan="2"></td></tr>
<tr><td colspan="8">材料费小计</td><td>—</td><td>8.39</td><td>—</td><td colspan="2"></td></tr>
</table>

（2）分部分项工程费和单价措施项目费

分部分项工程费和单价措施项目费列于 8-41 和表 8-42 中。

表 8-41 分部分项工程和单价措施项目清单与计价表(第 1 页)

工程名称：某建筑电气工程　　　　标段：　　　　第 1 页　共 2 页

序号	项目编码	项目名称	项目特征描述	计量单位	工程量	金额(元)		
						综合单价	合价	其中 暂估价
1	030404017001	配电箱	1. 名称：配电箱 AL1 2. 型号：GXL-Ⅱ 3. 规格：800 mm×600 mm×200 mm 4. 安装方式：嵌入式，安装高度 1.6 m	台	1	550.58	550.58	
2	030404017002	配电箱	1. 名称：配电箱 AL2 2. 型号：PZ30R 3. 规格：300 mm×300 mm×200 mm 4. 安装方式：嵌入式，安装高度 1.6 m	台	1	550.58	550.58	
3	030404034001	照明开关	1. 名称：双联单控开关 2. 规格：250 V 10 A 3. 安装方式：暗装	个	1	13.93	13.93	
4	030404034002	照明开关	1. 名称：四联单控开关 2. 规格：250 V 10 A 3. 安装方式：暗装	个	1	14.16	14.16	
5	030404035001	插座	1. 名称：2+3 插座 2. 规格：250 V 10 A，安全型 3. 安装方式：暗装	个	2	11.15	22.30	
6	030404035002	插座	1. 名称：洗衣机插座 2. 规格：250 V 10 A，安全型 3. 安装方式：暗装	个	1	13.58	13.58	
7	030404035003	插座	1. 名称：排油烟机插座 2. 规格：250 V 10 A，安全型 3. 安装方式：暗装	个	1	13.58	13.58	
8	030404035004	插座	1. 名称：挂式空调插座 2. 规格：250 V 16 A，安全型 3. 安装方式：暗装	个	1	13.58	13.58	
9	030404035005	插座	1. 名称：柜式空调插座 2. 规格：250 V 16 A，安全型 3. 安装方式：暗装	个	1	13.58	13.58	
10	030412001001	普通灯具	1. 名称：节能灯头 2. 规格：250 V 1×22 W	套	6	66.87	401.22	
11	030412001002	普通灯具	1. 名称：节能防水灯 2. 规格：1×22 W	套	2	64.81	129.62	
12	030412004001	装饰灯	1. 名称：安全出口标志灯 2. 规格：1×3 W(自带电源 $t>$ 90 min) 3. 安装形式：明装，底边距地 2.5 m	套	1	81.75	81.75	
本页小计							1818.46	

表 8-42 分部分项工程和单价措施项目清单与计价表(第 2 页)

工程名称：某建筑电气工程 标段： 第 2 页 共 2 页

序号	项目编码	项目名称	项目特征描述	计量单位	工程量	金额(元)		
						综合单价	合价	其中 暂估价
13	030412004002	装饰灯	1. 名称：消防应急灯 2. 规格：2×5 W(自带电源 t>90 min) 3. 安装形式：明装，底边距地 2.5 m	套	3	78.69	236.07	
14	030411006001	接线盒	1. 名称：开关盒 2. 材质：塑料 3. 安装形式：暗装	个	8	9.11	72.88	
15	030411006002	接线盒	1. 名称：灯头盒 2. 材质：塑料 3. 安装形式：暗装	个	8	9.05	72.40	
16	030411006003	接线盒	1. 名称：灯头盒 2. 材质：铁 3. 安装形式：暗装	个	4	9.05	36.20	
17	030411001001	配管	1. 名称：钢管 2. 规格：SC20 3. 配置形式：暗配	m	49.78	31.43	1564.59	
18	030411001002	配管	1. 名称：钢管 2. 规格：SC50 3. 配置形式：暗配	m	3.35	65.33	218.86	
19	030411001003	配管	1. 名称：钢管 2. 规格：SC100 3. 配置形式：暗配	m	7.71	116.79	900.45	
20	030411001004	配管	1. 名称：刚性阻燃管 2. 规格：PC20 3. 配置形式：暗配	m	108.43	7.13	773.11	
21	030411001005	配管	1. 名称：刚性阻燃管 2. 规格：PC25 3. 配置形式：暗配	m	11.12	8.02	89.18	
22	030411004001	配线	1. 配线形式：照明线路 2. 型号：BV2.5 3. 配线部位：管内穿线	m	304.31	9.29	2827.04	
23	030411004002	配线	1. 配线形式：照明线路 2. 型号：BV4 3. 配线部位：管内穿线	m	106.6	10.55	1124.63	
24	030411004003	配线	1. 配线形式：照明线路 2. 型号：NH-BV2.5 3. 配线部位：管内穿线	m	207.1	9.29	1923.96	
25	030411004004	配线	1. 配线形式：照明线路 2. 型号：BV16 3. 配线部位：管内穿线	m	26.75	12.34	330.10	
		分部分项合计					11987.93	
1	031301017001	脚手架搭拆		项	1	88.66	88.66	
本页小计							10258.13	
合计							12076.59	

(3) 总价措施项目费

总价措施项目费列于表 8-43 中。

表 8-43 总价措施项目清单与计价表

工程名称：某建筑电气工程　　　　标段：　　　　第 1 页　共 1 页

序号	项目编码	项目名称	计算基础	费率（%）	金额（元）	调整费率（%）	调整后金额（元）	备注
1	031302001001	安全文明施工费		100.000	242.74			
1.1		基本费	分部分项合计＋单价措施项目合计－除税工程设备费	1.500	181.15			
1.2		增加费		0.300	36.23			
1.3		扬尘污染防治增加费		0.210	25.36			
2	031302002001	夜间施工增加						
3	031302003001	非夜间施工增加		0.300	36.23			
4	031302004001	二次搬运						
5	031302005001	冬雨季施工增加		0.075	9.06			
6	031302006001	已完工程及设备保护		0.025	3.02			
7	031302008001	临时设施		1.100	132.84			
8	031302009001	赶工措施						
9	031302010001	工程按质论价						
10	031302011001	住宅分户验收						
11	031302012001	建筑工人实名制费用		0.030	3.62			
12	031302090001	地上、地下设施、建筑物的临时保护设施						
13	031302091001	特殊条件下施工增加费						
合计					427.51			

(4) 其他项目费

其他项目费列于表 8-44 中。

表 8-44　其他项目清单与计价汇总表

工程名称：某建筑电气工程　　　　　　　　标段：　　　　　　　　第 1 页　共 1 页

序号	项目名称	金额（元）	结算金额（元）	备注
1	暂列金额			
2	暂估价			
2.1	材料暂估价			
2.2	专业工程暂估价			
3	计日工			
4	总承包服务费			
合计				

（5）规费、税金

规费、税金列于表8-45中。

表8-45　规费、税金项目计价表

工程名称：某建筑电气工程　　　　标段：　　　　第1页　共1页

序号	项目名称	计算基础	计算基数（元）	计算费率（%）	金额（元）
1	规费	环境保护税＋社会保险费＋住房公积金	365.12	100.000	365.12
1.1	社会保险费	分部分项工程费＋措施项目费＋其他项目费－除税工程设备费	12504.10	2.400	300.10
1.2	住房公积金	分部分项工程费＋措施项目费＋其他项目费－除税工程设备费	12504.10	0.420	52.52
1.3	环境保护税	分部分项工程费＋措施项目费＋其他项目费－除税工程设备费	12504.10	0.100	12.50
2	税金	分部分项工程费＋措施项目费＋其他项目费＋规费－除税甲供材料和甲供设备费/1.01	12869.22	9.000	1158.23
合计					1523.35

（6）单位工程招标控制价

单位工程招标控制价列于表8-46中。

表8-46 单位工程招标控制价表

工程名称：某建筑电气工程　　标段：　　第1页　共1页

序号	汇总内容	金额（元）	其中：暂估价（元）
1	分部分项工程费	11987.93	
1.1	人工费	1936.48	
1.2	材料费	8794.54	
1.3	施工机具使用费	132.84	
1.4	企业管理费	852.05	
1.5	利润	272.04	
2	措施项目费	516.17	
2.1	单价措施项目费	88.66	
2.2	总价措施项目费	427.51	
2.2.1	其中：安全文明施工措施费	242.74	
3	其他项目费		
3.1	其中：暂列金额		
3.2	其中：专业工程暂估		
3.3	其中：计日工		
3.4	其中：总承包服务费		
4	规费	365.12	
5	税金	1158.23	
招标控制价合计=1+2+3+4+5－甲供材料费_含设备/1.01		14027.45	

第9章

刷油、防腐蚀、绝热工程计量与计价

知识目标

1. 熟悉刷油、防腐蚀、绝热工程的工程量计算规则；

2. 掌握刷油、防腐蚀、绝热工程的工程量清单项目设置，项目编码、项目特征描述；

3. 掌握刷油、防腐蚀、绝热工程计价费用构成、计算方法。

能力目标

1. 能熟练运用《通用安装工程工程量计算规范》计算刷油、防腐蚀、绝热工程的工程量，编制工程量清单；

2. 能熟练运用《建设工程工程量清单计价规范》《江苏省安装工程计价定额》等查套定额，编制刷油、防腐蚀、绝热工程招标控制价、投标报价；

3. 能熟练运用计价软件编制刷油、防腐蚀、绝热工程的工程量清单，进行工程计价。

素质目标

1. 培养学生的专业意识和社会责任感，即在造价计算过程中要遵循各项计价规范、计价定额的规定，尤其是强制性条文的规定；

2. 培养学生的成本意识，即在计价过程中要尽量减少刷油、防腐蚀、绝热工程的人工、材料、机械费用，有效进行造价控制，为创建节约型社会贡献一份力量；

3. 培养学生踏实严谨的工作作风，即在进行刷油、防腐蚀、绝热工程计量时要合理控制误差，清单列项齐全不漏项，综合单价组价正确。

9.1 刷油、防腐蚀、绝热工程计量

9.1.1 除锈工程量计算

① 喷射除锈按 Sa2.5 级标准确定。若变更级别标准，如 Sa3 级按人工、材料、机械乘以系数 1.1；Sa2 级或 Sa1 级乘以系数 0.9 计算。

② 除锈工程不包括除微锈（标准：氧化皮完全紧附，仅有少量锈点），发生时其工程量执行轻锈定额乘以系数 0.2.

③ 因施工需要发生的二次除锈，其工程量另行计算。

9.1.2 刷油工程量计算

① 刷油工程按安装地点就地刷（喷）油漆考虑，如安装前管道集中刷油，人工乘以系数 0.7（暖气片除外）。

② 标志色环等零星刷油，执行刷油相应项目，其人工乘以系数 2.0.

③ 刷油定额中主材与稀干料可换算，但人工与材料量不变。

9.1.3 防腐蚀涂料工程量计算

① 防腐蚀涂料工程不包括热固化内容，应按相应项目另行计算。

② 涂料配比与实际设计配比不同时，应根据设计要求进行换算，但人工、机械不变。

③ 过氯乙烯涂料是按喷涂施工方法考虑的，其他涂料均按刷涂考虑。若发生喷涂施工，其人工乘以系数 0.3，材料乘以系数 1.16，增加喷涂机械台班耗量。

9.1.4 手工糊衬玻璃钢工程量计算

① 如因设计要求或施工条件不同，所用胶液配合比、材料品种与定额不同时，应按各种胶液中树脂用量为基数进行换算。

② 玻璃钢聚合是按间接聚合法考虑的，如因需要采用其他方法聚合时，应按施工方案另行计算。

③ 手工糊衬玻璃钢工程是按手工糊衬方法考虑的，不适用于手工糊制或机械成型的玻璃钢制品。

9.1.5 橡胶板及塑料板衬里工程量计算

① 热硫化橡胶板的硫化方法，按间接硫化处理考虑。需要直接硫化处理时，其人工乘以系数 1.25，所需材料和机械费用按施工方案另行计算。

② 塑料板衬里工程，搭接缝均按胶接考虑。若采用焊接时，其人工乘以系数 1.8，

胶浆用量乘以系数0.5，聚氯乙烯塑料焊条用量为5.19 kg/10 m^2。

③ 带有超过总面积15%衬里零件的贮槽、塔类设备，其人工乘以系数1.4。

9.1.6 衬铅及搪铅工程量计算

① 设备衬铅不分直径大小，均按安装在滚动器上施工考虑；若设备安装后进行挂衬铅板施工，其人工乘以系数1.39，材料、机械不变。

② 设备、型钢表面衬铅，铅板厚度按3 mm考虑；若铅板厚度大于3 mm，其人工乘以系数1.29，材料、机械另行计算。

9.1.7 喷镀（涂）工程量计算

① 喷镀（涂）工程适用于金属管道、设备、型钢等表面气喷镀工程及塑料和水泥砂浆的喷涂工程。

② 施工工具：喷镀采用国产SQP-1（高速、中速）气喷枪；喷塑采用塑料粉末喷枪。

③ 喷镀和喷塑采用氧乙炔焰。

9.1.8 耐酸砖、板衬里工程量计算

① 采用勾缝方法施工时，勾缝材料按相应项目树脂胶泥用量的10%计算，人工按相应项目人工的10%计算。

② 衬砌砖、板按规范进行自然养护考虑，若采用其他方法养护，按施工方案另行计算。

③ 胶泥搅拌是按机械搅拌考虑的，若采用其他方法则不得调整。

④ 立式设备人孔等部位发生旋拱施工时，每10 m^2 应增加木材0.01 m^3、铁钉0.20 kg。

9.1.9 绝热工程量计算

① 依据规范要求，保温厚度大于100 mm、保冷厚度大于80 mm时应分层施工，工程量分层计算。但如果设计要求保温厚度小于100 mm、保冷厚度小于80 mm也需分层施工时，也应分层计算工程量。

② 镀锌铁皮的规格按1000 mm×2000 mm和900 mm×1800 mm，厚度0.8 mm以下综合考虑，若采用其他规格铁皮时，可按实际调整。厚度大于0.8 mm时，其人工乘以系数1.2；卧式设备保护层安装，其人工乘以系数1.05。此项也适用于铝皮保护层，主材可换算。

③ 设备和管道绝热均按现场安装后绝热施工考虑，若先绝热后安装，其人工乘以系数0.9。

④ 采用不锈钢薄板保护层安装时，其人工乘以系数1.25，钻头用量乘以系数2.0，机械台班乘以系数1.15。

9.2 刷油、防腐蚀、绝热工程量清单

刷油、防腐蚀、绝热工程的工程量清单项目设置可参见《通用安装工程工程量计算规范》（GB 50856—2013）中的附录 M。

9.2.1 刷油工程量清单

刷油工程的工程量清单项目设置、项目特征描述的内容、计量单位及工程量计算规则，应按表 9-1 的规定执行。

表 9-1 附录 M.1 刷油工程（编码：031201）

项目编码	项目名称	项目特征	计量单位	工程量计算规则	工作内容
031201001	管道刷油	1. 除锈级别 2. 油漆品种 3. 涂刷遍数、漆膜厚度 4. 标志色方式、品种	1. m^2 2. m	1. 以平方米计量，按设计图示表面积尺寸以面积计算 2. 以米计量，按设计图示尺寸以长度计算	1. 除锈 2. 调配、涂刷
031201002	设备与矩形管道刷油				
031201003	金属结构刷油	1. 除锈级别 2. 油漆品种 3. 结构类型 4. 涂刷遍数、漆膜厚度	1. m^2 2. kg	1. 以平方米计量，按设计图示表面积尺寸以面积计算 2. 以千克计量，按金属结构的理论质量计算	
031201004	铸铁管、暖气片刷油	1. 除锈级别 2. 油漆品种 3. 涂刷遍数、漆膜厚度	1. m^2 2. m	1. 以平方米计量，按设计图示表面积尺寸以面积计算 2. 以米计量，按设计图示尺寸以长度计算	
031201005	灰面刷油	1. 油漆品种 2. 涂刷遍数、漆膜厚度 3. 涂刷部位	m^2	按设计图示表面积计算	调配、涂刷
031201006	布面刷油	1. 布面品种 2. 油漆品种 3. 涂刷遍数、漆膜厚度 4. 涂刷部位			

续表

项目编码	项目名称	项目特征	计量单位	工程量计算规则	工作内容
031201007	气柜刷油	1. 除锈级别 2. 油漆品种 3. 涂刷遍数、漆膜厚度 4. 涂刷部位	m^2	按设计图示表面积计算	1. 除锈 2. 调配、涂刷
031201008	玛蹄脂面刷油	1. 除锈级别 2. 油漆品种 3. 涂刷遍数、漆膜厚度			调配、涂刷
031201009	喷漆	1. 除锈级别 2. 油漆品种 3. 涂刷遍数、漆膜厚度 4. 涂刷部位			1. 除锈 2. 调配、喷涂

注：1. 管道刷油以米计算，按图示中心线以延长米计算，不扣除附属构筑物、管件及阀门等所占长度。

2. 涂刷部位：指涂刷表面的部位，如设备、管道等部位。

3. 结构类型：指涂刷金属结构的类型，如一般钢结构、管廊钢结构、H型钢制结构等类型。

4. 设备筒体、管道表面积：$S=\pi \cdot D \cdot L$，π 指圆周率，D 指直径，L 指设备筒体高或管道延长米。

5. 设备筒体、管道表面积包括管件、阀门、法兰、人孔、管口凹凸部分。

6. 带封头的设备面积：$S=L \cdot \pi \cdot D+(D/2) \cdot \pi \cdot K \cdot N$，$K$ 指 1.05，N 指封头个数。

9.2.2 防腐蚀涂料工程量清单

防腐蚀涂料工程的工程量清单项目设置、项目特征描述的内容、计量单位及工程量计算规则，应按表 9-2 的规定执行。

表 9-2　附录 M.2 防腐蚀涂料工程（编码：031202）

项目编码	项目名称	项目特征	计量单位	工程量计算规则	工作内容
031202001	设备防腐蚀	1. 除锈级别 2. 涂刷(喷)品种 3. 分层内容 4. 涂刷(喷)遍数、漆膜厚度	m^2	按设计图示表面积计算	1. 除锈 2. 调配、涂刷(喷)
031202002	管道防腐蚀		1. m^2 2. m	1. 以平方米计量，按设计图示表面积尺寸以面积计算 2. 以米计量，按设计图示尺寸以长度计算	
031202003	一般钢结构防腐蚀		kg	按一般钢结构的理论质量计算	
031202004	管廊钢结构防腐蚀			按管廊钢结构的理论质量计算	

续表

项目编码	项目名称	项目特征	计量单位	工程量计算规则	工作内容
031202005	防火涂料	1. 除锈级别 2. 涂刷(喷)品种 3. 涂刷(喷)遍数、漆膜厚度 4. 耐火极限(h) 5. 耐火厚度(mm)	m^2	按设计图示表面积计算	1. 除锈 2. 调配、涂刷(喷)
031202006	H型钢制结构防腐蚀	1. 除锈级别 2. 涂刷(喷)品种 3. 分层内容 4. 涂刷(喷)遍数、漆膜厚度			
031202007	金属油罐内壁防静电				
031202008	埋地管道防腐蚀	1. 除锈级别 2. 刷缠品种 3. 分层内容 4. 刷缠遍数	1. m^2 2. m	1. 以平方米计量，按设计图示表面积尺寸以面积计算 2. 以米计量，按设计图示尺寸以长度计算	1. 除锈 2. 刷油 3. 防腐蚀 4. 缠保护层
031202009	环氧煤沥青防腐蚀				1. 除锈 2. 涂刷、缠玻璃布
031202010	涂料聚合一次	1. 聚合类型 2. 聚合部位	m^2	按设计图示表面积计算	聚合

注：1. 分层内容：指应注明每一层的内容，如底漆、中间漆、面漆及玻璃丝布等内容。

2. 如设计要求热固化需注明。

3. 设备筒体、管道表面积：$S=\pi \cdot D \cdot L$，π指圆周率，D指直径，L指设备筒体高或管道延长米。

4. 阀门表面积：$S=\pi \cdot D \cdot 2.5D \cdot K \cdot N$，$K$指1.05，$N$指阀门个数。

5. 弯头表面积：$S=\pi \cdot D \cdot 1.5D \cdot 2\pi \cdot N/B$，$N$指弯头个数。$B$值取定：90°弯头$B=4$；45°弯头$B=8$。

6. 法兰表面积：$S=\pi \cdot D \cdot 1.5D \cdot K \cdot N$，$K$指1.05，$N$指法兰个数。

7. 设备、管道法兰翻边面积：$S=\pi \cdot (D+A) \cdot A$，$A$指法兰翻边宽。

8. 带封头的设备面积：$S=L \cdot \pi \cdot D+(D^2/2) \cdot \pi \cdot K \cdot N$，$K$指1.5，$N$指封头个数。

9. 计算设备、管道内壁防腐蚀工程量，当壁厚大于10 mm时，按其内径计算；当壁厚小于10 mm时，按其外径计算。

9.2.3 手工糊衬玻璃钢工程量清单

手工糊衬玻璃钢工程的工程量清单项目设置、项目特征描述的内容、计量单位及工程量计算规则，应按表9-3的规定执行。

表 9-3　附录 M.3 手工糊衬玻璃钢工程（编码：031203）

项目编码	项目名称	项目特征	计量单位	工程量计算规则	工作内容
031203001	碳钢设备糊衬	1. 除锈级别 2. 糊衬玻璃钢品种 3. 分层内容 4. 糊衬玻璃钢遍数	m^2	按设计图示表面积计算	1. 除锈 2. 糊衬
031203002	塑料管道糊衬	1. 糊衬玻璃钢品种 2. 分层内容 3. 糊衬玻璃钢遍数			糊衬
031203003	各种玻璃钢聚合	聚合次数			聚合

注：1. 如设计对胶液配合比、材料品种有特殊要求需说明。
2. 遍数指底漆、面漆、涂刮腻子、缠布层数。

9.2.4 橡胶板及塑料板衬里工程量清单

橡胶板及塑料板衬里工程的工程量清单项目设置、项目特征描述的内容、计量单位及工程量计算规则，应按表 9-4 的规定执行。

表 9-4　附录 M.4 橡胶板及塑料板衬里工程（编码：031204）

项目编码	项目名称	项目特征	计量单位	工程量计算规则	工作内容
031204001	塔、槽类设备衬里	1. 除锈级别 2. 衬里品种 3. 衬里层数 4. 设备直径	m^2	按设计图示表面积计算	1. 除锈 2. 刷浆贴衬、硫化、硬度检查
031204002	锥形设备衬里				
031204003	多孔板衬里	1. 除锈级别 2. 衬里品种 3. 衬里层数			
031204004	管道衬里	1. 除锈级别 2. 衬里品种 3. 衬里层数 4. 管道规格			
031204005	阀门衬里	1. 除锈级别 2. 衬里品种 3. 衬里层数 4. 阀门规格			
031204006	管件衬里	1. 除锈级别 2. 衬里品种 3. 衬里层数 4. 名称、规格			

续表

项目编码	项目名称	项目特征	计量单位	工程量计算规则	工作内容
031204007	金属表面衬里	1. 除锈级别 2. 衬里品种 3. 衬里层数	m^2	按设计图示表面积计算	1. 除锈 2. 刷浆贴衬

注：1. 热硫化橡胶板如设计要求采取特殊硫化处理需注明。
2. 塑料板搭接如设计要求采取焊接需注明。
3. 带有超过总面积15%衬里零件的贮槽、塔类设备需说明。

9.2.5 衬铅及搪铅工程量清单

衬铅及搪铅工程的工程量清单项目设置、项目特征描述的内容、计量单位及工程量计算规则，应按表 9-5 的规定执行。

表 9-5 附录 M.5 衬铅及搪铅工程（编码：031205）

项目编码	项目名称	项目特征	计量单位	工程量计算规则	工作内容
031205001	设备衬铅	1. 除锈级别 2. 衬铅方法 3. 铅板厚度	m^2	按设计图示表面积计算	1. 除锈 2. 衬铅
031205002	型钢及支架包铅	1. 除锈级别 2. 铅板厚度			1. 除锈 2. 包铅
031205003	设备封头、底搪铅	1. 除锈级别 2. 搪层厚度			1. 除锈 2. 焊铅
031205004	搅拌叶轮、轴类搪铅				

注：设备衬铅如设计要求安装后再衬铅需注明。

9.2.6 喷镀（涂）工程量清单

喷镀（涂）工程的工程量清单项目设置、项目特征描述的内容、计量单位及工程量计算规则，应按表 9-6 的规定执行。

表 9-6 附录 M.6 喷镀（涂）工程（编码：031206）

项目编码	项目名称	项目特征	计量单位	工程量计算规则	工作内容
031206001	设备喷镀(涂)	1. 除锈级别 2. 喷镀(涂)品种 3. 喷镀(涂)厚度 4. 喷镀(涂)层数	1. m^2 2. kg	1. 以平方米计量，按设备图示表面积计算 2. 以千克计量，按设备零部件质量计算	1. 除锈 2. 喷镀(涂)
031206002	管道喷镀(涂)		m^2	按设计图示表面积计算	
031206003	型钢喷镀(涂)				
031206004	一般钢结构喷(涂)塑	1. 除锈级别 2. 喷(涂)塑品种	kg	按设计图示金属结构质量计算	1. 除锈 2. 喷(涂)塑

9.2.7 耐酸砖、板衬里工程量清单

耐酸砖、板衬里工程的工程量清单项目设置、项目特征描述的内容、计量单位及工程量计算规则，应按表9-7的规定执行。

表9-7 附录M.7耐酸砖、板衬里工程（编码：031207）

<table>
<tr><th>项目编码</th><th>项目名称</th><th>项目特征</th><th>计量单位</th><th>工程量计算规则</th><th>工作内容</th></tr>
<tr><td>031207001</td><td>圆形设备耐酸砖、板衬里</td><td>1. 除锈级别
2. 衬里品种
3. 砖厚度、规格
4. 板材规格
5. 设备形式
6. 设备规格
7. 抹面厚度
8. 涂刮面材质</td><td rowspan="4">m²</td><td rowspan="4">按设计图示表面积计算</td><td rowspan="3">1. 除锈
2. 衬砖
3. 抹面
4. 表面涂刮</td></tr>
<tr><td>031207002</td><td>矩形设备耐酸砖、板衬里</td><td rowspan="2">1. 除锈级别
2. 衬里品种
3. 砖厚度、规格
4. 板材规格
5. 设备规格
6. 抹面厚度
7. 涂刮面材质</td></tr>
<tr><td>031207003</td><td>锥(塔)形设备耐酸砖、板衬里</td></tr>
<tr><td>031207004</td><td>供水管内衬</td><td>1. 衬里品种
2. 材料材质
3. 管道规格型号
4. 衬里厚度</td><td>1. 衬里
2. 养护</td></tr>
<tr><td>031207005</td><td>衬石墨管接</td><td>规格</td><td>个</td><td>按设计图示数量计算</td><td>安装</td></tr>
<tr><td>031207006</td><td>铺衬石棉板</td><td rowspan="2">部位</td><td rowspan="2">m²</td><td rowspan="2">按设计图示表面积计算</td><td>铺衬</td></tr>
<tr><td>031207007</td><td>耐酸砖板衬体热处理</td><td>1. 安装电炉
2. 热处理</td></tr>
</table>

注：1. 圆形设备形式指立式或卧式。
2. 硅质耐酸胶泥衬砌块材如设计要求勾缝需注明。
3. 衬砌砖、板如设计要求采用特殊养护需注明。
4. 胶版、金属面如设计要求脱脂需注明。
5. 设备拱砌筑需注明。

9.2.8 绝热工程量清单

绝热工程的工程量清单项目设置、项目特征描述的内容、计量单位及工程量计算规则，应按表 9-8 的规定执行。

表 9-8 附录 M.8 绝热工程（编码：031208）

项目编码	项目名称	项目特征	计量单位	工程量计算规则	工作内容
031208001	设备绝热	1. 绝热材料品种 2. 绝热厚度 3. 设备形式 4. 软木品种	m^3	按设计图示表面积加绝热层厚度及调整系数计算	1. 安装 2. 软木制品安装
031208002	管道绝热	1. 绝热材料品种 2. 绝热厚度 3. 管道外径 4. 软木品种	m^3	按设计图示表面积加绝热层厚度及调整系数计算	1. 安装 2. 软木制品安装
031208003	通风管道绝热	1. 绝热材料品种 2. 绝热厚度 3. 软木品种	1. m^3 2. m^2	1. 以立方米计量，按设计图示表面积加绝热层厚度及调整系数计算 2. 以平方米计量，按设计图示表面积及调整系数计算	1. 安装 2. 软木制品安装
031208004	阀门绝热	1. 绝热材料 2. 绝热厚度 3. 阀门规格	m^3	按设计图示表面积加绝热层厚度及调整系数计算	安装
031208005	法兰绝热	1. 绝热材料 2. 绝热厚度 3. 法兰规格	m^3	按设计图示表面积加绝热层厚度及调整系数计算	安装
031208006	喷涂、涂抹	1. 材料 2. 厚度 3. 对象	m^2	按设计图示表面积计算	喷涂、涂抹安装
031208007	防潮层、保护层	1. 材料 2. 厚度 3. 层数 4. 对象 5. 机构形式	1. m^2 2. kg	1. 以平方米计量，按设计图示表面积加绝热层厚度及调整系数计算 2. 以千克计量，按设计图示金属结构质量计算	安装

续表

项目编码	项目名称	项目特征	计量单位	工程量计算规则	工作内容
031208008	保温盒、保温托盘	名称	1. m^2 2. kg	1. 以平方米计量，按设计图示表面积计算 2. 以千克计量，按设计图示金属结构质量计算	制作、安装

注：1. 设备形式指立式、卧式或球形。

2. 层数指一布二油、两布三油等。

3. 对象指设备、管道、通风管道、阀门、法兰、钢结构。

4. 结构形式指钢结构：一般钢结构、H 型钢制结构、管廊钢结构。

5. 如设计要求保温、保冷分层施工需注明。

6. 设备筒体、管道绝热工程量 $V=\pi\cdot(D+1.033\delta)\cdot 1.003\delta\cdot L$，π 指圆周率，$D$ 指直径，1.033 指调整系数，δ 指绝热层厚度，L 指设备筒体高或管道延长米。

7. 设备筒体、管道防潮和保护层工程量 $S=\pi\cdot(D+2.1\delta+0.0082)\cdot L$，2.1 指调整系数，0.0082 指捆扎线直径或钢带宽。

8. 单管伴热管、双管伴热管（管径相同，夹角小于 90°时）工程量：$D'=D_1+D_2+(10\sim 20\ \text{mm})$，$D'$指伴热管道综合值，$D_1$ 指主管道直径，D_2 指伴热管道直径，(10～20 mm) 指主管道与伴热管道之间的间隙。

9. 双管伴热（管径相同，夹角大于 90°时）工程量：$D'=D_1+1.5D_2+(10\sim 20\ \text{mm})$。

10. 双管伴热（管径不同，夹角小于 90°时）工程量：$D'=D_1+D_{伴大}+(10\sim 20\ \text{mm})$。

11. 设备封头绝热工程量：$V=[(D+1.033\delta)/2]^2\pi\cdot 1.033\delta\cdot 1.5\cdot N$，$N$ 指设备封头个数。

12. 设备封头防潮和保护层工程量：$S=[(D+2.1\delta)/2]^2\pi\cdot 1.5\cdot N$，$N$ 指设备封头个数。

13. 阀门绝热工程量：$V=\pi\cdot(D+1.033\delta)\cdot 2.5D\cdot 1.033\delta\cdot 1.05\cdot N$，$N$ 指阀门个数。

14. 阀门防潮和保护层工程量：$S=\pi\cdot(D+2.1\delta)\cdot 2.5D\cdot 1.05\cdot N$，$N$ 指阀门个数。

15. 法兰绝热工程量：$V=\pi\cdot(D+1.033\delta)\cdot 1.5D\cdot 1.033\delta\cdot 1.05\cdot N$，1.05 指调整系数，$N$ 指法兰个数。

16. 法兰防潮和保护层工程量：$S=\pi\cdot(D+2.1\delta)\cdot 1.5D\cdot 1.05\cdot N$，$N$ 指法兰个数。

17. 弯头绝热工程量：$V=\pi\cdot(D+1.033\delta)\cdot 1.5D\cdot 2\pi\cdot 1.033\delta\cdot N/B$，$N$ 指弯头个数。B 值：90°弯头，$B=4$；45°弯头，$B=8$。

18. 弯头防潮和保护层工程量：$S=\pi\cdot(D+2.1\delta)\cdot 1.5D\cdot 2\pi\cdot N/B$，$N$ 指弯头个数。B 值：90°弯头，$B=4$；45°弯头，$B=8$。

19. 拱顶罐封头绝热工程量：$V=2\pi r\cdot(h+1.033\delta)\cdot 1.033\delta$。

20. 拱顶罐封头防潮和保护层工程量：$S=2\pi r\cdot(h+2.1\delta)$。

21. 绝热工程第二层（直径）工程量：$D=(D+2.1\delta)+0.0082$，以此类推。

22. 计算规则中调整系数按备注中的系数执行。

23. 绝热工程前需除锈、刷油，应按本附录 M.1 刷油工程相关项目编码列项。

9.2.9 管道补口补伤工程量清单

管道补口补伤工程的工程量清单项目设置、项目特征描述的内容、计量单位及工程量计算规则，应按表 9-9 的规定执行。

表 9-9 附录 M.9 管道补口补伤工程（编码：031209）

项目编码	项目名称	项目特征	计量单位	工程量计算规则	工作内容
031209001	刷油	1. 除锈级别 2. 油漆品种 3. 涂刷遍数 4. 管外径	1. m^2 2. 口	1. 以平方米计量，按设计图示表面积尺寸以面积计算 2. 以口计量，按设计图示数量计算	1. 除锈、除油污 2. 涂刷
031209002	防腐蚀	1. 除锈级别 2. 材料 3. 管外径			
031209003	绝热	1. 绝热材料品种 2. 绝热厚度 3. 管道外径			安装
031209004	管道热缩套管	1. 除锈级别 2. 热缩管品种 3. 热缩管规格	m^2	按设计图示表面积计算	1. 除锈 2. 涂刷

9.2.10 阴极保护及牺牲阳极工程量清单

阴极保护及牺牲阳极工程量清单项目设置、项目特征描述的内容、计量单位及工程量计算规则，应按表 9-10 的规定执行。

表 9-10 附录 M.10 阴极保护及牺牲阳极（编码：031210）

项目编码	项目名称	项目特征	计量单位	工程量计算规则	工作内容
031210001	阴极保护	1. 仪表名称、型号 2. 检查头数量 3. 通电点数量 4. 电缆材质、规格、数量 5. 调试类别	站	按设计图示数量计算	1. 电气仪表安装 2. 检查头、通电点制作安装 3. 焊点绝缘防腐 4. 电缆敷设 5. 系统调试
031210002	阳极保护	1. 废钻杆规格、数量 2. 均压线材质、数量 3. 阳极材质、规格	个		1. 挖、填土 2. 废钻杆敷设 3. 均压线敷设 4. 阳极安装
031210003	牺牲阳极	材质、袋装数量			1. 挖、填土 2. 合金棒安装 3. 焊接绝缘防腐

9.2.11 相关问题说明

① 刷油、防腐蚀、绝热工程适用于新建、扩建项目中的设备、管道、金属结构等的刷油、防腐蚀、绝热工程。

② 一般钢结构（包括吊、支、托架，梯子，栏杆，平台）、管廊钢结构以千克

(kg) 为计量单位；大于 400 mm 型钢及 H 型钢制结构以平方米（m^2）为计量单位，按展开面积计算。

③ 由钢管组成的金属结构的刷油按管道刷油相关项目编码，由钢板组成的金属结构的刷油按 H 型钢刷油相关项目编码。

④ 矩形设备衬里按最小边长塔、槽类设备衬里相关项目编码。

9.3 刷油、防腐蚀、绝热工程计价

9.3.1 刷油、防腐蚀、绝热工程计价定额说明

①《江苏省安装工程计价定额》(2014 版）中的“第十一册　刷油、防腐蚀、绝热工程”适用于新建、扩建项目中的设备、管道、金属结构等的刷油、防腐蚀、绝热工程。

② 一般钢结构（包括吊、支、托架，梯子，栏杆，平台)、管廊结构以“100 kg”为单位，大于 400 mm 的型钢及 H 型钢制结构以“10 m^2”为单位。

③ 关于下列各项费用的规定如下。

a. 脚手架搭拆费，按下列系数计算，其中人工工资占 25%：

Ⅰ刷油工程：按人工费的 8%；

Ⅱ防腐蚀工程：按人工费的 12%；

Ⅲ绝热工程：按人工费的 20%；

Ⅳ除锈工程的脚手架搭拆费计算应分别随刷油工程或防腐蚀工程计算，即刷油工程的脚手架搭拆费的计算基数中应包括除锈工程发生的人工费；防腐蚀工程的脚手架搭拆费的计算基数中应包括除锈工程发生的人工费。

b. 超高降效增加费，以设计标高±0.00 m 为准，当安装高度超过±6.00 m 时，人工和机械分别乘以表 9-11 系数。

表 9-11　超高降效增加费系数（第十一册）

20 m 以内	30 m 以内	40 m 以内	50 m 以内	60 m 以内	70 m 以内	80 m 以内	80 m 以上
0.30	0.40	0.50	0.60	0.70	0.80	0.90	1.00

c. 厂区外 1～10 km 施工增加的费用，按超过部分的人工和机械乘以系数 1.10 计算。

d. 安装与生产同时增加的费用，按人工费的 10%计算。

e. 在有害身体健康的环境中施工增加的费用，按人工费的 10%计算。

f. 高层建筑增加费按主体工程（通风空调、消防、给排水、采暖、电气工程等）的高层建筑增加费相应规定计取。

9.3.2 除锈工程计价

① 除锈工程定额适用于金属表面的手工、电动工具、干喷射除锈及化学除锈工程。

② 各种管件、阀件及设备上人孔、管口凹凸部分的除锈已综合考虑在定额内。

③ 手工、动力工具除锈分轻、中、重三种，区分标准如下：

轻锈：部分氧化皮开始破裂脱落，红锈开始发生。

中锈：部分氧化皮破裂脱落，呈堆粉状，除锈后用肉眼能见到腐蚀小凹点。

重锈：大部分氧化皮脱落，呈片状锈层或凸起的锈斑，除锈后出现麻点或麻坑。

④ 喷射除锈标准：

Sa3 级：除净金属表面上的油脂、氧化皮、锈蚀产物等一切杂物，呈现均一的金属本色，并有一定的粗糙度。

Sa2.5 级：完全除去金属表面上的油脂、氧化皮、锈蚀产物等一切杂物，可见的阴影条纹、斑痕等残留物不得超过单位面积的 5%。

Sa2 级：除去金属表面上的油脂、锈皮、疏松氧化皮、浮锈等杂物，允许有附紧的氧化皮。

⑤ 除锈工程定额中的钢结构划分为一般钢结构、管廊钢结构、H 型钢制结构（包括大于400 mm 以上各种型钢）三个档次。一般钢结构包括：梯子、栏杆、支吊架、平台等。H 型钢制结构包括：各种 H 型钢及规格大于 400 mm 以上各种型钢组成的钢结构。管廊钢结构包括：除一般钢结构和 H 型钢结构及规格大于 400 mm 以上各类型钢外，余下部分的钢结构。

9.3.3 刷油工程计价

① 刷油工程适用于金属面、管道、设备、通风管道、金属结构与玻璃布面、石棉布面、玛蹄脂面、抹灰面等刷（喷）油漆工程。

② 金属面刷油不包括除锈工作内容。

③ 各种管件、阀门和设备人孔、管口凹凸部分的刷油已综合考虑在定额内，不得另行计算。

9.3.4 防腐蚀涂料工程计价

① 防腐蚀涂料工程适用于设备、管道、金属结构等各种防腐涂料工程。

② 防腐蚀涂料工程不包括除锈工作内容。

③ 防腐蚀涂料工程聚合热固化是采用蒸汽及红外线间接聚合固化考虑的，如采用其他方法，应按施工方案另行计算。

④ 如果用定额中未包括的新品种涂料，应按接近定额项目执行，其人工、机械消耗量不变。

9.3.5 手工糊衬玻璃钢工程计价

① 手工糊衬玻璃钢工程适用于碳钢设备手工糊衬玻璃钢和管道玻璃钢增强工程。

② 施工工序：材料运输，填料干燥过筛，设备表面清洗，塑料管道表面打毛、清洗，胶液配制、刷涂，腻子配制、刮涂，玻璃丝布脱脂、下料、贴衬。

③ 施工工序中不包括金属表面除锈，发生时应根据其工程量执行“第一章　除锈

工程”相应项目。

④ 塑料管道玻璃钢增强所用玻璃布幅宽是按 200～250 mm 考虑的。

9.3.6 橡胶板及塑料板衬里工程计价

① 橡胶板及塑料板衬里工程适用于金属管道、管件、阀门、多孔板、设备的橡胶板衬里和金属表面的软聚氯乙烯塑料板衬里工程。

② 橡胶板及塑料板用量包括：有效面积需用量（不扣除人孔），搭接面积需用量，法兰翻边及下料时的合理损耗量。

③ 橡胶板及塑料板衬里工程定额不包括除锈工作内容。

9.3.7 衬铅及搪铅工程计价

① 衬铅及搪铅工程适用于金属设备、型钢等表面衬铅、搪铅工程。

② 铅板焊接采用氢氧焊；搪铅采用氧乙炔焰。

③ 衬铅及搪铅工程不包括金属表面除锈，发生时按“第一章　除锈工程”相应项目计算。

9.3.8 喷镀（涂）工程计价

① 喷镀（涂）工程适用于金属管道、设备、型钢等表面气喷镀工程及塑料和水泥砂浆的喷涂工程。

② 施工工具：喷镀采用国产 SQP-1（高速、中速）气喷枪；喷塑采用塑料粉末喷枪。

③ 喷镀和喷塑采用氧乙炔焰。

④ 喷镀（涂）工程不包括除锈工作内容。

9.3.9 耐酸砖、板衬里工程计价

① 耐酸砖、板衬里工程适用于各种金属设备的耐酸砖、板衬里工程。

② 树脂耐酸胶泥包括环氧树脂、酚醛树脂、呋喃树脂、环氧酚醛树脂、环氧呋喃树脂耐酸胶泥等。

③ 调制胶泥不分机械和手工操作，均执行耐酸砖、板衬里工程定额。

④ 定额工序中不包括金属设备表面除锈，发生时应执行“第一章　除锈工程”相应项目。

⑤ 衬砌砖、板按规范进行自然养护考虑，若采用其他方法养护，其工程量应按施工方案另行计算。

9.3.10 绝热工程计价

① 绝热工程适用于设备、管道、通风管道绝热工程。

② 伴热管道、设备绝热工程量的计算方法是，主绝热管道或设备的直径加伴热管道的直径，再加 10～20 mm 的间隙作为计算的直径，即 $D=D_{主}+D_{伴}+(10\sim20\ \text{mm})$。

③ 仪表管道绝热工程，应执行绝热工程计价定额相应项目。

④ 管道绝热工程，除法兰、阀门外，其他管件均已考虑在内；设备绝热工程，除法兰、人孔外，其封头已考虑在内。

⑤ 聚氨酯泡沫塑料发泡工程，是按现场直喷无模具考虑的，若采用有模具浇筑法施工，其模具制作安装应依据施工方案另行计算。

⑥ 矩形管道绝热需要加防雨坡度时，其人工、材料、机械应另行计算。

⑦ 卷材安装应执行相同材质的板材安装项目，其人工、铁线消耗量不变，但卷材用量损耗率按 3.1%考虑。

⑧ 复合成品材料安装应执行相同材质瓦块（或管壳）安装项目。复合材料分别安装时应按分层计算。

⑨ 绝热工程保温材料品种划分为纤维类制品、泡沫塑料类制品、毡类制品及硬质材料类制品。纤维类制品包括：矿棉、岩棉、玻璃棉、超细玻璃棉、泡沫石棉制品及硅酸铝制品等；泡沫类制品包括聚苯乙烯泡沫塑料、聚氨酯泡沫塑料等；毡类制品包括岩棉毡、玻璃棉毡制品；硬质材料类制品包括珍珠岩制品、泡沫玻璃类制品。

9.3.11 管道补口补伤工程计价

① 管道补口补伤工程适用于金属管道的补口补伤的防腐工程。

② 管道补口补伤防腐涂料有环氧煤沥青漆、氯磺化聚乙烯漆、聚氨酯漆、无机富锌漆。

③ 管道补口补伤工程定额项目均采用手工操作。

④ 管道补口每个口取定为，ϕ426 mm 以下（含ϕ426 mm）管道每个口补口长度为 400 mm；ϕ426 mm 以上管道每个口补口长度为 600 mm。

⑤ 各类涂料涂层厚度。

a. 氯磺化聚乙烯漆为 0.3～0.4 mm 厚。

b. 聚氨酯漆为 0.3～0.4 mm 厚。

c. 环氧煤沥青漆涂层厚度：普通级 0.3 mm 厚，包括底漆一遍、面漆两遍；加强级 0.5 mm 厚，包括底漆一遍、面漆三遍及玻璃布一层；特加强级 0.8 mm 厚，包括底漆一遍、面漆四遍及玻璃布两层。

⑥ 施工工序包括补伤，但不含表面除锈，发生时执行“第一章　除锈工程”相应项目。

9.3.12 阴极保护及牺牲阳极工程计价

① 阴极保护及牺牲阳极适用于长输管道工程阴极保护、牺牲阳极。

② 阴极保护恒电位仪安装包括本身设备安装、设备之间的电器连接线路安装。至于通电点、均压线塑料电缆长度如超出定额用量的 10%时，可以按实调整。牺牲阳极和接地装置安装，已综合考虑立式和水平埋设，不得因埋设方式不同而进行调整。

③ 牺牲阳极定额中，每袋装入镁合金、铝合金、锌合金的数量按设计图纸确定。

第10章 措施项目清单

知识目标

1. 了解措施项目的分类；
2. 熟悉措施项目的工作内容和包含范围。

能力目标

1. 能正确判断措施项目的类型；
2. 能说出安全文明施工包含的工作内容。

素质目标

1. 培养学生对措施项目费的认识，强化施工管理意识和成本意识，有效节约施工管理费用；
2. 培养学生对安全文明施工措施费的认识，强化学生的安全意识。

措施项目清单的项目设置可参见《通用安装工程工程量计算规范》（GB 50856—2013）中的附录 N。

10.1 专业措施项目

专业措施项目清单的项目设置、项目特征描述的内容、计量单位及工程量计算规则，应按表 10-1 的规定执行。

表 10-1　附录 N.1 专业措施项目（编码：031301）

项目编码	项目名称	工作内容及包含范围
031301001	吊装加固	1. 行车梁加固 2. 桥式起重机加固及负荷试验 3. 整体吊装临时加固件，加固设施拆除、清理

续表

项目编码	项目名称	工作内容及包含范围
031301002	金属抱杆安装、拆除、移位	1. 安装、拆除 2. 位移 3. 吊耳制作安装 4. 拖拉坑挖埋
031301003	平台铺设、拆除	1. 场地平整 2. 基础及支墩砌筑 3. 支架型钢搭设 4. 铺设 5. 拆除、清理
031301004	顶升、提升装置	安装、拆除
031301005	大型设备专用机具	
031301006	焊接工艺评定	焊接、试验及结果评价
031301007	胎（模）具制作、安装、拆除	制作、安装、拆除
031301008	防护棚制作、安装、拆除	防护棚制作、安装、拆除
031301009	特殊地区施工增加	1. 高原、高寒施工防护 2. 地震防护
031301010	安装与生产同时进行施工增加	1. 火灾防护 2. 噪声防护
031301011	在有害身体健康环境中施工增加	1. 有害化合物防护 2. 粉尘防护 3. 有害气体防护 4. 高浓度氧气防护
031301012	工程系统检测、检验	1. 起重机、锅炉、高压容器等特种设备安装质量监督检验检测 2. 由国家或地方检测部门进行的各类检测
031301013	设备、管道施工的安全、防冻和焊接保护	保证工程施工正常进行的防冻和焊接保护
031301014	焦炉烘炉、热态工程	1. 烘炉安装、拆除、外运 2. 热态作业劳保消耗
031301015	管道安拆后的充气保护	充气管道安装、拆除
031301016	隧道内施工的通风、供水、供气、供电、照明及通信设施	通风、供水、供气、供电、照明及通信设施安装、拆除
031301017	脚手架搭拆	1. 场内、场外材料搬运 2. 搭、拆脚手架 3. 拆除脚手架后材料的堆放
031301018	其他措施	为保证工程施工正常进行所发生的费用

注：1. 由国家或地方检测部门进行的各类检测，指安装工程不包括的属经营服务性项目，如通电测试、防雷装置检测、安全、消防工程检测、室内空气质量检测等。

2. 脚手架按各附录分别列项。

3. 其他措施项目必须根据实际措施项目名称确定项目名称，明确描述工作内容及包含范围。

10.2 安全文明施工及其他措施项目

安全文明施工及其他措施项目清单的项目设置、项目特征描述的内容、计量单位及工程量计算规则，应按表10-2的规定执行。

表10-2 附录N.2 安全文明施工及其他措施项目（编码：031302）

项目编码	项目名称	工作内容及包含范围
031302001	安全文明施工	1. 环境保护：现场施工机械设备降低噪声、防扰民措施；水泥和其他易飞扬细颗粒建筑材料密闭存放或采取覆盖措施等；工程防扬尘洒水；土石方、建渣外运车辆保护措施等；现场污染源的控制、生活垃圾清理外运、场地排水排污措施；其他环境保护措施 2. 文明施工："五牌一图"；现场围挡的墙面美化（包括内外粉刷、刷白、标语等）、压顶装饰；现场厕所便槽刷白、贴面砖，水泥砂浆地面或地砖，建筑物内临时便溺设施；其他施工现场临时设施的装饰装修、美化措施；现场生活卫生设施；符合卫生要求的饮水设备、淋浴、消毒等设施；生活用洁净燃料；防煤气中毒、防蚊虫叮咬等措施；施工现场操作场地的硬化；现场绿化、治安综合治理；现场配备医药保健器材、物品费用和急救人员培训；用于现场工人的防暑降温、电风扇、空调等设备及用电；其他文明施工措施 3. 安全施工：安全资料、特殊作业专项方案的编制，安全施工标志的购置及安全宣传；"三宝"（安全帽、安全带、安全网）、"四口"（楼梯口、电梯井口、通道口、预留洞口）、"五临边"（阳台周边、楼梯围边、屋面围边、槽坑围边、卸料平台两侧）、水平防护架、垂直防护架、外架封闭等防护措施；施工安全用电，包括配电箱三级配电、两级保护装置要求、外电防护措施；起重机、塔吊等起重设备（含井架、门架）及外用电梯的安全防护措施（含警示标志）及卸料平台的临边防护、层间安全门、防护棚等设施；建筑工地起重机械的检验检测；施工机具防护棚及其围栏的安全保护设施；施工安全防护通道；工人的安全防护用品、用具购置；消防设施与消防器材的配置；电气保护、安全照明设施；其他安全防护措施 4. 临时设施：施工现场采用彩色、定型钢板，砖、混凝土砌块等围挡的安砌、维修、拆除；施工现场临时建筑物、构筑物的搭设、维修、拆除，如临时宿舍、办公室、食堂、厨房、厕所、诊疗所、临时文化福利用房、临时仓库、加工场、搅拌台、临时简易水塔、水池等；施工现场临时设施的搭设、维修、拆除，如临时供水管道、临时供电管线、小型临时设施等；施工现场规定范围内临时简易道路铺设，临时排水沟、排水设施安砌、维修、拆除；其他临时设施的搭设、维修、拆除
031302002	夜间施工增加	1. 夜间固定照明灯具和临时可移动照明灯具的设置、拆除 2. 夜间施工时，施工现场交通标志、安全标牌、警示灯等的设置、移动和拆除 3. 夜间照明设备及照明用电、施工人员夜班补助、夜间施工劳动效率降低等

续表

项目编码	项目名称	工作内容及包含范围
031302003	非夜间施工照明	为保证工程施工正常进行，在地下（暗）室、设备及大口径管道内等特殊施工部位施工时的照明设备的安拆、维护及照明用电、通风等；在地下（暗）室等施工引起的人工工效降低，以及由于人工工效降低引起的机械降效
031302004	二次搬运	由于施工场地条件限制而发生的材料、成品、半成品等一次运输不能到达堆放地点，必须进行二次或多次搬运
031302005	冬雨季施工增加	1. 冬雨（风）季施工时增加的临时设施（防寒保温、防雨、防风设施）的搭设、拆除 2. 冬雨（风）季施工时，对砌体、混凝土等采用的特殊加温、保温和养护措施 3. 冬雨（风）季施工时，施工现场的防滑处理、对影响施工的雨雪的清除 4. 冬雨（风）季施工时增加的临时设施、施工人员的劳动保护用品、冬雨（风）季施工劳动效率降低等
031302006	已完工程及设备保护	对已完工程及设备采取的覆盖、包裹、封闭、隔离等必要保护措施
031302007	高层施工增加	1. 高层施工引起的人工工效降低，以及由于人工工效降低引起的机械降效 2. 通信联络设备的使用

注：1. 本表所列项目应根据工程实际情况计算措施项目费用，需分摊的应合理计算摊销费用。
2. 施工排水是指为保证工程在正常条件下施工而采取的排水措施所发生的费用。
3. 施工降水是指为保证工程在正常条件下施工而采取的降低地下水位的措施所发生的费用。
4. 高层施工增加：
① 单层建筑物檐口高度超过 20 m，多层建筑物超过 6 层时，按各附录分别列项。
② 突出主体建筑物顶的电梯机房、楼梯出口间、水箱间、瞭望塔、排烟机房等不计入檐口高度。计算层数时，地下室不计入层数。

10.3 相关问题及说明

① 工业炉烘炉、设备负荷试运转、联合试运转、生产准备试运转及安装工程设备场外运输应根据招标人提供的设备及安装主要材料堆放点按其他措施项目编码列项。

② 大型机械设备进出场及安拆，应按现行国家标准《房屋建筑与装饰工程工程量计算规范》（GB 50854—2013）相关项目编码列项。

附录　安装工程计价常用数据

附表1　焊接钢管、电线管规格重量

公称直径		理论重量（kg/m）		
公制（mm）	英制（in）	镀锌钢管	焊接钢管	电线管
12	1/2			0.451
15	5/6			0.562
15	1/2	1.33	1.25	
20	3/4	1.73	1.63	0.765
25	1	2.57	2.42	1.035
32	1（1/2）	3.32	3.13	1.335
40	1（3/4）	4.07	3.84	1.611
50	2	5.17	4.88	2.4
70	2（1/2）	7.04	6.64	
80	3	8.84	8.34	
100	4	11.5	10.85	
125	5	16.85	15.04	
150	6	18.88	17.81	

附表2　常用型钢理论重量

序号	材料名称及规格	单位	重量
1	钢板 $\delta=3$ mm	kg/m^2	23.55
2	钢板 $\delta=4$ mm	kg/m^2	31.4
3	钢板 $\delta=5$ mm	kg/m^2	39.25
4	钢板 $\delta=6$ mm	kg/m^2	47.1
5	扁钢　-25×3	kg/m	0.59
6	扁钢　-25×4	kg/m	0.79

续表

序号	材料名称及规格	单位	质量
7	扁钢　—30×3	kg/m	0.71
8	扁钢　—40×4	kg/m	1.26
9	扁钢　—40×5	kg/m	1.57
10	扁钢　—50×5	kg/m	1.96
11	角钢（等边）∠30×30×4	kg/m	1.786
12	角钢（等边）∠40×40×4	kg/m	2.422
13	角钢（等边）∠50×50×5	kg/m	3.77
14	角钢（等边）∠63×63×6	kg/m	5.721
15	角钢（等边）∠75×75×8	kg/m	9.03
16	角钢（等边）∠80×80×8	kg/m	9.658
17	角钢（等边）∠90×90×8	kg/m	10.946
18	角钢（等边）∠63×40×4	kg/m	3.185
19	角钢（等边）∠70×50×8	kg/m	7.431
20	角钢（等边）∠80×50×8	kg/m	7.745
21	角钢（等边）∠90×56×8	kg/m	8.779
22	槽钢［8	kg/m	8.04
23	槽钢［10	kg/m	10
24	槽钢［12.6	kg/m	12.37
25	I字钢 I18	kg/m	24.1
26	I字钢 I20a	kg/m	27.9
27	I字钢 I20b	kg/m	31.1
28	圆钢ϕ 8	kg/m	0.395
29	圆钢ϕ 10	kg/m	0.617
30	圆钢ϕ 12	kg/m	0.888
31	圆钢ϕ 14	kg/m	1.21
32	圆钢ϕ 16	kg/m	1.58

附表 3　焊接钢管绝热、刷油工程量计算表（V 为体积，m^3；S 为面积，$m^2/100\ m$）

公称直径			DN15	DN20	DN25	DN32	DN40	DN50	DN70	DN80	DN100	DN125	DN150
外径（mm）			21.3	26.8	33.5	42.3	48.0	60.0	75.5	88.5	114.0	140.0	165.0
绝热层厚度	0	V	—	—	—	—	—	—	—	—	—	—	—
		S	6.69	8.42	10.52	13.28	15.07	18.85	23.71	27.79	35.80	43.96	51.81
	20	V	0.27	0.31	0.35	0.41	0.45	0.52	0.62	0.71	0.87	1.04	1.20
		S	22.45	24.18	26.28	29.05	30.83	34.60	39.47	43.55	51.56	59.72	67.67
	30	V	0.51	0.56	0.63	0.71	0.77	0.89	1.04	1.16	1.41	1.66	1.91
		S	29.05	30.77	32.88	35.64	37.43	41.20	46.06	50.15	58.15	66.32	74.17
	40	V	0.81	0.88	0.97	1.08	1.16	1.31	1.52	1.68	2.02	2.35	2.68
		S	35.64	37.37	39.47	42.23	44.02	47.79	52.66	56.74	64.75	72.91	80.76
	50	V	1.19	1.27	1.38	1.52	1.62	1.81	2.06	2.27	2.69	3.11	3.51
		S	42.23	43.96	46.06	48.83	50.62	54.38	59.25	63.33	71.34	79.50	87.35
	60	V	1.62	1.73	1.86	2.03	2.14	2.37	2.68	2.93	3.43	3.93	4.42
		S	48.83	50.55	52.66	55.42	57.21	60.98	65.85	69.93	77.93	86.10	93.95
	70	V	2.13	2.25	2.40	2.60	2.73	3.00	3.36	3.65	4.23	4.82	5.39
		S	55.42	57.15	59.25	62.02	63.80	67.57	72.44	76.52	84.53	92.69	100.54
	80	V	2.70	2.84	3.01	3.24	3.39	3.70	4.10	4.44	5.10	5.78	6.43
		S	62.02	63.74	65.85	68.61	70.40	74.17	79.03	83.12	91.12	99.29	107.14
	90	V	3.34	3.50	3.69	3.95	4.12	4.47	4.92	5.30	6.04	6.80	7.53
		S	68.61	70.34	72.44	75.20	76.99	80.76	85.63	89.71	97.72	105.88	113.73
	100	V	4.04	4.22	4.44	4.71	4.91	5.30	5.80	6.22	7.05	7.89	8.70
		S	75.20	76.93	79.03	81.80	83.59	87.35	92.22	96.30	104.31	112.47	120.32

注：钢管绝热、刷油工程量计算公式：

V 体积(m^3)$=100\pi\times(D+\delta+\delta\times3.3\%)\times(\delta+\delta\times3.3\%)$

S 面积(m^2)$=100\pi\times(D+2\delta+2\delta\times5\%+2d_1+3d_2)$

式中，D 为管外径；δ 为保温层厚度；d_1 为绑扎保温材料的金属线直径或钢带厚度；d_2 为防潮层厚度；3.3%，5%为保温材料允许超厚系数。

附表 4　常见排水铸铁管规格　　mm

公称直径	外径	内径	公称直径	外径	内径
DN50	59	50	DN125	136	125
DN75	85	75	DN150	161	150
DN100	110	100	DN200	212	200

附表 5 常见镀锌钢管规格 mm

公称直径	外径	内径	公称直径	外径	内径
DN8	13.5	8	DN100	133	105
DN10	17	11.5	DN125	140	130
DN15	21.3	14.75	DN150	165	155
DN20	26.8	20.25	DN175	194	173
DN25	33.5	26	DN200	219	198
DN32	42.3	34.75	DN225	245	224
DN40	48	40	DN250	273	252
DN50	60	52	DN275	299	278
DN65	75.5	67	DN300	325	305
DN80	88.5	79.5	DN325	351	357

附表 6 常见无缝钢管规格 mm

公称直径	外径	内径	公称直径	外径	内径
DN10	17	12	DN80	89	81
DN15	22	16	DN100	114	105
DN20	27	21	DN125	140	131
DN25	34	28	DN150	168	158
DN32	42	35	DN200	219	203
DN40	48	41	DN250	273	255
DN50	60	53	DN300	325	303
DN65	76	68	DN350	377	353

附表 7 常见焊接钢管规格 mm

公称直径	外径	内径	公称直径	外径	内径
DN15	20	16	DN176	194	182
DN20	25	21	DN200	219	207
DN25	32	28	DN225	273	231
DN32	38	34	DN250	273	257
DN40	44.5	40.5	DN300	325	309
DN65	76	69	DN350	377	359
DN70	76	69	DN400	426	408
DN80	89	81	DN450	480	462
DN100	108	100	DN500	530	512
DN125	133	125	DN600	630	612
DN150	159	150	DN700	720	702

附表 8　常见 PP-R 管规格　mm

公称直径	外径	内径	公称直径	外径	内径
DN15	De20	15.4	DN50	De63	48.8
DN20	De25	29.4	DN63	De75	58.2
DN25	De32	24.8	DN75	De90	69.8
DN32	De40	31	DN90	De110	85.4
DN40	De50	38.8			

附表 9　常见排水用硬聚氯乙烯管 PVC-U 规格　mm

公称直径	外径	内径	公称直径	外径	内径
DN32	De40	36	DN100	De110	103.6
DN40	De50	46	DN110	De125	118.6
DN65	De75	70	DN150	De160	152
DN75	De90	83.6			

附表 10　常见室内给水塑料管公称直径与管外径对照表　mm

公称直径	DN15	DN20	DN25	DN32	DN40	DN50	DN65	DN80	DN100
管外径	De20	De25	De32	De40	De50	De63	De75	De90	De110

附表 11　常见钢管管道支架最大间距

公称直径 DN（mm）		15	20	25	32	40	50	65	80	100	125	150
支架最大间距	保温管	1.5	2	2	2.5	3	3	4	4	4.5	5	6
	不保温管	2.5	3	3.5	4	4.5	5	6	6	6.5	7	8

注：上表为每个支架的最大间距。

附表 12　常见管道支架计算表　kg

支架类型	公称直径 DN（mm）		15	20	25	32	40	50	65	80	100	125	150
保温管道活动支架	托架质量	栽埋托架	0.5	1.2	1.4	1.7	2.3	2.4	4.2	4.9	7.2	8.4	10.8
		抱柱托架	0.75	1.4	1.5	1.6	2.5	2.6	3.6	4.2	5.6	6.5	8.2
		膨胀螺栓射钉安装	0.5	1.1	1.3	1.6	2.1	2.2	3.7	4.3	5.7	6.6	8.4
不保温管活动支架	托架质量	栽埋托架	0.5	0.5	0.6	0.7	0.75	0.8	1.2	1.43	2.6	4.2	5.1
		抱柱托架	0.65	0.65	0.8	0.8	1.0	1.25	1.3	1.4	1.6	2.6	3.3
		膨胀螺栓射钉安装	0.45	0.5	0.5	0.65	0.7	0.7	1.0	1.1	1.65	2.7	3.4

续表

支架类型	公称直径（mm）			15	20	25	32	40	50	65	80	100	125	150
固定支架	托架质量	栽埋托架	保温	0.6	0.7	0.9	1.1	1.7	1.9	3.1	3.8	6.0	8.2	9.5
			不保温	0.5	0.6	0.6	0.7	0.9	1.2	2.3	2.8	4.8	6.7	7.8
		抱柱托架	保温	0.8	0.8	0.8	0.8	1.3	1.5	2.2	2.8	3.7	5.3	6.3
			不保温	0.7	0.7	0.8	0.8	1.2	1.3	1.6	2.0	2.8	4.0	4.9
		膨胀螺栓射钉安装	保温	0.8	0.8	0.9	0.9	1.4	1.6	2.4	2.9	3.9	5.3	6.5
			不保温	0.7	0.7	0.9	0.9	1.3	1.3	1.7	2.1	3.0	4.2	5.1

注：上表为每个支架的重量。

参考文献

[1] 中华人民共和国住房和城乡建设部. GB 50500—2013 建设工程工程量清单计价规范 [S]. 北京：中国计划出版社，2013.

[2] 中华人民共和国住房和城乡建设部. GB 50856—2013 通用安装工程工程量计算规范 [S]. 北京：中国计划出版社，2013.

[3] 江苏省住房与城乡建设厅. 江苏省建设工程费用定额（2014 年）[M]. 南京：江苏人民出版社，2014.

[4] 江苏省住房与城乡建设厅. 江苏省安装工程计价定额（2014 版）[M]. 南京：江苏凤凰科学技术出版社，2014.

[5] 二级造价工程师执业资格考试培训教材编审委员会. 建设工程计量与计价实务（安装工程）[M]. 北京：中国建材工业出版社，2020.

[6] 二级造价工程师执业资格考试培训教材编审委员会. 建设工程造价管理基础知识 [M]. 北京：中国建材工业出版社，2020.

[7] 张晓东. 安装工程计量与计价 [M]. 北京：机械工业出版社，2015.

[8] 李海凌. 安装工程计量与计价 [M]. 北京：机械工业出版社，2014.

[9] 尤朝阳. 建筑安装工程造价 [M]. 南京：东南大学出版社，2018.

[10] 李亚峰，黄昌铁，李薇. 安装工程计量与计价 [M]. 北京：化学工业出版社，2016.

[11] 王和平. 安装工程工程量清单计价原理与实务（第二版）[M]. 北京：中国建筑工业出版社，2014.